· EX SITU FLORA OF CHINA ·

中国迁地栽培植物志

主编 黄宏文

MEDICINAL PLANT
药用植物（一）

本卷主编 张 昭 李 标 魏建和 缪剑华

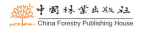

内容简介

我国药用植物园在对药用植物引种驯化、迁地保护、药用价值研究的过程中，积累了大量珍贵的数据和资料，对这些数据和资料进行系统整理，对药用植物的资源保存、药用价值的研究和利用等方面具有重要作用。

本书共收录了55科140种药用植物，物种的拉丁名依据《Flora of China》；科与种均按照APG Ⅳ系统进行排列。每种药用植物介绍包括中文名、拉丁名、自然分布、迁地栽培形态特征、分类鉴定形态、引种信息、物候信息、迁地栽培要点、药用部位和主要药用功能，并附有彩色照片显示物种形态学特征。为了便于查阅，书后附有各药用植物保存本册植物名录和各药用植物园的地理环境资料。

本书可供农林、园林园艺、环境保护、医药卫生等相关学科的科研和教学使用。

主编简介

黄宏文：1957年1月1日生于湖北武汉，博士生导师，中国科学院大学岗位教授。长期从事植物资源研究和果树新品种选育，在迁地植物编目领域耕耘数十年，发表论文400余篇，出版专著40余本。主编有《中国迁地栽培植物大全》13卷及多本专科迁地栽培植物志。现为中国科学院庐山植物园主任，中国科学院战略生物资源管理委员会副主任，中国植物学会副理事长，国际植物园协会秘书长。

图书在版编目（CIP）数据

中国迁地栽培植物志. 药用植物. 一 / 黄宏文主编；张昭等本卷主编. -- 北京：中国林业出版社, 2021.4
ISBN 978-7-5219-1085-8

Ⅰ.①中… Ⅱ.①黄… ②张… Ⅲ.①药用植物—引种栽培—植物志—中国 Ⅳ.①Q948.52

中国版本图书馆CIP数据核字(2021)第048498号

ZHŌNGGUÓ QIĀNDÌ ZĀIPÉI ZHÍWÙZHÌ · YÀOYÒNG ZHÍWÙ (YI)

中国迁地栽培植物志·药用植物（一）

出版发行：中国林业出版社
（100009 北京市西城区刘海胡同7号）
电　话：010-83143517
印　刷：北京雅昌艺术印刷有限公司
版　次：2021年7月第1版
印　次：2021年7月第1次印刷
开　本：889mm×1194mm　1/16
印　张：25
字　数：792千字
定　价：348.00元

《中国迁地栽培植物志》编审委员会

主　　　任： 黄宏文
常务副主任： 任　海
副　主　任： 孙　航　陈　进　胡永红　景新明　段子渊　梁　琼　廖景平
委　　　员（以姓氏拼音为序）：
　　　　　　陈　玮　傅承新　郭　翎　郭忠仁　胡华斌　黄卫昌　李　标
　　　　　　李晓东　廖文波　宁祖林　彭春良　权俊萍　施济普　孙卫邦
　　　　　　韦毅刚　吴金清　夏念和　杨亲二　余金良　宇文扬　张　超
　　　　　　张　征　张道远　张乐华　张寿洲　张万旗　周　庆

《中国迁地栽培植物志》顾问委员会

主　　任： 洪德元
副主任（以姓氏拼音为序）：
　　　　　陈晓亚　贺善安　胡启明　潘伯荣　许再富
成　　员（以姓氏拼音为序）：
　　　　　葛　颂　管开云　李　锋　马金双　王明旭　邢福武　许天全　张冬林
　　　　　张佐双　庄　平　Christopher Willis　Jin Murata　Leonid Averyanov
　　　　　Nigel Taylor　Stephen Blackmore　Thomas Elias　Timothy J Entwisle
　　　　　Vernon Heywood　Yong-Shik Kim

《中国迁地栽培植物志·药用植物（一）》编者

主　　编：张　昭（中国医学科学院药用植物研究所北京药用植物园）
　　　　　　李　标（中国医学科学院药用植物研究所北京药用植物园）
　　　　　　魏建和（中国医学科学院药用植物研究所北京药用植物园）
　　　　　　缪剑华（广西药用植物园）

副 主 编：于　晶（中国医学科学院药用植物研究所北京药用植物园）
　　　　　　祝聪宇（中国医学科学院药用植物研究所北京药用植物园）
　　　　　　由金文（湖北省农业科学院中药材研究所华中药用植物园）
　　　　　　秦民坚（中国药科大学药用植物园）
　　　　　　项世军（贵阳药用植物园）
　　　　　　张占江（广西药用植物园）
　　　　　　朱吉彬（重庆市药物种植研究所）
　　　　　　孙文松（辽宁省经济作物研究所）
　　　　　　刘　薇（成都中医药大学药用植物园）
　　　　　　辛海量（中国人民解放军海军军医大学药用植物园）

编　　委（以姓氏拼音为序）：
　　　　　　陈晶鑫（中国药科大学药用植物园）
　　　　　　樊锐锋（黑龙江中医药大学药用植物园）
　　　　　　洪　震（华东药用植物园）
　　　　　　贾　敏（中国人民解放军海军军医大学药用植物园）
　　　　　　李晓瑾（新疆维吾尔自治区中药民族药研究所）
　　　　　　李晓丽（辽宁省经济作物研究所）
　　　　　　刘　威（广西药用植物园）
　　　　　　马云桐（成都中医药大学药用植物园）
　　　　　　濮社班（中国药科大学药用植物园）
　　　　　　秦双双（广西药用植物园）
　　　　　　任明波（重庆市药物种植研究所）
　　　　　　徐安顺（中国医学科学院云南版纳南药园）
　　　　　　于　娟（内蒙古医科大学药用植物园）
　　　　　　于美玲（贵阳药用植物园）
　　　　　　张美德（湖北省农业科学院中药材研究所华中药用植物园）
　　　　　　朱　平（中国医学科学院海南兴隆南药园）

主　　审：张本刚　林余霖（中国医学科学院药用植物研究所）
责任编审：廖景平　湛青青（中国科学院华南植物园）
摄　　影：于　晶（照片主要提供者，中国医学科学院药用植物研究所北京药用植物园）
　　　　　　刘　威　樊锐锋　刘　丹　杨正书　吴清华　董　帅　文正莹　陈翠平
　　　　　　由金文　刘海华　周武先　向昌林　王冬波　汝舒逸　辛海量　陆耕宇
　　　　　　秦民坚　濮社班　田　梅　王明川　李利霞　张久磊　龙祥友　李婷婷
　　　　　　洪　震　任明波　杨　毅　朱　平　杨海建　曾　劲（部分照片由其余单位提供）
数据库技术支持：张　征　黄逸斌　谢思明（中国科学院华南植物园）

《中国迁地栽培植物志·药用植物（一）》参编单位
（数据来源）

中国医学科学院药用植物研究所北京药用植物园

中国医学科学院药用植物研究所云南分所云南版纳南药园

中国医学科学院药用植物研究所海南分所海南兴隆南药园

中国医学科学院药用植物研究所广西分所/广西药用植物园

中国医学科学院药用植物研究所重庆分所/重庆市药物种植研究所

中国医学科学院药用植物研究所贵州分所/贵阳药用植物园

中国医学科学院药用植物研究所湖北分所/湖北省农业科学院中药材研究所华中药用植物园

中国医学科学院药用植物研究所新疆分所/新疆维吾尔自治区中药民族药研究所

中国医学科学院药用植物研究所丽水研究中心/华东药用植物园

中国医学科学院药用植物研究所辽阳研究中心/辽宁省经济作物研究所

中国药科大学药用植物园

中国人民解放军海军军医大学药用植物园

成都中医药大学药用植物园

黑龙江中医药大学药用植物园

内蒙古医科大学药用植物园

《中国迁地栽培植物志》编研办公室

主　任：任　海
副主任：张　征
主　管：湛青青

序 FOREWORD

中国是世界上植物多样性最丰富的国家之一，有高等植物33000～35000种，约占世界总数的10%，仅次于巴西，位居全球第二。中国是北半球唯一横跨热带、亚热带、温带到寒带森林植被的国家。中国的植物区系是整个北半球早中新世植物区系的孑遗成分，且在第四纪冰川期中，因我国地形复杂、气候相对稳定的避难所效应，又是植物生存、物种演化的重要中心，同时，我国植物多样性还遗存了古地中海和古南大陆植物区系，因而形成了我国极为丰富的特有植物，有约250个特有属、15000～18000特有种。中国还有粮食植物、药用植物及园艺植物等摇篮之称，几千年的农耕文明孕育了众多的栽培植物的种质资源，是全球资源植物的宝库，对人类经济社会的可持续发展具有极其重要意义。

植物园作为植物引种、驯化栽培、资源发掘、推广应用的重要源头，传承了现代植物园几个世纪科学研究的脉络和成就，在近代的植物引种驯化、传播栽培及作物产业国际化进程中发挥了重要作用，特别是经济植物的引种驯化和传播栽培对近代农业产业发展、农产品经济和贸易、国家或区域的经济社会发展的推动则更为明显，如橡胶、茶叶、烟草及众多的果树、蔬菜、药用植物、园艺植物等。特别是哥伦布到达美洲新大陆以来的500多年，美洲植物引种驯化及其广泛传播、栽培深刻改变了世界农业生产的格局，对促进人类社会文明进步产生了深远影响。植物园的植物引种驯化还对促进农业发展、食物供给、人口增长、经济社会进步发挥了不可替代的重要作用，是人类农业文明发展的重要组成部分。我国现有约200个植物园引种栽培了高等维管植物约396科3633属23340种（含种下等级），其中我国本土植物为288科2911属约20000种，分别约占我国本土高等植物科的91%、属的86%、物种数的60%，是我国植物学研究及农林、环保、生物等产业的源头资源。因此，充分梳理我国植物园迁地栽培植物的基础信息数据，既是科学研究的重要基础，也是我国相关产业发展的重大需求。

然而，我国植物园长期以来缺乏数据整理和编目研究。植物园虽然在植物引种驯化、评价发掘和开发利用上有悠久的历史，但适应现代植物迁地保护及资源发掘利用的整体规划不够、针对性差且理论和方法研究滞后。同时，传统的基于标本资料编纂的植物志也缺乏对物种基础生物学特征的验证和"同园"比较研究。我国历时45年，于2004年完成的植物学巨著《中国植物志》受到国内外植物学者的高度赞誉，但由于历史原因造成的模式标本及原始文献考证不够，众多种类的鉴定有待完善；*Flora of China*虽弥补了模式标本和原始文献考证的不足，但仍然缺乏对基础生物学特征的深入研究。

《中国迁地栽培植物志》致力于创建一个"活"植物志，成为支撑我国植物迁地保护和可持续利用的基础信息数据平台。《中国迁地栽培植物志》编撰立足对我国植物园引种栽培的20000多种高等植物的实地形态特征、物候信息、用途评价、栽培要领等综合信息和翔实的图片。从学科上支撑分类学修订、园林园艺、植物生物学和气候变化等研究；从应用上支撑我国生物产业所需资源发掘及利用。植物园长期引种栽培的植物与我国农林、医药、环保等产业的源头资源密切相关。由于人类大量活动的影响，植物赖以生存的自然生态系统遭到严重破坏，致使植物灭绝威胁增加；与此同时，绝大部分植物资源尚未被人类认识和充分利用。在当今全球气候变化、经济高速发展和人口快速增长的背景下，植物园作为植物资源保存和发掘利用的"诺亚方舟"将在解决当今世界面临的食物保障、医药健康、工业原材料、环境变化等重大问题中发挥越来越大的作用。

《中国迁地栽培植物志》编研致力于全面系统地整理我国迁地栽培植物基础数据资料、建设专科、专属、专类植物类群进行规范的数据库建设和翔实的图文资料库，既支撑我国植物学基础研究，又注重对我国农林、医药、环保产业的源头植物资源的评价发掘和利用，具有长远的基础数据资料的整理积累和促进经济社会发展的重要意义。植物园的引种栽培植物在植物科学的基础性研究中有着悠久的历史，支撑了从传统形态学、解剖学、分类系统学研究，到植物资源开发利用、为作物育种提供原始材料，以及现今分子系统学、新药发掘、活性功能天然产物等科学前沿，乃至植物物候相关的全球气候变化研究。

《中国迁地栽培植物志》原始数据基于中国植物园活植物收集，通过植物园栽培活植物特征观察收集，获得充分的比较数据，为分类系统学未来发展提供翔实的生物学资料，提升植物生物学基础研究，为植物资源新种质发现和可持续利用提供更好的服务。《中国迁地栽培植物志》将以实地引种栽培活植物形态学性状描述的客观性、评价用途的适用性、基础数据的服务性为基础，并聚焦生物学、物候学、栽培繁殖要点和应用；以彩图翔实反映茎、叶、花、果实和种子特征为依据，在完善建立迁地栽培植物资源动态信息平台和迁地保育植物的引种信息评价、保育现状评价管理系统的基础上，以科、属或具有特殊用途、特殊类别的专类群的整理规范，采用图文并茂方式编撰成卷（册）并鼓励编研创新。编撰全面收录了中国的植物园、公园等迁地保护和收集栽培的高等植物，服务于我国农林、医药、环保、新兴生物产业的源头资源信息和源头资源种质，也将为诸如气候变化背景下植物适应性机理、比较植物遗传学、比较植物生理学、入侵植物生物学等现代学科领域及植物资源的深度发掘提供基础性科学数据和种质资源材料。

《中国迁地栽培植物志》总计约60卷册，10~20年完成。计划2015—2020年完成20~25卷册的开拓性工作。同时以此推动《世界迁地栽培植物志》（*Ex Situ Flora of the World*）计划，形成以我国为主的国际植物资源编目和基础植物数据库建立的项目引领效应。药用植物与前期出版的专科、专属卷册不同，汇聚植物园栽培的药用植物这一专门植物类群，加注了药用部位和主要药用功能等特征信息。药用植物卷初步计划出版三册，今《中国迁地栽培植物志·药用植物（一）》书稿付梓在即，谨此为序。

黄宏文
2021年5月18日于广州

前言 PREFACE

　　我国药用植物的引种栽培历史悠久，如同世界上最早的植物园源于大学的药圃，而在我国的植物引种史中早就有神农鞭药的传说。由于特殊的地形地貌及气候孕育了我国独特而丰富的植物区系成分，其中药用植物约有11146种，占我国植物物种数量的1/3。目前我国的药用植物分属383科2309属；其中藻类115种，菌类292种，地衣类52种，苔藓类43种，蕨类456种，种子植物10188种。

　　我国现有药用植物园约40多座，但是由于各药用植物园在建制及规模上有着较大差异，因此在对引种药用植物的科学管理上也就存在较大差异，尤其存在引种资料不全、植物物候期观察记录缺失、对药用植物引种成功后的生长状况评价不够等问题，从而缺乏对药用植物引种栽培的指导依据。因此，在中国医学科学院医学与健康科技创新工程（编号2016-12M-2-003）和科技部基础性工作专项"植物园迁地栽培植物志编撰"（2015FY210100）的支持下，中国医学科学院药用植物研究所药用植物园联合国内其他14座药用植物园，各参编单位历时连续4年的观察记录，从引种药用植物的系统鉴定开始，逐步补充完善引种资料。由于还有众多植物物候观测及引种登录信息等核心数据还在整理过程中，以致迁地栽培植物志药用植物各册不能够同期出版。本书是整个药用植物迁地志编研工作的第一阶段总结，共收录了55科140种药用植物。

　　在本书的编研过程中遇到了较多的困难和问题，比较典型的是引种药用植物的来源不清和鉴定错误问题。通过访问老同志和查阅原始引种资料，我们厘清了多数来源存疑物种的确切来源，同时对一些多年未鉴定物种进行了系统鉴定，纠正了一批原鉴定有误的物种名称。仅就常用中药材而言，比较典型的错误有：原错误鉴定为杏叶沙参*Adenophora hunanensis* Nann f.的物种实为国外植物匍匐风铃草*Campanula rapunculoides* L.；原错误鉴定为野菊*Dendranthema indicum* (L.) Des Moul.的物种实为甘菊甘野菊变种*Dendranthema lavandulifolium* var. *seticuspe*；原错误鉴定为药用大黄*Rheum officinale* Baill.的物种实为食用大黄*Rheum rhaponticum* L.；原错误鉴定为川赤芍*Paeonia veitchii* Lynch的物种实为美丽芍药*Paeonia mairei* Lévl.；原错误鉴定为小玉竹*Polygonatum humile* Fisch. ex Maxim.的物种实为玉竹*Polygonatum odoratum* (Mill.) Druce的一个稳定的矮小、少叶类型。如若这些错误不能及时纠正，极易从源头上影响栽培药材的基原准确性。

　　本书为《中国迁地栽培植物志·药用植物》的第一册，每种药用植物介绍了包括中文名、拉丁名等分类学信息和自然分布、迁地栽培形态特征、分类鉴定特征性状、各园引种信息、各园物候信息、迁地栽培要点、药用部位和主要药用功能，并附有彩色照片显示物种形态学特征，同时在书后附有本书收录的药用植物在各药用植物园的迁地栽培名录及在各药用植物园的地理环境介绍。本书将为我国药用植物园在药用植物的引种驯化、迁地保护、药用价值研究提供珍贵的药用植物引种观察信息，尤其在国内药用植物资源保存、品种选育、药用价值研究、科普教育和开发利用等方面将发挥重要作用。

由于编著者水平有限，不当之处在所难免，敬请各位专家和广大读者批评指正。本书可供农林、园林园艺、环境保护、医药卫生等相关学科的科研和教学使用。

本书承蒙以下研究项目的大力资助：科技基础性工作专项——植物园迁地栽培植物志编撰（2015FY210100）；中国科学院华南植物园"一三五"规划（2016—2020）——中国迁地植物大全及迁地栽培植物志编研；生态环境部生物多样性专项（No.8-3-7-20-10）；国家基础科学数据共享服务平台——植物园主题数据库；中国科学院核心植物园特色研究所建设任务：物种保育功能领域；广东省数字植物园重点实验室；中国科学院科技服务网络计划（STS计划）——植物园国家标准体系建设与评估（KFJ-3W-Nol-2）；中国科学院大学研究生/本科生教材或教学辅导书项目、中国医学科学院医学与健康科技创新工程（编号2016-12M-2-003）、科技基础性工作专项——植物园迁地保护植物编目及信息标准处（2009FY120200）的资助。在此表示衷心感谢！

编者

2021年2月

目录 CONTENTS

序 6

前言 8

概述 16

 一、中国药用植物资源概况 18

 二、中国药用植物迁地保护现状 19

 三、迁地保护与药用植物的可持续利用 21

第1部分　裸子植物 25

麻黄科 26

 1 草麻黄 *Ephedra sinica* Stapf 26

侧柏科 29

 2 侧柏 *Platycladus orientalis* (Linn.) Franco 29

红豆杉科 32

 3 东北红豆杉 *Taxus cuspidata* Sieb. et Zucc. 32

第2部分　被子植物基部类群 35

五味子科 36

 4 五味子 *Schisandra chinensis* (Turcz.) Baill. 36

三白草科 38

 5 蕺菜 *Houttuynia cordata* Thunb 38

 6 三白草 *Saururus chinensis* (Lour.) Baill. 40

木兰科 43

 7 玉兰 *Yulania denudata* (Desr.) D. L. Fu 43

蜡梅科 46

 8 蜡梅 *Chimonanthus praecox* (L.) Link 46

第3部分　单子叶植物 ... 49

百部科 ... 50
9 百部 *Stemona japonica* (Bl.) Miq. ... 50

藜芦科 ... 52
10 藜芦 *Veratrum nigrum* L. ... 52

百合科 ... 55
11 百合 *Lilium brownii* var. *viridulum* Baker ... 55
12 湖北贝母 *Fritillaria hupehensis* Hsiao et K. C. Hsia ... 57
13 卷丹 *Lilium tigrinum* Ker Gawler ... 59
14 浙贝母 *Fritillaria thunbergii* Miq. ... 61
15 平贝母 *Fritillaria ussuriensis* Maxim. ... 64

兰科 ... 66
16 白及 *Bletilla striata* (Thunb. ex A. Murray) Rchb. f. ... 66

阿福花科 ... 69
17 萱草 *Hemerocallis fulva* (L.) L. ... 69

石蒜科 ... 72
18 薤白 *Allium macrostemon* Bunge ... 72
19 韭 *Allium tuberosum* Rottler ex Sprengle ... 74

天门冬科 ... 76
20 知母 *Anemarrhena asphodeloides* Bunge ... 76
21 玉簪 *Hosta plantaginea* (Lam.) Aschers. ... 79
22 紫萼 *Hosta ventricosa* (Salisb.) Stearn ... 81
23 山麦冬 *Liriope spicata* (Thunb.) Lour. ... 83
24 麦冬 *Ophiopogon japonicus* (L. f.) Ker-Gawl. ... 85
25 铃兰 *Convallaria majalis* L. ... 87
26 吉祥草 *Reineckea carnea* (Andrews) Kunth ... 89
27 万年青 *Rohdea japonica* (Thunb.) Roth ... 92
28 多花黄精 *Polygonatum cyrtonema* Hua ... 95
29 玉竹 *Polygonatum odoratum* (Mill.) Druce ... 98
30 黄精 *Polygonatum sibiricum* Delar. ex Redoute ... 101

香蒲科 ... 104
31 黑三棱 *Sparganium stoloniferum* (Graebn.) Buch. –Ham. ex Juz. ... 104

灯心草科 ... 106
32 野灯心草 *Juncus setchuensis* Buchen. ex Diels ... 106

禾本科 ... 108
33 芦苇 *Phragmites australis* (Cav.) Trin. ex Steud. ... 108
34 白茅 *Imperata cylindrica* (L.) Raeusch. ... 110

第4部分　真双子叶植物 113

木通科 114
35 三叶木通 *Akebia trifoliata* (Thunb.) Koidz. 114
防己科 116
36 蝙蝠葛 *Menispermum dauricum* DC. 116
毛茛科 118
37 北乌头 *Aconitum kusnezoffii* Reichb. 118
38 棉团铁线莲 *Clematis hexapetala* Pall. 120
39 白头翁 *Pulsatilla chinensis* (Bunge) Regel 122
莲科 124
40 莲 *Nelumbo nucifera* Gaertn. 124
虎耳草科 126
41 落新妇 *Astilbe chinensis* (Maxim.) Franch. ex Savat. 126
景天科 128
42 垂盆草 *Sedum sarmentosum* Bunge 128
葡萄科 130
43 葡萄 *Vitis vinifera* L. 130
44 乌蔹莓 *Cayratia japonica* (Thunb.) Gagnep. 133
豆科 136
45 皂荚 *Gleditsia sinensis* Lam. 136
46 合欢 *Albizia julibrissin* Durazz. 139
47 苦参 *Sophora flavescens* Alt. 142
48 槐 *Styphnoloblum japonicum* (L.) Schott 145
49 胡枝子 *Lespedeza bicolor* Turcz. 148
50 洋甘草 *Glycyrrhiza glabra* L. 150
51 甘草 *Glycyrrhiza uralensis* Fisch. 152
52 紫藤 *Wisteria sinensis* (Sims) Sweet 155
蔷薇科 157
53 龙芽草 *Agrimonia pilosa* Ldb. 157
54 地榆 *Sanguisorba officinalis* L. var. *officinalis* 160
55 长叶地榆 *Sanguisorba officinalis* L. var. *longifolia* (Bert.) Yu et Li 163
56 玫瑰 *Rosa rugosa* Thunb. 165
57 月季 *Rosa chinensis* Jacq. 168
58 三叶委陵菜 *Potentilla freyniana* Bornm. 171
59 蛇莓 *Duchesnea indica* (Andr.) Focke 173
60 欧李 *Cerasus humilis* (Bge). Sok. 176
61 李 *Prunus salicina* Lindl. 178
62 山桃 *Amygdalus davidiana* (Carriére) de Vos ex L. Henry 180
63 桃 *Amygdalus persica* L. 182
64 山杏 *Armeniaca sibirica* (L.) Lam. 185

- 65 杏 *Armeniaca vulgaris* Lam. 188
- 66 榆叶梅 *Amygdalus triloba* (Lindl.) Ricker 191
- 67 珍珠梅 *Sorbaria sorbifolia* (L.) A. Br. 193
- 68 山楂 *Crataegus pinnatifida* Bge. var. *pinnatifida* 196
- 69 山里红 *Crataegus pinnatifida* Bge. var. *major* N. H. Br. 199

胡颓子科 201
- 70 沙棘 *Hippophae rhamnoides* Linn. subsp. *sinensis* Rousi 201
- 71 胡颓子 *Elaeagnus pungens* Thunb. 203

桑科 205
- 72 桑 *Morus alba* L. 205
- 73 构树 *Broussonetia papyifera* (Linnaeus) L'Heritier ex Ventenat 208

胡桃科 211
- 74 胡桃 *Juglans regia* L. 211

葫芦科 213
- 75 栝楼 *Trichosanthes kirilowii* Maxim. 213

大戟科 216
- 76 乌桕 *Triadica sebifera* (Linnaeus) Small 216
- 77 狼毒大戟 *Euphorbia fischeriana* Steud. 218
- 78 大戟 *Euphorbia pekinensis* Rupr. 221

叶下珠科 224
- 79 算盘子 *Glochidion puberum* (L.) Hutch. 224

牻牛儿苗科 227
- 80 老鹳草 *Geranium wilfordii* Maxim. 227

千屈菜科 229
- 81 千屈菜 *Lythrum salicaria* L. 229
- 82 石榴 *Punica granatum* L. 231

无患子科 234
- 83 七叶树 *Aesculus chinensis* Bunge 234

苦木科 237
- 84 臭椿 *Ailanthus altissima* (Mill.) Swingle 237

锦葵科 240
- 85 木槿 *Hibiscus syriacus* L. 240

柽柳科 243
- 86 柽柳 *Tamarix chinensis* Lour. 243

蓼科 246
- 87 金荞麦 *Fagopyrum dibotrys* (D. Don) Hara 246
- 88 羊蹄 *Rumex japonicus* Houtt. 249
- 89 何首乌 *Fallopia multiflora* (Thunb.) Harald. 251
- 90 虎杖 *Reynoutria japonica* Houtt. 254
- 91 拳参 *Polygonum bistorta* L. 257

92 火炭母 *Polygonum chinense* L.		260

商陆科 ... 262
  93 商陆 *Phytolacca acinosa* Roxb. ... 262
  94 垂序商陆 *Phytolacca americana* L. ... 264

山茱萸科 ... 266
  95 山茱萸 *Cornus officinalis* Sieb. et Zucc. ... 266

猕猴桃科 ... 269
  96 中华猕猴桃 *Actinidia chinensis* Planch. var. *chinensis* Li ... 269

杜仲科 ... 271
  97 杜仲 *Eucommia ulmoides* Oliver ... 271

茜草科 ... 274
  98 鸡矢藤 *Paederia foetida* L. ... 274

夹竹桃科 ... 276
  99 罗布麻 *Apocynum venetum* L. ... 276
  100 络石 *Trachelospermum jasminoides* (Lindl.) Lem. ... 279
  101 合掌消 *Cynanchum amplexicaule* (Sieb. et Zucc.) Hemsl. var. *castaneum* Makino ... 281
  102 徐长卿 *Cynanchum paniculatum* (Bunge) Kitagawa ... 283

茄科 ... 286
  103 枸杞 *Lycium chinense* Miller ... 286
  104 挂金灯 *Physalis alkekengi* L. var. *francheti* (Mast.) Makino ... 289

木樨科 ... 291
  105 金钟花 *Forsythia viridissima* Lindl. ... 291
  106 连翘 *Forsythia suspensa* (Thunb.) Vahl ... 293
  107 迎春花 *Jasminum nudiflorum* Lindl. ... 296
  108 紫丁香 *Syringa oblata* Lindl. ... 298

车前科 ... 301
  109 车前 *Plantago asiatica* L. ... 301

爵床科 ... 304
  110 九头狮子草 *Peristrophe japonica* (Thunb.) Bremek. ... 304

唇形科 ... 307
  111 牡荆 *Vitex negundo* L. var. *cannabifolia* (Sieb. et Zucc.) Hand.-Mazz. ... 307
  112 蓝萼毛叶香茶菜 *Isodon japonicus* var. *glaucocalyx* (Maximowicz) H. W. Li ... 310
  113 丹参 *Salvia miltiorrhiza* Bunge ... 313
  114 活血丹 *Glechoma longituba* (Nakai) Kupr. ... 316
  115 海州常山 *Clerodendrum trichotomum* Thunb. ... 319
  116 黄芩 *Scutellaria baicalensis* Georgi ... 321

桔梗科 ... 324
  117 桔梗 *Platycodon grandiflorus* (Jacq.) A. DC. ... 324
  118 党参 *Codonopsis pilosula* (Franch.) Nannf. ... 327
  119 半边莲 *Lobelia chinensis* Lour. ... 330

菊科 332
- 120 野菊 *Chrysanthemum indicum* Linnaeus 332
- 121 白术 *Atractylodes macrocephala* Koidz. 334
- 122 苍术 *Atractylodes lancea* (Thunb.) DC. 337
- 123 蒲公英 *Taraxacum mongolicum* Hand.-Mazz. 340
- 124 款冬 *Tussilago farfara* L. 343
- 125 千里光 *Senecio scandens* Buch.-Ham. ex D. Don 345
- 126 兔儿伞 *Syneilesis aconitifolia* (Bunge) Maxim. 348
- 127 紫菀 *Aster tataricus* L. f. 350
- 128 艾 *Artemisia argyi* Lévl. et Van. 353
- 129 土木香 *Inula helenium* L. 355
- 130 佩兰 *Eupatorium fortunei* Turcz. 358

五福花科 360
- 131 接骨草 *Sambucus javanica* Blume 360

忍冬科 363
- 132 忍冬 *Lonicera japonica* Thunb. 363
- 133 蜘蛛香 *Valeriana jatamansi* Jones 366
- 134 缬草 *Valeriana officinalis* L. 368

伞形科 370
- 135 北柴胡 *Bupleurum chinense* DC. 370
- 136 辽藁本 *Ligusticum jeholense* (Nakai et Kitag.) Nakai et Kitag. 373
- 137 前胡 *Peucedanum praeruptorum* Dunn 375
- 138 防风 *Saposhnikovia divaricata* (Turcz.) Schischk. 378
- 139 杭白芷 *Angelica dahurica* Benth. et Hook. f. ex Franch. et Sav. 'Hangbaizhi' 380
- 140 紫花前胡 *Angelica decursiva* (Miq.) Franch. et Sav. 382

附录1　各药用植物园保存本书植物名录 385

附录2　药用植物园地理环境 390

中文名索引 393

拉丁名索引 396

致谢 399

概述
Overview

我国是世界上药用植物种类最多、使用历史最悠久的国家之一。但是，由于药用植物种类繁多、来源地不同、药效物质差异、炮制工艺不同等均会影响药用植物的实际应用药效，长期以来众多药用植物的药效成分不甚清楚；同时，由于自然环境的破坏和长期过度挖采，使大量药用植物资源面临短缺的危险和优良种质的流失。因此，在我国药用植物的发展历程中，现阶段对我国各地药用植物园开展的药用植物种质资源调查和迁地栽培情况观察记录进行系统整理，对于更加合理有效地保护我国药用植物资源具有重要意义。

一、中国药用植物资源概况

中国拥有药用植物悠久的栽培史，从古至今在人类的生活、生产及与疾病的斗争中，不断增加对药物的认知及需要，同时药物来源也由原来的野生不断向引种栽培模式进行转变。历经漫长的发展实践，人类在药用植物的栽培、繁殖、分类鉴定等方面积累了大量丰富的经验，为药用植物的引种栽培奠定了基础，对野生药用植物进行了有效保护，在保证并提高药用植物的药效物质，为人类提供持续有效的药用植物资源等方面都有了长足的进步。

我国药用植物资源种类丰富。1983—1987年，我国进行了第三次全国中药资源普查。调查结果表明我国中药资源种类达12807种，其中药用植物11146种，占中药资源种类的87.03%。在这些药用植物中，有相当数量是濒危物种。1984年10月9日，国务院环境保护委员会公布了我国第一批《珍稀濒危植物名录》，共388种（列入一级重点保护的有8种、二级159种、三级221种）；据不完全统计，其中的药用植物或具有药用价值的植物311种（列入一级保护的7种、二级130种、三级174种），占80.15%。1999年8月4日，国家林业局、农业部颁布了《国家重点保护野生植物名录》（第一批）共252种，与《珍稀濒危植物名录》相比，新增了72种且保护级别也进行了调整：一级保护的52种，其他200种均为二级保护；新增的72种均为药用植物或具有药用价值的植物。由于长期以来中药材主要靠野生资源供给，人类的过度开发和自然环境的改变导致中国许多中药资源趋于衰退或濒临灭绝。因此，推广药用植物资源的迁地栽培对于中医药的可持续发展极其重要。

北京药用植物园

成都中医药大学

广西药用植物园

贵阳药用植物园

海军军医大学药用植物园

二、中国药用植物迁地保护现状

我国药用植物引种栽培历史悠久。早在2600年以前就有关于药用植物栽培的记载，明朝李时珍《本草纲目》中记载的1892种药物中就有62种人工栽培的种类。

近代中国由于政局动荡不断、国力衰退，同时受到西方国家西药的影响，中医药行业的发展受到严重制约，使得栽培药用植物的类别、产量、面积等大幅度减少，药材主要依靠采挖野生植物，导致资源的数量、种类都急剧减少，甚至临近濒危状态。新中国成立后，随着国家对中医药的重视及参与工作者的努力，至今，药用植物引种栽培规模和种类不断扩大，虽然目前仍有70%的药材品种来源于野生资源，但30%的药材品种（主要为大宗药材，品种近300种）已通过人工种植供应市场，生产量占中药材供应量的70%以上。

自改革开放以来，我国1992年加入国际《生物多样性公约》，积极展开生物多样性保护，药用植物的迁地保护机构逐渐发展形成体系。药用植物迁地保护体系主要从两个层面设立保护机构：在个体及居群水平上，建立专业药用植物园，对药用植物进行引种保存；在离体器官和组织水平上，设立种子库和标本馆等机构，保存物种的繁殖材料。根据调查，截至2013年，我国已建立了13个国家级专业药用植物园(包括中国台湾昆仑药用植物园)，综合性植物园中设有药用植物园或草药园的约有35家，医药企业以及26所高校已建有或正在建一批药用植物园或特色草药园。全国的药用植物园分属于中央直属或地方农林单位、科研院校、医药企业等不同管理部门，几乎遍布我国所有省（自治区、直辖市），已引种保存全国本土药用植物约7000余种，约占我国药用植物资源种数的63%，其中珍稀濒危物种达200多种。

2013年9月，由中国医学科学院药用植物研究所北京药用植物园发起，以中国医学科学院药用植物研究所北京总所及其海南分所、云南分所、广西分所、新疆分所、重庆分所、贵州分所、湖北分所、辽阳研究中心和丽水研究中心等的药用植物园为主体园，联盟全国其他不同气候区域有代表性的药用植物园和植物园中的药用植物专类园，共计30余座，构建了国家药用植物园体系。其中，中国医学科学院药用植物研究所北京药用植物园保存物种3200余种，广西壮族自治区药用植物园保存物种4000余种，中国医学科学院药用植物研究所海南兴隆南药园保存物种1800余种，中国医学科学院药用植物研究所西双版纳南药园保存物种1300余种，重庆市药物种植研究所保存物种2500余种，贵阳药用植物园保存物种1500余种，湖北省农业科学院中药材研究所保存物种1512种，新疆维吾尔自治区中药民族药研究所保存物种120余种，辽宁省经济作物研究所保存物种550余种，华东药用植物园保存物种600余种，中国药科大学保存物种650余种，中国人民解放军海军军医大学保存物种500余种，成都中医药大学保存物种1000余种，黑龙江中医药大学保存物种350余种，内蒙古医科大学保存物种100余种，福建省农业科学院农业生物资源研究所保存物种50余种，河南农业大学保存物种约300种。各药用植物园保存物种、种质多为本地植物区系中的药用植物或道地药材，保存信息可在国家药用植物园体系信息共享平台（www.cumplag.cn）查阅。目前，国家药用植物园体系已成为全国乃至全世界规模最大、保存体系最完整的药用植物迁地保护专业平台。

从2011年开始的我国第四次全国中药资源普查工作发现，与30年前相比，我国药用植物资源的迁地保护取得了重大进展，昭示栽培化是中药材可持续利用的根本手段，药用植物栽培技术科技能力的提升，对药用植物资源的保护和研究具有重要作用。

黑龙江中医药大学

华东药用植物园

华中药用植物园

内蒙古医科大学药用植物园

辽宁省经济作物研究所

三、迁地保护与药用植物的可持续利用

药用植物资源是我国中医药可持续发展的物质基础，种质资源决定了中药材的质量，进而影响临床用药的安全和有效。随着人们对天然药物需求的不断增加，药用植物资源日趋紧缺，甚至濒临灭绝，保护药用植物资源日渐迫切，迁地保护是栽培研究的前瞻性工作，因此药用植物的迁地保护尤显重要。

药用植物是中药的主体，中药材品质是决定中药质量的重要指标，药用植物种质与药材品质和道地性密切相关，迁地保护药用植物生物学及药学性状的观察记录是道地中药材与优质中药材的形成机制研究和种子种苗选育的基础。

药用植物是天然药物的主要原料，高药效成分含量药用植物的选育是现代中药农业研究的重大任务，无论是使用传统农业技术育种，或是利用现代生物技术进行分子育种，甚至是利用合成生物学技术生产药效成分物质，均离不开对药用植物遗传多样性的研究和相关基因的获取，而迁地保护是实现药用植物遗传多样性研究的重要平台。

随着新时代的发展，药用植物在健康养生方面的作用日益突出。药用植物是许多保健品、化妆品、日用品原料或配料的重要来源，也是保健茶、保健饮品、功能食品的主要材料，尤其是药食同源植物，其作用和效能的研究与开发早已成为健康产品和产业研究的热点。随着盛世兴园林，药用植物园及养生园林的建设在全国各地方兴未艾，其主角药用植物的配置和养护在现代园林建设中发挥着重要作用。各种养生园、康养园、健康小镇等需要越来越多的药用植物进行搭配，药用植物的园林园艺化将有效地扩大药用植物的应用范围，势必成为药用植物发展的新方向。另外，中医药及中医药文化是中华文明的精粹，药用植物是中医药文化和民族医药文化传播的重要载体。以上种种均离不开药用植物物种多样性的展现，或是直接需要药用植物迁地保护场所作为媒介。

综合以上可以看出，药用植物资源及可持续利用在新时代被赋予了更多的作用和内涵，开展药用植物的迁地保护承载了新时代更多的使命，对药用植物迁地保护进行系统研究是其使命和担当的基础和前提，必须予以高度重视。

新疆分所药用植物园

兴隆南药园

中国药科大学药用植物园

云南版纳南药园

重庆市药物种植研究所

参考文献

黄宏文,张征,2012.中国植物引种栽培及迁地保护的现状与展望[J].生物多样性,20(5): 559–571.
李标,魏建和,王文全,等,2013.推进国家药用植物园体系建设的思考[J].中国现代中药,15(9): 721–726.
马晓晶,郭娟,唐金富,等,2015.论中药资源可持续发展的现状与未来[J].中国中药杂志,40(10): 1887–1892.
阙灵,杨光,缪剑华,等,2016.中药资源迁地保护的现状及展望[J].中国中药杂志,41(20): 3703–3708.
王良信,尹春梅,2010.略论中药资源保护新观点[C]//.中国药学会(Chinese Pharmaceutical Association),天津市人民政府.2010年中国药学大会暨第十届中国药师周论文集.中国药学会(Chinese Pharmaceutical Association)、天津市人民政府: 6.
王秋玲,陈彬,王文全,等,2017.中国药用植物种质资源迁地保护信息管理系统设计与实现[J].中国现代中药,19(9): 1207–1210+1232.
武建勇,薛达元,周可新,2011.中国植物遗传资源引进、引出或流失历史与现状[J].中央民族大学学报(自然科学版),20(2): 49–53.
肖培根,陈士林,张本刚,等,2010.中国药用植物种质资源迁地保护与利用[J].中国现代中药,12(6): 3–6.
许再富,2017.植物园的挑战——对洪德元院士的"三个'哪些':植物园的使命"一文的解读[J].生物多样性,25(9): 918–923.
张丽烟,2008.中国动物园迁地保护及保护教育现状分析[D].哈尔滨:东北林业大学.
赵小惠,刘霞,陈士林,等,2019.药用植物遗传资源保护与应用[J].中国现代中药,21(11): 1456–1463.
周秀佳,程磊,田春元,等,2003.濒危药用植物资源现状、历史与保护[C]//中国植物学会.中国植物学会七十周年年会论文摘要汇编(1933—2003).北京:中国植物学会: 2.

第1部分 裸子植物

1 草麻黄

Ephedra sinica Stapf, Kew Bull. 1927 (3): 133 (1927).

全株

自然分布

分布于辽宁、吉林、内蒙古、河北、山西、河南、陕西等地；生于山坡、平原、干燥荒地、河床及草原。蒙古也有分布。

迁地栽培形态特征

草本状灌木。

茎 木质茎短或成匍匐状，小枝表面具不明显细纵槽。

🍃 叶多2裂，裂片锐三角形，先端急尖。

🌸 雄球花多成复穗状，常具总梗，苞片4对，厚膜质绿色；雌球花多于幼枝顶单生，苞片4对，初时厚膜质绿色，成熟时肉质红色，矩圆状卵圆形或近于圆球形，雌花2。

🍊 种子2粒，包于苞片内，不露出或与苞片等长，三角状卵圆形或宽卵圆形，种脐明显，半圆形。

分类鉴定形态特征

植株无直立木质茎呈草本状，高30cm以上。小枝表面纵槽不明显，节间较长，多在3~4cm之间；叶2裂，稀3裂；球花多顶生，苞片厚膜质绿色，全为2片对生，雌球花成熟时矩圆状卵圆形或近圆球形，浆果状，苞片变为肥厚的肉质，红色。种子通常2粒。

引种信息

北京药用植物园 2013年从河北引种苗，长势良好。

黑龙江中医药大学药用植物园 2006年购买种子，长势良好。

物候

北京药用植物园 4月初开始萌动期，5月上旬展叶盛期，5月初开花始期，6月初末花，6月底果实全熟期，9月中旬开始黄枯。

黑龙江中医药大学药用植物园 4月下旬萌动，5月中旬展叶盛期，5月中旬始花，5月下旬盛花，6月上旬末花，7月中旬果熟，10月上旬进入休眠期。

迁地栽培要点

喜凉爽、较干燥气候，耐干旱、严寒。繁殖以播种和分株为主。病虫害少见。

药用部位和主要药用功能

入药部位 草质茎、根及根茎。

主要药用功能 草质茎：辛、微苦，温；具发汗散寒、宣肺平喘、利水消肿的功效；用于风寒感冒、胸闷喘咳、风水浮肿等症。根及根茎：甘、涩，平；具固表止汗的功效，用于自汗、盗汗等症。

化学成分 主要含生物碱类、黄酮类、黄烷-3-醇类、有机酚酸类、挥发油等成分。

药理作用 ①平喘作用：水煎剂可使豚鼠离体气管平滑肌痉挛减缓。②对神经系统的作用：麻黄提取物和麻黄碱具有兴奋中枢神经系统的作用。③抗菌作用：所含原花青素对金黄色葡萄球菌、绿脓杆菌有抑制作用。④抗炎作用：生物碱对二甲苯诱导耳廓肿胀小鼠具有抗炎作用。⑤抗氧化作用：水溶性多糖能有效抑制自由基，具有较强的清除自由基能力。⑥抗病毒作用：水提液可抑制呼吸道合胞病毒的活性。⑦利尿作用：注射伪麻黄碱后可使排尿量增加。⑧降血脂作用：麻黄多糖具有降低血脂的作用。

参考文献

黄玲, 王艳宁, 吴曙, 2018. 中药麻黄药理作用研究进展[J]. 中外医疗, 37(7): 195–198.

马彦, 2019. 草麻黄主要成分的分离鉴定、抗氧化活性及药代动力学研究[D]. 呼和浩特: 内蒙古大学.

孙兴姣, 李红娇, 刘婷, 等, 2018. 麻黄属植物化学成分及临床应用的研究进展[J]. 中国药事, 32(2): 201–209.

汪映宇, 2014. 草麻黄化学成分的研究[J]. 抗感染药学, 44(5): 416–418.

张嫚丽, 李作平, 贾湘曼, 2005. 麻叶荨麻化学成分研究[J]. 天然产物研究与开发 (2): 175–176.

中国迁地栽培植物志·药用植物（一）·麻黄科

茎

雌球花

果实

雄球花

2
侧柏

Platycladus orientalis (Linn.) Franco, Portugaliae Acta Biol. ser. B. Suppl. 33. 1949.

整株

自然分布

分布于内蒙古南部、吉林、辽宁、河北、山西、山东、江苏、浙江、福建、安徽、江西、河南、陕西、甘肃、四川、云南、贵州、湖北、湖南、广东北部及广西北部等地。全国各地都有栽培。朝鲜也有分布。

迁地栽培形态特征

乔木，株高可达20m。

茎 树皮浅灰褐色，纵裂成条片状；枝条向上伸展或斜展，幼树树冠卵状尖塔形，老树树冠则为广圆形；生鳞叶的小枝细，向上直展或斜展，扁平，排成一平面。

叶 鳞叶；长1~3mm，先端微钝，小枝中央的叶露出部分呈倒卵状菱形或斜方形，两侧的叶船形。

花 雄球花黄色，卵圆形；雌球花近球形，蓝绿色，被白粉。

果 球果近卵圆形，成熟前近肉质，蓝绿色，被白粉，成熟后木质，开裂，红褐色。种子卵圆形或近椭圆形，顶端微尖，稍有棱脊，无翅或有极窄之翅。

分类鉴定形态特征

常绿乔木；生鳞叶的小枝直展或斜展，排成一平面，扁平，两面同型。雌雄同株，球花单生于小枝顶端。球果当年成熟，熟时开裂；种鳞4对，木质，中部的种鳞发育，各有1~2粒种子。子叶2枚，发芽时出土。

引种信息

北京药用植物园 1992年从北京引种苗，长势良好。

海南兴隆南药园 1989年从浙江引种苗（引种号0044），长势良好。

黑龙江中医药大学药用植物园 1998年购买种子，长势良好。

内蒙古医科大学药用植物园 引种信息不详，生长速度中等，长势良好。

物候

北京药用植物园 3月中旬进入萌芽期，4月初进入展叶期，4月开花期，9~10月果实成熟期。

海南兴隆南药园 3~4月开花期，7~10月结果期。

黑龙江中医药大学药用植物园 5月中旬开花期，8月中旬果实成熟期。

内蒙古医科大学药用植物园 3月中旬至4月上旬萌动期，4月中旬至下旬开花期，5月上旬至9月下旬结果期。

迁地栽培要点

对气候和土壤要求不严。繁殖以播种为主。病虫害少见。

药用部位和主要药用功能

入药部位 叶、种子。

主要药用功能 侧柏叶：苦、涩、寒；具有凉血止血，化痰止咳，生发乌发的功效。用于吐血衄血，咯血，便血，崩漏下血，肺热咳嗽，血热脱发，须发早白等症。种仁：甘，平；具养心安神，润肠通便，止汗的功效；用于阴血不足，虚烦失眠，心悸怔忡，肠燥便秘，阴虚盗汗等症。

化学成分 含有挥发油、黄酮类、鞣质、槲皮苷等成分。

药理作用 ①抗菌作用：叶对金黄色葡萄球菌、大肠杆菌、四联球菌、产气杆菌均有明显的抑制作用。②抗肿瘤活性：叶挥发油对肺癌细胞NCI-H460（人肺癌）有明显抑制率，其黄酮类主要成分槲皮素可抑制多种肿瘤细胞的增殖和诱导凋亡，是目前已知的最强的中药抗癌有效成分之一。③抗炎作用：总黄酮抑制中性粒细胞LTB4及5-HETE的生物合成，具有较强的抑制急性炎症作用。④抗氧化作用：叶中黄酮化合物具有抗红细胞RBC氧化损伤作用。⑤凝血作用：叶中槲皮苷具有良好的抗毛细血管脆性和止血作用；叶中鞣质也有收缩微血管和促凝血的作用。⑥降血脂作用：侧柏中鞣质能明显降低大鼠血清胆固醇（TC）、甘油三酯（TG）及高密度脂蛋白（HDL-C）的含量。

参考文献

陈兴芬, 单承莺, 马世宏, 等, 2010. 侧柏叶化学成分、生理活性及防脱发功能研究进展[J]. 中国野生植物资源, 29(3): 1-5.

蒋继宏, 李晓储, 高雪芹, 等, 2006. 侧柏挥发油成分及抗肿瘤活性的研究[J]. 林业科学研究 (3): 311-315.

魏刚, 王淑英, 2001. 侧柏叶挥发油化学成分气质联用分析[J]. 时珍国医国药 (1): 18-19.

张俊飞, 孙广璐, 张彬, 等, 2013. 侧柏叶药理作用的研究进展[J]. 时珍国医国药, 24(9): 2231-2233.

3 东北红豆杉

Taxus cuspidata Sieb. et Zucc., Abh. Math. Phys. Akad. Wiss. Manch. 4 (3): 232. pl. 3. 1846.

自然分布

分布于吉林老爷岭、张广才岭及长白山等地区；常散生于海拔500~1000m的林中。日本、朝鲜、俄罗斯也有分布。栽培于山东、江苏和江西等地。

迁地栽培形态特征

乔木，高达20m。

茎 树皮红褐色，有浅裂纹；枝条平展或斜上直立，密生；小枝基部有宿存芽鳞，1年生枝绿色，2~3年生枝呈红褐色或黄褐色；冬芽淡黄褐色，芽鳞先端渐尖，背面有纵脊。

叶 叶排成不规则的二列，斜上伸展，约成45°角，条形，通常直，长约2cm，基部窄，有短柄，先端通常凸尖，上面深绿色，有光泽，下面有两条灰绿色气孔带，气孔带较绿色边带宽2倍。

花 雄球花有雄蕊9~14枚，各具5~8个花药。

种子 生于红色肉质杯状假种皮中，紫红色，有光泽，卵圆形，上部具3~4钝脊，顶端具小钝尖头，种脐通常三角形或四方形，稀矩圆形。

分类鉴定形态特征

小枝基部常有宿存芽鳞。叶排列成不规则两列，微呈镰状，基部两侧微歪斜或近对称，下面中脉带上无角质的乳头状突起；种子卵圆形或三角状卵圆形，通常上部具3~4条钝纵棱脊，种脐常呈三角状或四方形。

引种信息

北京药用植物园 1998年从吉林和辽宁引种苗，长势良好。

辽宁省经济作物研究所药用植物园 2014年从辽宁桓仁引种苗，长势良好。

物候

北京药用植物园 3月上旬萌芽期，3月下旬进入展叶期，4月中旬展叶盛期，3月中旬开花始期，4月初开花末期，9月下旬种子全熟期。

辽宁省经济作物研究所药用植物园 3月末萌动期，4月下旬至5月上旬展叶期，3月下旬开花始期，4月上旬开花盛期，4月中旬开花末期，5月下旬至9月下旬结果期，11月中旬变色期。

迁地栽培要点

喜阴。繁殖以播种和扦插为主。

药用部位和主要药用功能

入药部位 茎皮和叶。

主要药用功能 淡，平。具利尿消肿的功效。用于肾炎浮肿，小便不利，糖尿病等症。

化学成分 含有紫杉烷类、倍半萜类、甾体类、木脂素类、黄酮类、糖苷类等成分。

药理作用 ①抗癌、抗肿瘤作用：所含紫杉醇主要用于治疗晚期乳腺癌、肺癌、卵巢癌、头颈部癌、软组织癌和消化道癌等，治疗总有效率达75%；叶提取物和三种紫杉烷类（紫杉醇、三尖杉宁碱、10-DAB）对非小细胞肺癌A549细胞、乳腺癌MDA-MB-231与MCF-7细胞、卵巢癌A2780细胞增殖均有抑制作用。所含黄酮类化合物对乳腺癌、宫颈癌、肝癌、结肠癌、肺癌、前列腺癌等均有疗效；并可抑制癌细胞生长、诱导癌细胞凋亡，阻止抗肿瘤药物外排，提高抗肿瘤成分的累积量和细胞毒性。②对心血管系统的作用：所含黄酮类化合物通过调节炎症细胞因子和炎症细胞，对心血管系统起到保护作用。③提高免疫功能作用：通过对小鼠免疫细胞的活性测定，发现红豆杉多糖可提高荷瘤小鼠的免疫功能。④其他作用：所含紫杉酚有抗白血病作用，紫杉碱有降血糖作用，木脂素、异紫杉脂素有抗骨质疏松作用，异紫杉脂素有降血糖和保肝作用。

参考文献

韩嘉华，朱斯琦，谢燕，2016. 黄酮类化合物抵抗P-糖蛋白介导肿瘤多药耐药特性机制研究进展[J]. 国际药学研究杂志，43(5): 818-823.

王楷婷，李春英，倪玉娇，等，2017. 红豆杉的化学成分、药理作用和临床应用[J]. 黑龙江医药，30(6): 1196-1199.

张怀民，杨虹，郑海洲，2016. 天然黄酮类化合物防治心脑血管疾病的研究进展[J]. 中国新药与临床杂志，35(10): 704-708.

张静，2014. 植物红豆杉的抗癌药用价值研究[J]. 中国药业，23(1): 1-3.

第 2 部分
被子植物基部类群

4 五味子

Schisandra chinensis (Turcz.) Baill., Hist. Pl. 1: 148. 1868-1869.

自然分布

分布于黑龙江、吉林、辽宁、内蒙古、河北、山西、宁夏、甘肃、山东等地；生于海拔1200~1700m的沟谷、溪旁、山坡。朝鲜和日本也有分布。

迁地栽培形态特征

落叶木质藤本。

🟠 **茎** 幼枝红褐色，老枝灰褐色。

🟠 **叶** 膜质，宽椭圆形、卵形、倒卵形，先端急尖，基部楔形，上部边缘具胼胝质的疏浅锯齿，近基部全缘；叶柄长约1.5cm。

🟠 **花** 花单性，雌雄异株，常单生于短枝叶腋或苞片腋。花被片粉白或粉红色，6~9，长圆形或椭圆状长圆形；雄花花梗长5~25mm，雄蕊5（6），直立排列于柱状花托顶端，长约2mm，无花丝或外3枚具极短花丝；雌花花梗长17~38mm；雌蕊群近卵圆形，雌蕊17~40，子房卵圆形或卵状椭圆形，柱头鸡冠状。

🟠 **果** 聚合果；长5~8cm，小浆果红色，近球形或倒卵圆形。种子1~2粒，肾形，淡褐色，种皮光滑，种脐明显凹入。

分类鉴定形态特征

落叶木质藤本。雄花托短圆柱形，雄蕊5（6）枚，直立着生于花托顶端，形成短柱状雄蕊群；雌蕊17~40；外种皮光滑。

引种信息

北京药用植物园 1998年从辽宁千山引种苗，长势良好。

黑龙江中医药大学药用植物园 2006年购买种子，长势良好。

辽宁省经济作物研究所药用植物园 2015年从辽宁新宾引种苗，长势良好。

物候

北京药用植物园 3月底开始萌芽，4月初展叶，5月初展叶盛期，4月中旬至月底开花期，8月底果实成熟，10月中旬落叶。

黑龙江中医药大学药用植物园 4月下旬萌动、展叶、始花，5月中旬盛花，5月下旬末花，8月下旬果熟，10月中旬进入休眠期。

辽宁省经济作物研究所药用植物园 5月初萌动期，5月中旬至下旬展叶期，5月末开花始期，6月初开花盛期，6月上中旬开花末期，6月中旬至8月末结果期，9月下旬变色期，10月初开始落叶。

迁地栽培要点

喜凉爽、湿润环境，耐寒，不耐涝，需要适度遮阴处理，幼苗期忌阳光直射。繁殖以播种为主，可扦插、压条繁殖。病虫害少见。

药用部位和主要药用功能

入药部位　果实。

主要药用功能　酸，甘，温。具固涩收敛、益气生津、补肾宁心的功效。用于久咳虚喘，梦遗滑精，久泻不止，遗尿尿频，自汗盗汗，津伤口渴，内热消渴，心悸失眠等症。

化学成分　主要含挥发油、木脂素、有机酸、多糖、脂肪油、氨基酸、色素、鞣质等化学成分。

药理作用　①保护脑神经作用：可增强神经细胞DNA损伤的修复能力，对H_2O_2引起的神经细胞凋亡有保护作用。②镇静、催眠作用：乙醇提取液、水提取物均可使小鼠自主活动明显减少，延长睡眠时间。③保肝作用：可保护肝细胞膜，加速肝细胞的修复与再生，增强肝脏的解毒功能，减轻肝细胞的炎症反应；粗多糖可促进胆汁分泌。④抗溃疡作用：所含三萜酸和木质素对大鼠的溃疡有较好的保护作用，并能抑制吲哚美辛和无水乙醇所致的胃黏膜损伤。⑤降血压作用：能够抑制心肌细胞膜对Ca^{2+}的通透性，减慢心率，降低血压。⑥增强免疫功能作用：粗多糖具有升高白细胞数量，增强免疫功能的作用。⑦降血糖作用：五味子油可以改善2型糖尿病大鼠胰岛素抵抗，减轻胰岛β细胞的损伤，增加β细胞数量，提高胰岛素的分泌量。⑧对呼吸系统的作用：可使呼吸加深、加快，对抗吗啡的呼吸抑制作用；酸性成分有祛痰和镇咳作用。⑨促进性功能作用：可不同程度增加睾丸重量、生精细胞层数及精子的数量。

参考文献

白文宇，王厚恩，王冰瑶，等，2019. 五味子化学成分及其药理作用研究进展[J]. 中成药，41(9): 2177–2183.
黄妍，刘秀，陶薇，等，2019. 五味子化学成分及抗2型糖尿病活性研究进展[J]. 中草药，50(7): 1739–1744.
刘杰，徐剑，郭江涛，2019. 五味子活性成分及药理作用研究进展[J]. 中国实验方剂学杂志，25(11): 206–215.
刘文灵，付赛，樊丽姣，等，2017. 南北五味子化学成分、药理作用等方面差异的研究进展[J]. 中国实验方剂学杂志，23(12): 228–234.
杨擎，曲晓波，李辉，等，2015. 五味子化学成分与药理作用研究进展[J]. 吉林中医药，35(6): 626–628.

5
蕺菜

Houttuynia cordata Thunb, Fl. Jap. 234. 1784.

自然分布

分布于我国中部、东南至西南部各地；生于沟边、溪边或林下湿地中。亚洲东部和东南部广泛分布。

迁地栽培形态特征

多年生腥臭草本。

茎 下部伏地，节上轮生小根，上部直立，有时带紫红色。

叶 薄纸质，有腺点，卵形或阔卵形，顶端短渐尖，基部心形，背面常呈紫红色；叶脉5~7条，除最内1对外全部基出；叶柄长1~3.5cm，无毛；托叶膜质，顶端钝，下部与叶柄合生而成长8~20mm的鞘，常有缘毛，基部扩大，略抱茎。

花 穗状花序；总花梗无毛；总苞片长圆形或倒卵形，顶端钝圆；雄蕊长于子房，花丝长为花药的3倍。

果 蒴果；近球形；顶端有宿存的花柱。

分类鉴定形态特征

多年生草本，具根状茎。叶全缘，具柄，叶柄短或远短于叶片。花聚集成顶生或与叶对生的穗状花序，基部有4片白色花瓣状总苞片；雄蕊3枚；雌蕊由3心皮组成，子房上位，1室，侧膜胎座3，每1侧膜胎座有胚珠6~8。蒴果近球形，顶端开裂。

引种信息

北京药用植物园　1990年从四川引种苗，长势良好。
重庆药用植物园　2006年从重庆南川金佛山引植株（引种号2006011），长势良好。
广西药用植物园　2002年从广西龙州引苗（登录号02392），长势良好。
贵阳药用植物园　引种信息不详，生长速度快，长势良好。
海南兴隆南药园　1996年从海南万宁兴隆区引种苗（引种号0175），长势良好。
华东药用植物园　2012年从浙江丽水莲都引种苗，长势良好。
华中药用植物园　1999年从湖北恩施引种苗（登录号10805208），长势良好。
中国药科大学药用植物园　2014年从浙江引根（引种号cpug2014089），长势良好。

物候

北京药用植物园　4月中旬开始萌芽、展叶，5月中旬展叶盛期，6月上旬始花期，8月上旬末花期，8月中旬果始熟期，8月下旬开始黄枯。

广西药用植物园　3月萌动期，3~4月展叶期，5~7月开花期，未见结果，12月至翌年1月黄枯期。

贵阳药用植物园　2月中上旬地下芽出土，2月中下旬开始展叶，3月上旬展叶盛期，5月中旬始花、盛花，6月下旬末花，9月底种子散布，12月中上旬开始黄枯。

海南兴隆南药园　全年根茎出芽，全年展叶，4~12月开花期，6月至翌年2月结果期，开花株单株枯死。

华东药用植物园　3月初开始萌动，3月上旬展叶盛期，5月上旬始花，7月下旬末花，8月中旬果实成熟，11月中旬枯萎。

华中药用植物园　3月中旬开始萌动，3月下旬开始展叶，4月上旬展叶盛期，5月下旬始花，6月中旬盛花，7月下旬末花，11月下旬进入休眠。

中国药科大学药用植物园　4~7月开花期，8~9月结果期。

重庆药用植物园　2月上旬萌芽，2月中旬展叶，6月上旬开花，8月下旬果实成熟，11月上旬枯萎。

迁地栽培要点

喜温暖、湿润环境，耐涝，北京地区越冬需覆盖。繁殖以根状茎为主。病害主要有白绢病和叶斑病等；虫害少见。

药用部位和主要药用功能

入药部位　茎和叶。

主要药用功能　辛，微寒。具清热解毒、消痈排脓、利尿通淋的功效。内服用于肺痈吐脓，痰热喘咳，热痢、热淋等症。外用于治疗痈肿疮毒，毒蛇咬伤等症。

化学成分　含挥发油、黄酮、生物碱等类成分。

药理作用　①抗病毒作用：蕺菜对流感病毒有直接抑制作用，对流感感染有预防、治疗作用。②抗肿瘤作用：所含鱼腥草素可抑制肝肿瘤细胞、骨肉瘤细胞、舌癌细胞三种人肿瘤细胞的增殖，促进细胞凋亡。③抑菌作用：浸提液对金黄色葡萄球菌和大肠杆菌具有显著的抑制效果。

参考文献

梁明辉, 2019. 鱼腥草的化学成分与药理作用研究[J]. 中国医药指南, 17(2): 153–154.
莫冰, 余克花, 2008. 板蓝根和鱼腥草抗流感病毒研究[J]. 江西医学院学报, 48(4): 44–46.
郑冬超, 冯岚清, 汪红, 等, 2019. 鱼腥草对金黄色葡萄球菌和大肠杆菌的抑菌效果研究[J]. 实验科学与技术, 17(4): 103–108.
钟兆银, 黄锁义, 2019. 鱼腥草提取物鱼腥草素对肿瘤细胞抑制作用[J]. 广东化工, 46(16): 27–28.

叶

花

花

6 三白草

Saururus chinensis (Lour.) Baill. in Adansonia 10: 71. 1871.

自然分布

分布于河北、山东、河南和长江流域及其以南各地；生于低湿沟边、塘边或溪旁。日本、菲律宾和越南也有分布。

迁地栽培形态特征

多年生草本。

🟠茎 具纵长粗棱和沟槽，下部伏地，上部直立。

🟠叶 纸质，密生腺点，阔卵形至卵状披针形，顶端短尖或渐尖，基部心形或斜心形，两面无毛，茎顶端2~3叶于花期为白色，呈花瓣状；叶脉5~7条，均自基部发出；叶柄无毛，基部与托叶合生成鞘状，略抱茎。

🟠花 总状花序白色，总花梗无毛，花序轴密被短柔毛；苞片近匙形，上部圆，下部线形，贴生于花梗上；雄蕊6，花丝比花药略长；子房上位，花柱4。

🟠果 近球形，表面多疣状凸起，分裂为3~4分果爿。

分类鉴定形态特征

多年生草本，具根状茎。叶全缘，具柄，叶柄短或远短于叶片。茎顶2~3叶花期为白色，呈花瓣状。花聚集成与叶对生或兼有顶生的总状花序，无总苞片；雄蕊6或8枚；雌蕊由3~4心皮所组成，分离或基部合生，子房上位，每心皮有胚珠2~4颗，花柱4，离生。果实分裂为3~4分果爿。

引种信息

北京药用植物园　1997年从重庆引入种苗，长势良好。
重庆药用植物园　1971年从四川南川金佛山引植株（引种号1971005），长势良好。
广西药用植物园　2003年从广西南宁引苗（登录号03484），长势良好。
华中药用植物园　1999年从湖北恩施引种苗（登录号10805717），长势良好。
中国药科大学药用植物园　2014年从浙江引根（引种号cpug2014088），长势良好。

物候

北京药用植物园　4月中旬开始萌芽、展叶，5月中旬展叶盛期，6月上旬始花期，7月上旬末花期，7月下旬果始熟期，8月中旬开始黄枯。
重庆药用植物园　3月上旬萌芽，3月中旬展叶，6月中旬开花，8月下旬果实成熟，11月中旬倒苗。
广西药用植物园　2月萌动期，2月展叶期，4~7月开花期，未见结果，9~10月黄枯期。
海南兴隆南药园　全年根茎出芽，全年展叶，4~9月开花期，6~11月结果期，开花株单株枯死。
华中药用植物园　4月上旬开始萌动，4月下旬开始展叶，5月中旬展叶盛期，7月上旬始花，7月中旬盛花，8月中旬末花，9月下旬果实成熟、黄枯进入休眠。
中国药科大学药用植物园　4~6月开花期。

迁地栽培要点

喜湿润，耐阴，北京地区可正常越冬。繁殖以根状茎为主。病虫害少见。

药用部位和主要药用功能

入药部位　根状茎和全株。

主要药用功能　辛，甘，寒。具利尿消肿，清热解毒的功效。内服用于水肿，小便不利，沥痛，带下等症；外用于疮疡毒，湿疹等症。

化学成分　含木脂素、黄酮、挥发油和多糖等成分。

药理作用　①保肝作用：所含槲皮素、异槲皮苷、三白草酮衍生物具有明显的保肝作用。②抑制中枢神经：乙醇提取物氯仿部位有中枢神经抑制作用。③抗炎作用：所含槲皮素、金丝桃苷、三白草酮具有抗炎作用。④降血糖作用：水提物可减弱四氧嘧啶型糖尿病小鼠β细胞的损伤，起到明显的降血糖作用；多糖和黄酮类成分可提高四氧嘧啶型糖尿病兔体内的超氧化物歧化酶活性，降低丙二醇，使血糖降低。⑤抗肿瘤作用：乙醇提取物可抑制Runx2的转录，具有抗乳腺癌转移作用。

参考文献

吕红, 邹乐兰, 麻俊超, 等, 2015. 三白草提取物抗乳腺癌转移作用及其机制研究[J]. 中国实验方剂学杂志, 21(7): 123-127.
随家宁, 李芳婵, 郭勇秀, 等. 三白草化学成分与药理作用研究进展及质量标志物预测分析[J/OL]. 食品工业科技: 1-11[2020-04-25]. http://kns.cnki.net/kcms/detail/11.1759.TS.20200420.1807.014.html.
谢崉, 常温来, 任晓娜, 等, 2018. 三白草总黄酮对高脂血症大鼠血流变学及血管内皮功能的影响[J]. 中国医院药学杂志, 38(9): 958-961.
邢冬杰, 宿世震, 2015. 三白草总黄酮对Ⅱ型糖尿病胰岛素抵抗大鼠糖、脂代谢的影响[J]. 中成药, 37(8): 1840-1842.
徐春蕾, 李祥, 陈宏降, 等, 2012. 三白草中化学成分对H_2O_2损伤LO2细胞保护作用[J]. 南京中医药大学学报, 28(2): 163-164.

花序

果实

7 玉兰

Yulania denudata (Desr.) D. L. Fu, J. Wuhan Bot. Res. 19: 198. 2001.

自然分布

分布于江西、浙江、湖南、贵州等地；生于海拔500~1000m的林中。全国各地都有栽培。

迁地栽培形态特征

落叶乔木。

茎 树皮深灰色，粗糙开裂；小枝灰褐色；冬芽及花梗密被淡灰黄色长绢毛。

叶 纸质，倒卵形、宽倒卵形或倒卵状椭圆形，先端宽圆、平截或稍凹，具短突尖，中部以下渐狭成楔形，侧脉每边8~10条；叶柄长1~2.5cm，被柔毛；托叶痕为叶柄长的1/4~1/3。

花 直立，先叶开放；花蕾卵圆形，花直径10~16cm；花梗显著膨大，密被淡黄色长绢毛；花被片9片，白色，基部常带粉红色，近相似，长圆状倒卵形；花药侧向开裂；雌蕊群圆柱形，雌蕊狭卵形。

果 聚合果；圆柱形，常弯曲；蓇葖厚木质，红褐色，具白色皮孔。种子心形，外种皮红色，内种皮黑色。

分类鉴定特征形状

落叶乔木。1年生小枝多少被毛。叶多为倒卵形或椭圆状倒卵形，基部通常楔形，先端急尖或急短渐尖，侧脉每边8~10条。花先叶开放，在枝上直立，花蕾卵圆形；外苞片被长柔毛，花被片纯白色，有时基部外面带红色，外轮与内轮近等长，同为长圆状倒卵形；花药侧向开裂。

引种信息

北京药用植物园 1991年从北京引种苗，长势良好。

成都中医药大学药用植物园 2013年从四川峨眉山引种苗，长势良好。

重庆药用植物园 1975年从四川南山公园引植株（引种号1975003），长势良好。

贵阳药用植物园 2014年从贵州罗甸木引镇引种苗，长势良好。

华东药用植物园 2008年从浙江丽水莲都引种苗，长势良好。

中国药科大学药用植物园 2017年从校内移栽引苗木（引种号cpug2017005），长势良好。

物候

北京药用植物园 3月中旬开始萌芽，4月初展叶，5月底展叶盛期，3月开花期，9月中旬果实成熟，10月上旬开始落叶。

成都中医药大学药用植物园 3月中旬萌芽期，3月下旬进入展叶期，4月上旬展叶盛期，3月上旬开花始期，3月中旬花盛，3月底花末，4月上旬幼果初现，4月中旬生理落果，10月末落叶末期。

重庆药用植物园 1月下旬萌芽，2月上旬开花，2月中旬展叶，9月上旬果实成熟，11月上旬落叶。

贵阳药用植物园 3月中旬开始展叶，3月下旬展叶盛期；3月上旬花现，3月下旬幼果初现，9月上旬逐渐果熟，9月中旬开始脱落，10下旬月叶变色，开始落叶，11月中旬出现冬芽。

华东药用植物园 3月上旬开始萌动，3月中旬展叶盛期，2月下旬始花，3月中旬末花，9月下旬果实成熟，10月下旬树叶开始变色，11月中旬落叶末期。

中国药科大学药用植物园 3月中旬至下旬进入萌动期，3月下旬展叶期，2~3月开花期，8~9月结果期，9月下旬至10月下旬变色期，9月下旬至11月中旬落叶期。

迁地栽培要点

喜光，耐干旱，忌涝，较耐寒，北京地区可以正常越冬。繁殖以嫁接、扦插为主。

药用部位和主要药用功能

入药部位 花蕾。

主要药用功能 辛，温。具通鼻窍、散风寒的功效。用于风寒头痛、鼻塞流涕、鼻衄、鼻渊等症。

化学成分 主要含挥发油、黄酮类、木脂素、脂肪酸和香豆素等成分。

药理作用 ①抗组织胺作用：挥发油组分能直接对抗致过敏的慢反物质（SRS-A）对肺泡的收缩，还能拮抗组织胺和乙酰胆碱诱发的回肠过敏性收缩和过敏性哮喘。②抗炎作用：挥发油具有较强的抗炎作用，能降低小鼠炎症组织毛细血管通透性，明显减轻充血、水肿、坏死和炎细胞浸润等炎性反应。③局部收敛作用：治疗鼻部炎症时能产生收敛作用而保护黏膜表面，并由于微血管扩张，局部血液循环改善，促进分泌物的吸收，以致炎症减退、鼻畅通、症状缓解或消除。

参考文献

李小莉, 张永中, 2002. 辛夷挥发油的抗过敏实验研究[J]. 中国医院药学杂志, 22(9): 520–521.
李云贵, 徐望龙, 刘奕训, 等, 2013. 玉兰的化学成分及药理活性研究进展[J]. 广州化工, 41(3): 28–29, 47.
王文魁, 王一鸣, 张映, 等, 2000. 辛夷油抗炎机理探讨[J]. 山西农业大学学报, 34(4): 324–326.
赵文斌, 郭兆刚, 张立群, 等, 2002. 复方辛夷滴鼻液主要药效学初步研究[J]. 中国实验方剂学杂志, 8(4): 44–45.
朱雄伟, 杨晋凯, 胡道伟, 等, 2002. 辛夷成分及其药理应用研究综述[J]. 海峡药学, 14(5): 5–6.

叶

整株　　花　　果实

45

8 蜡梅

Chimonanthus praecox (L.) Link, Enum. Pl. Hort. Berol. 2: 66. 1822.

自然分布

分布于山东、江苏、安徽、浙江、福建、江西、湖南、湖北、河南、陕西、四川、贵州、云南等地；生于山地林中。日本、朝鲜、欧洲和美洲都有引种栽培。

迁地栽培形态特征

落叶灌木。

🟠 茎　幼枝四方形，老枝近圆柱形，灰褐色，有皮孔；芽鳞片近圆形，覆瓦状排列，外面被短柔毛。

🟠 叶　纸质至近革质，卵圆形，椭圆形，长圆状披针形，顶端急尖至渐尖，基部圆形。

🟠 花　先花后叶，芳香，直径2~4cm；花被片长圆形或椭圆形，内花被片比外花被片短，与外花被片同为浅黄色或褐红色，顶端圆或尖，基部有爪。

🟠 果　果托近木质化，坛状或倒卵状椭圆形，口部收缩，有钻状披针形的被毛附生物。

分类鉴定形态特征

落叶灌木。叶椭圆形至宽椭圆形或卵圆形，无毛或仅背面叶脉上具微毛；花直径2~4cm，花被片外面无毛，内花被片的基部有爪，浅黄色或褐红色；花丝比花药长或等长。

引种信息

北京药用植物园　1992年从北京引种苗，长势良好。

海军军医大学药用植物园　2007年从浙江富阳引种苗（登录号20070039），长势良好。

华中药用植物园　1999年从湖北恩施引种苗（登录号10804901），长势良好。

物候

北京药用植物园　2月下旬开花，3月中旬末花，3月上旬开始萌芽期，3月下旬进入展叶期，3月下旬出现幼果，8月初果实成熟，11月底果实脱落，10月下旬开始落叶。

海军军医大学药用植物园　4月中旬进入展叶期，5月底至7月初结果期，11月中旬开始变色，12月上旬进入落叶期。

华中药用植物园　4月上旬开始萌动展叶，5月上旬展叶盛期，11月下旬进入休眠，翌年1月中旬始花，1月下旬盛花，2月上旬末花。

迁地栽培要点

喜阳光，能耐阴、耐旱、耐寒，北京地区越冬需包裹。繁殖用播种、分株、扦插、压条均可。未见病虫危害。

药用部位和主要药用功能

入药部位 花、根和根皮。

主要药用功能 花蕾：辛，寒。具开胃散郁，解暑生津，止咳的功效。用于气郁胃闷、暑热头晕、呕吐、麻疹、百日咳等症。根和根皮：辛，温。具祛风、解毒、止血的功效；用于风寒感冒、腰肌劳损、风湿性关节炎、刀伤出血等症。

化学成分 含生物碱类、萜类、黄酮类、香豆素类、甾体类等成分。

药理作用 ①抗氧化作用：所含洋蜡梅碱具有较强的抗氧化活性。②清热止咳作用：复方蜡梅止咳露对外感风热、久咳、咳痰不爽及慢性支气管炎等症具疗效。③抑菌作用：洋蜡梅碱对甘蓝链格孢菌、葡萄灰霉菌、番茄叶霉菌等植物病菌具有一定的抑制作用。

参考文献

徐金标，等, 2018. 蜡梅科植物化学成分及其药理活性研究进展[J]. 中国中药杂志, 43(10): 1957–1968.

徐文跃, 姜平, 翁伟俭, 2000. 蜡梅止咳露的研制及临床应用[J]. 苏州医学院学报, 20(2): 31–32.

张姝，等, 2016. 蜡梅籽生物碱类成分及其抗氧化和抑菌活性[J]. 农药, 55(9): 651–653.

叶

花蕾

花

果实

种子

第 3 部分
单子叶植物

9 百部

Stemona japonica (Bl.) Miq., Prol. Fl. Jap. 386. 1867.

自然分布

分布于浙江、江苏、安徽、江西等地；生于海拔300~400m的山坡草丛、路旁和林下。

迁地栽培形态特征

多年生草本。

根 块根肉质，成簇，长圆状纺锤形，直径2~3cm。

茎 高达1m以上，具5~10分枝，上部攀缘。

叶 轮生，薄革质，卵状披针形或卵状长圆形，顶端渐尖或锐尖，边缘微波状，基部圆或截形；主脉5~9条；叶柄细，长1~4cm。

花 花序柄贴生于叶片中脉上，花单生或数朵排成聚伞状花序；苞片线状披针形。花被片淡绿色，披针形，顶端渐尖，具5~9脉，开放后反卷；雄蕊紫红色，花丝短，基部多少合生成环，花药线形，顶部具箭头状附属物，两侧具丝状体，药隔直立，延伸为钻状或线状附属物。

果 蒴果；扁卵形，顶端锐尖，熟果2片开裂，常具2颗种子。种子椭圆形，深紫褐色，表面具纵槽纹，一端簇生淡黄色短棒状附属物。

分类鉴定形态特征

草本植物，高约1m，茎上部攀缘状。叶轮生，卵状披针形或卵状椭圆形，有长柄。花序柄完全贴生于叶片中脉上，蒴果，2片开裂。

引种信息

北京药用植物园 20世纪70年代从四川南川引种苗,长势良好。

中国药科大学药用植物园 2012年从安徽丫山引根(引种号cpug2012005),长势良好。

物候

北京药用植物园 4月中旬萌芽期,4月下旬展叶初期,5月中旬展叶盛期,5月下旬开花始期,7月末开花末期,8~10月结果期,9月上旬开始黄枯。

中国药科大学药用植物园 3月中旬进入萌动期,3月下旬展叶期,5~7月开花期,7~10月结果期,9~11月黄枯期。

迁地栽培要点

喜较温暖的环境,耐寒,忌积水。北京地区能正常越冬。繁殖以播种和分株为主。病虫害少见。

药用部位和主要药用功能

入药部位 块根。

主要药用功能 甘、苦,微温。具润肺下气止咳、杀虫灭虱的功效,用于咳嗽、肺痨咳嗽、顿咳;外用于头虱、体虱、蛲虫病、阴痒。蜜百部润肺止咳,用于阴虚劳嗽。

化学成分 含多种生物碱及苷类、醌类、香豆素类、去氢苯并呋喃醇、绿原酸、类鱼藤酮等成分。

药理作用 ①止咳祛痰平喘作用:百部生物碱类成分可降低呼吸中枢兴奋性,抑制咳嗽反射,具有良好的镇咳、延长咳嗽潜伏期的作用。②杀虫作用:属于接触性杀虫剂,可用于治疗头虱、阴虱、螨虫病、疥疮、痤疮、酒糟鼻等。③抗菌、抗病毒作用:对大肠杆菌、金黄色葡萄球菌、绿脓杆菌、革兰氏阳性菌和堇色毛癣菌、许兰氏黄癣菌、奥杜盎氏小芽孢癣菌、羊毛样小芽孢癣菌、星形奴卡氏菌等皮肤真菌有抑制作用;苷类化合物有抗柑橘黑腐病、燕麦镰孢、稻瘟病菌、灰霉病、蜡叶芽枝霉菌等芽枝菌活性。

参考文献

樊兰兰,陆丽妃,王孝勋,等,2017. 百部药理作用与临床应用研究进展[J]. 中国民族民间医药 (8): 55–59.
蒋丹,王关林,2003. 22种中草药抑菌活性的研究[J]. 辽宁高职学报, 5(4): 140–141, 146.
中国科学院中国植物志编辑委员会,1997. 中国植物志[M]. 北京:科学出版社: 255.

叶

花

果枝

10 藜芦

Veratrum nigrum L., Sp. Pl. ed. 1, 1044. 1753.

自然分布

分布于东北、河北、山东、河南、山西、陕西、内蒙古、甘肃、湖北、四川和贵州等地；生于海拔1200～3300m的山坡林下或草丛中。亚洲北部、欧洲中部也有分布。

迁地栽培形态特征

多年生草本。

茎 高可达1m，基部的叶鞘枯死后残留为黑色纤维网。

叶 薄革质，椭圆形、宽卵状椭圆形或卵状披针形；先端锐尖或渐尖；大小常有较大变化；两面无毛；基部叶无柄或生于茎上部的具短柄。

花 圆锥花序密生黑紫色花；侧生总状花序近直立伸展，通常具雄花；顶生总状花序常较侧生花序长2倍以上，几乎全部着生两性花；总轴和枝轴密生白色绵状毛；小苞片披针形，边缘和背面有毛；花被片开展或在两性花中略反折，矩圆形，先端钝或浑圆，基部略收狭，全缘；雄蕊长为花被片的一半；子房无毛。

果 蒴果；长1.5～2cm，宽1～1.3cm。

分类鉴定形态特征

叶片大，宽椭圆形或卵状椭圆形，无毛；圆锥花序长而挺直，顶生总状花序常比侧生花序长2倍以上；花被片全缘，黑紫色，与花梗约等长。

引种信息

北京药用植物园 1999年从北京引种植株，长势良好。

华中药用植物园 1999年从湖北恩施引种苗（登录号10805719），长势良好。

物候

北京药用植物园 3月中旬至下旬进入萌动期，5月上旬展叶盛期，8月上旬始花，9月中旬末花，9月中旬至10月下旬果熟期，10月下旬至11月上旬黄枯期。

华中药用植物园 2月下旬开始萌动，3月上旬开始展叶，3月下旬展叶盛期，8月上旬始花，8月下旬盛花，9月下旬末花，10月上旬果实成熟，10月中旬黄枯并进入休眠。

迁地栽培要点

喜凉爽、湿润环境，忌强光。繁殖以播种为主。病虫害少见。

药用部位和主要药用功能

入药部位　根、根状茎。

主要药用功能　辛，苦，寒；有毒。具涌吐风痰、杀虫的功效。用于中风痰壅、癫痫、疟疾、恶疮、疥癣等症。

化学成分　含有多种甾体生物碱类、二苯乙烯类、黄酮类、二肽类等成分。

药理作用　①泻痞作用：蒙医临床用于治疗痞块症（痞块症系人体某部位，由恶血、黄水等聚集凝结而形成之痞块的总称，包括各种肿瘤和癌症），泻痞疗效明显。甾体生物碱通过影响细胞内信号传导途径，启动细胞凋亡，抑制细胞增殖，引发细胞自噬等机制抑制瘤细胞增殖。②杀虫作用：藜芦中杀虫活性成分主要为生物碱类，其中L-7当归酰基棋盘花胺对酢浆草如叶螨及玉米黄呆蓟马的毒杀效果显著，0.5%藜芦碱可溶性液剂对朱砂叶螨和瓜蓟马均有较高的控制效果。

参考文献

丁婧, 李荣, 胡向阳, 等, 2015. 环巴胺对佐剂性关节炎大鼠关节软骨细胞增殖凋亡的影响及其抗凋亡机制[J]. 安徽医科大学学报, 50(4): 446–451.

李文希, 张屏, 李福全, 等. 藜芦甾体生物碱抗肿瘤活性研究进展[J/OL]. 世界科学技术-中医药现代化: 1–9[2020-04-22]. http://kns.cnki.net/kcms/detail/11.5699.R.20200320.1410.056.html.

谢娜, 2018. 藜芦杀虫活性成分研究[D]. 杨凌: 西北农林科技大学.

郑晓红, 管童伟, 韩旭然, 等, 2015. 环巴胺类似物的合成及体外抗肿瘤细胞活性研究[J]. 天然产物研究与开发, 27(5): 890–895.

中国迁地栽培植物志·药用植物（一）·藜芦科

整株　花序　花　果实　果实

54

11 百合

Lilium brownii var. *viridulum* Baker, Gard. Chron. ser. 2, 24: 134. 1885.

自然分布

分布于河北、山西、河南、陕西、湖北、湖南、江西、安徽和浙江等地；生于海拔300~920m山坡草丛、疏林下、山沟旁、地边或村旁等环境中。全国各地都有栽培。

迁地栽培形态特征

多年生草本，株高150~200cm。

茎 鳞茎球形；直径2~4.5cm；鳞片披针形，长1.8~4cm，宽0.8~1.4cm，白色。茎高1.5~2m，具紫色条纹。

叶 散生；倒卵形，长7~15cm，宽1~2cm，先端渐尖，基部渐狭，具5~7脉，全缘，两面无毛。

花 花单生或几朵排成近伞形；花梗长3~10cm，稍弯；苞片披针形。花喇叭形，有香气，乳白色，外面带紫色，无斑点，先端外卷，长13~18cm；外轮花被片宽2~4.3cm，先端尖；内轮花被片宽3.4~5cm，蜜腺两边具小乳头状突起；雄蕊向上弯，中部以下密被柔毛；花药长椭圆形；子房圆柱形，柱头3裂。

果 蒴果矩圆形，长4.5~6cm，宽约3.5cm，有棱，具多数种子。

分类鉴定形态特征

茎上部叶腋间无珠芽。叶散生，倒卵形。花喇叭形，无斑点，花被片先端外弯，雄蕊上部向上弯，蜜腺两边有乳头状突起，花丝中部以下密被柔毛。

引种信息

北京药用植物园 2015年从湖北红安引鳞茎，生长速度快，长势良好。

成都中医药大学药用植物园 2013年从四川峨眉山引鳞茎，长势良好。

物候

北京药用植物园 3月下旬地下芽出土，4月初展叶期，4月下旬现花蕾，5月初盛花期，8月底果实成熟，8月中旬开始黄枯。

成都中医药大学药用植物园 3月下旬地下芽出土，4月中旬展叶期，6月初现花蕾，6月中旬盛花期，9月初果实成熟，8月底开始黄枯。

迁地栽培要点

喜阴，怕水涝，易倒伏，北京地区越冬需覆盖。繁殖以播种为主。病虫害少见。

药用部位和主要药用功能

入药部位　鳞茎。

主要药用功能　甘，寒。具养阴润肺、清心安神的功效。用于阴虚燥咳、劳嗽咳血、虚烦惊悸、失眠多梦、精神恍惚等症。

化学成分　含有多种甾体皂苷、多糖、酚酸甘油酯、生物碱、黄酮、氨基酸、磷脂及其他烷烃等成分。

药理作用　①止咳祛痰作用：小鼠灌胃百合水提取液，可明显延长二氧化硫引咳潜伏期，并减少2min内运行咳嗽次数，百合水煎剂对氨水引起的小鼠咳嗽有止咳作用，还可以通过增加气管分泌起到祛痰作用。②抗抑郁作用：百合皂苷可以通过提高5-羟色胺、多巴胺的分泌对抑郁症模型大鼠脑内单胺类神经递质的紊乱状态有很好的改善作用。③抗肿瘤作用：通过移植瘤模型观察，发现百合多糖具有抗肿瘤和增强荷瘤小鼠免疫功能的作用。④降血糖作用：百合多糖LP1及LP2对四氧嘧啶引起的糖尿病模型小鼠有明显的降血糖作用。

参考文献

郭秋平, 高英, 李卫民, 2009. 百合有效部位对抑郁症模型大鼠脑内单胺类神经递质的影响[J]. 中成药, 31(11): 1669–1672.
李汾, 袁秉祥, 弥曼, 等, 2008. 纯化百合多糖抗肿瘤作用对荷瘤小鼠免疫功能的影响[J]. 现代肿瘤医学, 16(2): 188–189.
李艳, 苗明三, 2015. 百合的化学、药理与临床应用分析[J]. 中医学报, 30(206): 1021–1023.
刘成梅, 付桂明, 涂宗则, 2002. 百合多糖降血糖功能研究[J]. 食品科学, 23(6): 113.

12 湖北贝母

Fritillaria hupehensis Hsiao et K. C. Hsia, 植物分类学报 15 (2): 40 1977..

自然分布
分布于湖北、四川和湖南等地。栽培于湖北建始、宣恩等地。

迁地栽培形态特征
多年生草本，植株高15～50cm。

茎 鳞茎由2（～3）枚鳞片组成，直径1.5～3cm。茎无毛，常带紫色。

叶 叶3～7枚轮生，中间常兼有对生或散生，矩圆状披针形，长7～13cm，宽1～3cm，先端早期不卷曲，后期多少弯曲。

花 花1～4朵，紫色，有黄色小方格；叶状苞片通常3枚，极少为4枚，先端卷曲。花梗长1～2cm；花被片长4.0～4.5cm，宽1.5～1.8cm，外花被片稍狭；蜜腺窝在背面稍凸出；雄蕊长约为花被片的一半，花药近基着，花丝常稍具小乳突；柱头裂片长2～3mm。

果 蒴果；长2～2.5cm，宽2.5～3cm，棱翅宽4～7mm。

分类鉴定形态特征
鳞茎卵圆形或近球形，由2（～3）枚鳞片互抱而成（内中常还有2～3对小鳞片）；茎无毛。茎生叶通常在5枚以上，较均匀地生于茎的中部至上部；叶常兼有轮生与对生，较少以对生为主。植株常具单朵花，每花具叶状苞片2～4枚，叶状苞片先端明显卷曲。花辐射对称；紫红色或绿黄色而具紫色斑点或小方格；外花被片比内花被片狭或近等宽，花柱不具乳突，柱头裂片较长，长 2～3mm；蒴果棱翅较宽，宽4～7mm。

引种信息
北京药用植物园 2017年从湖北宣恩引种苗，生长速度快，长势良好。
华中药用植物园 1999年从湖北恩施引种苗（登录号10805198），长势良好。

物候
北京药用植物园 3月中旬地下芽出土期，3月底展叶期，4月初始花，4月中旬末花，未见果，5月初开始枯黄。
华中药用植物园 3月上旬萌动展叶，3月中旬展叶盛期，3月下旬始花，4月上旬盛花，4月中旬末花，5月中旬进入休眠。

迁地栽培要点
喜阴，忌积水。北京地区越冬需覆盖。繁殖以鳞茎为主。病虫害少见。

药用部位和主要药用功能

入药部位 鳞茎。

主要药用功能 微苦，寒。具清热化痰、止咳、散结的功效。用于热痰咳嗽、瘰疬痰核、痈肿疮毒等症。

化学成分 主要含有生物碱类、萜类等成分。

药理作用 ①镇咳祛痰：总生物碱对氨水引起的小鼠咳嗽模型有明显的抑制作用，其中鄂贝甲素、湖贝甲素苷单体具有显著的镇咳祛痰活性。②平喘作用：实验证明生物碱中的鄂贝新具有明显的平喘活性，其活性明显强于总碱。③抗肿瘤：鳞茎中所含成分对HeLa细胞和HepG2细胞株具有细胞毒作用。④其他作用：舒张支气管平滑肌、降压、耐缺氧、扩瞳。

参考文献

徐定平, 吴晶晶, 周鑫堂, 2015. 湖北贝母化学成分和药理作用研究进展[J]. 中国药业, 24(6): 92–94

姚丽娜, 孙汉清, 江湛, 等, 1993. 湖北贝母、鄂北贝母、紫花鄂北贝母生物总碱对呼吸系统的药理作用[J]. 同济医科大学学报, 22(1): 47–49

张勇慧, 阮汉利, 皮慧芳, 等, 2005. 湖北贝母生物碱单体的镇咳、祛痰和平喘作用[J]. 中草药, 36(8): 1205–1207

张勇慧, 阮汉利, 曾凡波, 等, 2003. 湖北贝母镇咳、祛痰、平喘药效部位的筛选[J]. 中草药, 34(11): 1016–1018.

ZHANG Y H, YANG X L, ZHANG P, et al, 2008. Cytotoxic alkaloids form the bulbs of Fritillaria hupehensis[J]. Chem Biodivers, 5(2): 259–266.

芽　　幼苗　　整株和叶　　花蕾　　花

13 卷丹

Lilium tigrinum Ker Gawler, Bot. Mag. 31: t. 1237. 1809.

萌芽

叶

自然分布

分布于江苏、浙江、安徽、江西、湖南、湖北、广西、四川、青海、西藏、甘肃、陕西、山西、河南、河北、山东和吉林等地；生于海拔400～2500m的山坡灌木林下、草地、路边或水旁。日本、朝鲜也有分布。全国各地都有栽培。

迁地栽培形态特征

茎 鳞茎近宽球形；高约3.5cm，直径4～8cm；鳞片宽卵形，长2.5～3cm，宽1.4～2.5cm，白色。茎高0.8～1.5m，带紫色条纹，具白色绵毛。

叶 散生；矩圆状披针形或披针形，长6.5～9cm，宽1～1.8cm，两面近无毛，先端有白毛，边缘有乳头状突起，上部叶腋有珠芽。

花 花3～6朵或更多；苞片叶状，卵状披针形，长1.5～2cm，宽2～5mm。花梗长6.5～9cm；花下垂，花被片披针形，反卷，橙红色，有紫黑色斑点，内轮花被片较外轮稍宽，蜜腺两边有乳头状突起及流苏状突起；雄蕊四面张开；花丝淡红色，无毛；子房圆柱形，长1.5～2cm；花柱长4.5～6.5cm，柱头稍膨大，3裂。

果 蒴果；狭长卵形，长3～4cm。

分类鉴定形态特征

茎上部的叶腋间具珠芽；叶散生；花橙红色，有紫黑色斑点；雄蕊上端常向外张开，花被片反卷，蜜腺两边有乳头状突起。

引种信息

北京药用植物园 2006年从河北雾灵山引植株，长势良好。

重庆药用植物园　2008年从重庆武隆铁厂附近引植株（引种号2008001），长势良好。
黑龙江中医药大学药用植物园　2006年引种子，长势良好。
中国药科大学药用植物园　2012年从江苏南京燕子矶地区引鳞茎（引种号cpug2012006），长势良好。

物候

北京药用植物园　4月初进入萌动期，6月上旬展叶盛期，6月下旬始花，6月底盛花，7月中旬末花，未见果，7月中旬开始黄枯，8月初全部黄枯。

重庆药用植物园　4月中旬萌芽，5月上旬展叶，6月中旬开花，8月下旬果实成熟，10月上旬倒苗。

黑龙江中医药大学药用植物园　4月下旬萌动，5月上旬展叶期，6月下旬始花，7月上旬盛花，7月中旬末花，8月中旬果熟，9月下旬进入休眠期。

中国药科大学药用植物园　2月中下旬展叶期，7～8月开花期，8月上旬黄枯期，9～10月结果期。

迁地栽培要点

喜阳，北京地区能正常越冬。繁殖以鳞茎为主，也可用珠芽繁殖。病虫害少见。

药用部位和主要药用功能

入药部位　鳞茎。

主要药用功能　甘，寒。具养阴润肺、清心安神的功效。用于阴虚燥咳、劳嗽咳血、虚烦惊悸、失眠多梦、精神恍惚等症。

化学成分　含有多糖、酚类、皂苷、生物碱、酚类和甾类糖苷等成分。

药理作用　①抗癌作用：研究表明卷丹中的没食子酸能明显抑制癌细胞增殖，芦丁、对香豆酸也具有一定的抗癌细胞增殖作用。卷丹的乙醇提取液、生物碱提取液、皂苷提取液对人肺癌细胞有显著体外抑制功能。②抗氧化作用：黄酮、多酚、黄烷醇等活性成分具有较明显的ABTS+、DPPH自由基、超氧自由基的清除能力和铜离子还原力，表明其具有一定的抗氧化能力。③抗抑郁作用：总皂苷可以调节脑肠肽的含量，其抗抑郁活性与5-HT能神经系统有关。

参考文献

黄江剑, 2011. 百合抗抑郁有效部位质量标准及药理作用研究[D]. 广州：广州中医药大学.
雷卢恒, 2015. 卷丹百合不同居群鳞茎提取物的抗氧化及肺癌细胞抑制特性研究[D]. 杨凌：西北农林科技大学.
李玲, 刘湘丹, 詹洛华, 等, 2018. 卷丹百合化学成分抗肿瘤活性研究[J]. 湖南中医药大学学报. 38(10): 1133–1136.

整株

花

珠芽

14
浙贝母

Fritillaria thunbergii Miq., Ann. Mus. Bot. Lugd. -Bat. 3: 157. 1867.

自然分布

分布于江苏、浙江和湖南等地；生于较低海拔的山丘荫蔽处或竹林下。日本也有分布。栽培于浙江、湖南、安徽、福建等地。

迁地栽培形态特征

多年生草本，株高50~80cm。

茎 鳞茎由2（~3）枚鳞片组成，直径1.5~3cm。

叶 下部叶对生或散生，向上常兼有散生、对生和轮生，近条形至披针形，长7~11cm，宽1~2.5cm，先端不卷曲或稍弯曲。

花 花1~6朵，淡黄绿色，顶端的花具3~4枚叶状苞片，其余的具2枚苞片；苞片先端卷曲；花被片长3cm，宽约1cm，内外轮相似；雄蕊长约为花被片的2/5；花药近基着，花丝无小乳突；柱头裂片长1.5~2mm。

果 蒴果；长2~2.2cm，宽约2.5cm，棱上有宽6~8mm的翅。

分类鉴定形态特征

鳞茎卵圆形或近球形，由2（~3）枚鳞片互抱而成；叶兼有散生、对生和轮生，茎生叶通常在5枚以上，较均匀地生于茎的中部至上部。通常每株具2~6朵花；花淡绿黄色，无斑点或斑点极不明显；每花具叶状苞片2~4枚，顶端的花通常具3~4枚；叶状苞片先端明显卷曲；外花被片比内花被片狭或近等宽，花被片上蜜腺窝在背面不很明显；花柱不具乳突。蒴果棱上的翅宽7~8mm。

引种信息

北京药用植物园 1998年从浙江引入种苗，长势良好，无性繁殖能力弱，不能形成药材产量。

华中药用植物园 1999年从湖北恩施引种苗（登录号10805590），长势良好。

中国药科大学药用植物园 2014年购买鳞茎（引种号cpug2014011），长势良好。

物候

北京药用植物园 2月底进入萌动期，3月中旬开始展叶，4月初展叶盛期，4月开花期，未见果，4月底开始黄枯，5月中旬全部黄枯。

华中药用植物园 3月上旬开始萌动展叶，3月中旬展叶盛期，4月上旬始花，4月下旬末花，5月中旬黄枯进入休眠。

中国药科大学药用植物园 1月上旬进入萌动期，1月中旬至2月中旬展叶期，3~4月开花期，5月结果期，4月中旬至5月中旬黄枯期。

迁地栽培要点

喜阴凉环境，忌涝。北京地区越冬需覆盖。繁殖以鳞茎为主。病虫害少见。

药用部位和主要药用功能

入药部位 鳞茎。

主要药用功能 苦，寒。具清热化痰止咳、解毒散结消痈的功效。用于风热咳嗽、痰火咳嗽、肺痈、乳痈、瘰疬、疮毒等症。

化学成分 含有生物碱、多糖和皂苷等有效成分，其中生物碱包含贝母甲素、贝母乙素、贝母辛、浙贝宁、浙贝酮、贝母新碱、贝母芬碱、贝母定碱、胆碱、贝母醇、去氢鄂贝啶碱、西贝素、伊贝辛、浙贝丙素、鄂贝啶碱、浙贝母碱、去氢浙贝母碱、异贝母素甲等成分。

药理作用 ①镇咳祛痰作用：浙贝母中的生物碱作用于气管M受体，对其产生拮抗作用，可抑制气管的收缩。②镇痛作用：醇提取物具有镇痛作用。③抗溃疡、抗炎止泻作用：醇提取物具有抗溃疡、抗炎止泻作用。④抗肿瘤作用：浙贝母中的抗肿瘤成分主要是生物碱，其中主要包括浙贝母甲素、浙贝母乙素，其对肿瘤细胞的耐药性可起逆转作用，和其他抗肿瘤药物协同作用，可提高治疗效果。

参考文献

郭靖, 2007. 不同品种浙贝母的药学与药效学比较研究[D]. 哈尔滨: 黑龙江中医药大学.
赵金凯, 杜伟锋, 应泽茜, 等, 2019. 浙贝母的现代研究进展[J]. 时珍国医国药, 30(1): 177–180.
朱晓丹, 安超, 李泉旺, 等, 2017. 中药浙贝母药用源流及发展概况[J]. 世界中医药 (1): 222–227+232.
卓诗勤, 张浩, 丁弋娜, 等, 2016. 硫熏和鲜切浙贝母的化学成分及其药理作用的比较研究[J]. 中华中医药学刊, 34(3): 618–621.

15 平贝母

Fritillaria ussuriensis Maxim., Trautv., Regel, Maxim. et Winkl., Dec. Pl. Nov. 9. 1882.

整株　　萌芽　　叶

自然分布

分布于辽宁、吉林、黑龙江等地；生于低海拔地区的林下、草甸或河谷。俄罗斯远东地区也分布。栽培于辽宁、吉林、黑龙江等地。

迁地栽培形态特征

多年生草本，株高约40cm。

🟠茎　鳞茎由2枚鳞片组成，周围偶有小鳞茎，容易脱落。

🟠叶　轮生或对生，在中上部常兼有少数散生；条形至披针形，先端卷曲。

🟠花　花1~3朵，紫色具黄色小方格，顶端的花具4~6枚叶状苞片，苞片先端强烈卷曲；外花被片比内花被片稍长而宽；蜜腺窝在背面明显凸出；雄蕊长约为花被片的3/5，花药近基着，花丝、花柱具小乳突。

分类鉴定形态特征

鳞茎卵圆形或近球形，由2枚鳞片互抱而成。茎无毛，茎生叶（连同叶状苞片）通常在5枚以上，较均匀地生于茎的中部至上部。顶端的花具4~6枚先端强烈卷曲的叶状苞片；花柱具乳突；花药基着或近基着。蒴果棱上多少具翅。

引种信息

北京药用植物园　　2016年从吉林引鳞茎，长势较弱，植株整体弱小，不能形成药材产量。

黑龙江中医药大学药用植物园　　2017年从黑龙江铁力阳坡林下引鳞茎，长势良好。

物候

北京药用植物园　　3月中旬展叶期，4月中旬展叶盛期，4月末开花，未见果，5月中旬全部黄枯。

黑龙江中医药大学药用植物园 4月上旬展叶期，4月中旬始花，4月下旬盛花，5月上旬末花，5月下旬果熟，6月下旬进入休眠期。

迁地栽培要点

喜阴凉，忌高温，要求土壤疏松。繁殖以鳞茎为主。

药用部位和主要药用功能

入药部位 鳞茎。

主要药用功能 苦、甘，微寒。具清热润肺、化痰止咳的功效。用于肺热燥咳、干咳少痰、阴虚劳嗽、咯痰带血等症。

化学成分 含有西贝素、贝母辛、贝母甲素、平贝碱甲、平贝碱乙、平贝碱丙、乌苏里宁、乌苏里啶、乌苏里啶酮、乌苏里酮、平贝酮、平贝定苷、西贝素苷、平贝碱苷等生物碱及生物碱苷类成分。

药理作用 ①祛痰、平喘、镇咳作用：鳞茎及茎叶中的总生物碱具有明显祛痰、平喘的作用。②抗溃疡作用：总生物碱能够抑制胃蛋白酶的活性，减少其对胃组织的伤害。③抗炎作用：水提物具有较好的抗炎作用，可以抑制由二甲苯、蛋清分别导致的耳廓肿胀及大鼠足趾肿胀，降低小鼠毛细血管通透性。④抗氧化作用：平贝母多糖具有清除自由基和抗脂质过氧化功能，多糖FUP-1具有较好的抗氧化的能力。

参考文献

丁常宏, 郭盛磊, 孙海峰, 等, 2018. 药用植物平贝母的研究进展[J]. 中医药导报, 24(3): 73-75+78.
李兴斌, 高燕飞, 李吉良, 2004. 平贝母化学成分及药理活性研究进展[J]. 中医药信息 (4): 28-29.
沈莹, 孙海峰, 2018. 平贝母化学成分及药理作用研究进展[J]. 化学工程师, 32(6): 62-66.
佟晓琳, 聂颖兰, 马琰岩, 等, 2016. 平贝母水煎液化学成分的LC-MS~n分析[J]. 中国实验方剂学杂志, 22(21): 45-49.

花蕾

花

16 白及

Bletilla striata (Thunb. ex A. Murray) Rchb. f., Bot. Zeit. 36: 75. 1878.

叶

花

自然分布

分布于陕西、甘肃、江苏、安徽、浙江、江西、福建、湖北、湖南、广东、广西、四川和贵州等地；生于海拔100～3200m的常绿阔叶林或针叶林下、路边草丛或岩石缝中。朝鲜半岛和日本也有分布。我国中部地区广泛栽培。

迁地栽培形态特征

多年生草本植物。

茎 假鳞茎扁球形，富黏性。茎粗壮。

叶 叶4～6枚，狭长圆形或披针形，先端渐尖，基部收狭成鞘并抱茎。

花 花序具3～10朵花；花序轴呈"之"字状曲折；花苞片长圆状披针形。花大，紫红色、粉红色或白色；萼片和花瓣近等长，狭长圆形，先端急尖；花瓣较萼片稍宽，唇瓣较萼片和花瓣稍短，倒卵状椭圆形，紫红色或白色带紫红色具紫色脉，上面具5条纵褶片，从基部伸至中裂片近顶部，在中裂片上面为波状，唇瓣在中部以上3裂，侧裂片直立，中裂片倒卵形或近四方形，先端凹缺，具波状齿。

果 蒴果；长圆状纺锤形，直立。内含极多粉末状种子。

分类鉴定形态特征

叶长圆状披针形或狭长圆形。花大，萼片和花瓣长均达25mm以上，紫红色或粉红色，罕为白色；唇瓣明显3裂，侧裂片先端尖或稍尖，伸至中裂片旁，中裂片边缘具波状齿，先端中央凹缺，唇盘上面的5条脊状褶片仅在中裂片上面为波状。

引种信息

北京药用植物园 1998年从重庆引种苗，长势良好。

成都中医药大学药用植物园 2013年从四川峨眉山引种苗，长势良好。
重庆药用植物园 1965年从四川南川三泉镇引植株（引种号1965002），长势良好。
广西药用植物园 2000年从广西靖西药市引苗（登录号00093），长势良好。
贵阳药用植物园 2013年从贵州石阡龙井乡引种苗（GYZ2013），生长速度快，长势良好。
华东药用植物园 2013年从浙江丽水莲都引种苗，长势良好。
华中药用植物园 1999年从湖北恩施引种苗（登录号10805919），长势良好。
中国药科大学药用植物园 2009年从浙江引根（引种号cpug2009019），长势良好。

物候

北京药用植物园 3月中旬开始萌芽期，4月初进入展叶期，5月上旬展叶盛期，4月下旬开花，5月中旬末花，9月中旬果实成熟，10月中旬开始黄枯。

成都中医药大学药用植物园 3月中旬始花，3月下旬盛花，4月下旬末花，5月上旬幼果，9月中旬果实成熟，9月初开始黄枯。

重庆药用植物园 2月中旬萌芽，2月下旬展叶，3月中旬开花，9月中旬果实成熟，10月下旬倒苗。

广西药用植物园 2~3月萌动期，3~5月展叶期，3~5月开花期，未见结果，11月至翌年2月黄枯期。

贵阳药用植物园 2月底进入萌动期，3月上旬展叶期，3月下旬展叶盛期，3月下旬始花，4月上旬盛花，4月中旬末花，未见结果，10月初开始黄枯。

华东药用植物园 3月初开始萌动，3月上旬展叶盛期，4月上旬始花，5月下旬末花，9月下旬果实成熟，11月下旬进入休眠。

华中药用植物园 4月上旬开始萌动，4月中旬开始展叶，4月下旬展叶盛期，5月下旬始花，6月上旬盛花，6月下旬末花，9月下旬果实成熟，11月下旬枯黄进入休眠。

中国药科大学药用植物园 2月下旬至3月上旬进入萌动期，4月上旬展叶期，4~5月开花期，11月结果期，9月下旬至11月中旬黄枯期。

迁地栽培要点

喜温暖、稍阴湿的环境。耐阴性强，忌强光直射，夏季高温干旱时叶片容易枯黄，耐寒，北京地区越冬需覆盖。繁殖以无性繁殖为主。病虫害少见。

药用部位和主要药用功能

入药部位 块茎。

主要药用功能 苦，甘，涩，微寒。具收敛补肺、消肿生肌的功效。用于治疗咯血、吐血、外伤出血、疮疡肿毒、皮肤皲裂等症。

化学成分 含有氨基酸、糖类、苷类、生物碱类、黄酮类、酚类、甾萜类、有机酸等成分。

药理作用 ①抑菌作用：所含二氢菲类化合物对临床常见病原菌具有抑制和逆转耐药性的作用。②抗肿瘤作用：对肝部肿瘤的生长有抑制作用，可改善肝功能，延长机体的生存期。③胃溃疡防治作用：白及多糖可附着于胃壁形成保护膜，阻止胃酸和胃蛋白酶对溃疡面的腐蚀，有利于溃疡的愈合。④抗氧化作用：乙酸乙酯提取物具有较好的抗氧化活性，对·OH和DPPH·的清除作用较强。⑤止血作用：白及胶有促进凝血的功能。

参考文献

车艳玲, 刘松江, 2008. 白及治疗小鼠移植性肝癌的研究[J]. 中医药信息, 25(1): 38–40
李华, 等, 2020. 白及二氢菲类化合物对临床常见病原菌作用的研究[J]. 安徽医药. 24(4): 800–804+852.
李剑美, 等, 2020. 白芨及其替代品化学成分预试及薄层色谱分析[J]. 云南化工. 47(2): 50–54+58.
肖雄, 唐健波, 姚佳, 等, 2013. 白芨不同极性提取物的体外抗氧化活性研究[J]. 山地农业生物学报, 32(2): 146–149.

中国迁地栽培植物志·药用植物（一）·兰科

整株

果实

17 萱草

Hemerocallis fulva (L.) L., Sp. Pl. ed. 2, 462 1762.

自然分布

分布于亚洲温带至亚热带地区。欧洲也有少量分布。野生于秦岭以南各地，全国各地都有栽培。

迁地栽培形态特征

多年生草本。

根 多少肉质，中下部有时有纺锤状膨大。

茎 根状茎较短。

叶 基生，二列，带状。

花 花葶从叶丛中央抽出，顶端具总状或假二歧状的圆锥花序。花梗一般较短；花直立或平展，近漏斗状，下部具花被管；花被裂片6，明显长于花被管，内3片常比外3片宽大；雄蕊6，着生于花被管上端；花药背着或近基着；子房3室，每室具多数胚珠；花柱细长，柱头小。

果 蒴果；钝三棱状椭圆形或倒卵形，表面常略具横皱纹，室背开裂。种子有棱角，黑色，十余粒。

分类鉴定形态特征

根中下部纺锤状膨大。花疏离，决不簇生，通常3至多朵，橘红色至橘黄色，苞片小，宽2~7mm，内花被裂片下部有"∧"形彩斑；花被管长2~4cm。

引种信息

北京药用植物园 20世纪60年代从东北引种苗，长势良好。

成都中医药大学药用植物园 2013年从四川峨眉山引种苗，长势良好。

广西药用植物园 1998年从广西苍梧引苗（登录号98476），长势良好。

贵阳药用植物园 2015年从贵州开阳高寨乡引种苗，长势一般。

海南兴隆南药园 1970年从广西药用植物园引种（引种号1436），长势良好。

华中药用植物园 1999年从湖北恩施引种苗（登录号10805025），长势良好。

辽宁省经济作物研究所药用植物园 2014年从辽宁义县引种苗，长势良好。

物候

北京药用植物园 3月初展叶始期，4月上旬展叶盛期，6月上旬开花初期，6月中旬盛花，7月中旬末花，8月中旬开始黄枯，未见结果。

成都中医药大学药用植物园 3月初地下芽出土期，3月中旬展叶始期，3月下旬展叶盛期，6月初始花，6月下旬盛花，6月底末花，11月中旬黄枯初期，11月中旬普遍黄枯，12月底全部黄枯，未见结果。

广西药用植物园　2～3月萌动期，3～4月展叶期，5～10月开花期，5～10月结果期，11月至翌年2月黄枯期。

贵阳药用植物园　3月上旬叶芽萌动；3月上旬展叶初期，3月中旬展叶盛期；未见花果；11月上旬开始黄枯，11月下旬普遍黄枯，12月上旬全部黄枯。

海南兴隆南药园　常绿植物，未见花、果。

华中药用植物园　3月中旬萌动展叶，3月下旬展叶盛期，7月中旬始花，7月下旬盛花，8月上旬末花，未见结果。

辽宁省经济作物研究所药用植物园　3月下旬至4月中旬萌动期，6月上旬至中旬展叶期，6月中旬开花始期，6月下旬开花盛期，7月上旬开花末期，6月下旬至7月末果实发育期，8月上、中旬至10月上旬黄枯期。

迁地栽培要点

喜阳，北京地区能正常越冬。繁殖以分株为主。蚜虫危害严重。

药用部位和主要药用功能

入药部位　根及根状茎、花。

主要药用功能　甘，凉；有小毒。具利水、凉血的功效。用于水肿、小便不利、淋浊、带下病、黄疸、衄血、便血、崩漏、乳痈等症。

化学成分　根：含有蒽醌类化合物、内酰胺衍生物、苷类化合物、生物碱、萜类等成分；花：含有多酚类成分、黄酮类物质、挥发性成分、甾体皂苷等。叶：含长寿花糖苷、落叶松树脂醇等成分。

药理作用　①抗抑郁作用：萱草花具镇静安眠作用，萱草花提取物可以增加额皮质和海马区域5-HT和去甲肾上腺素水平，增加额皮质中多巴胺水平。②抗氧化作用：萱草叶中的长寿花糖苷、落叶松树脂醇等化合物通过脂质过氧化抑制作用而具有强抗氧化活性。萱草花乙醇提取物也具有抗氧化活性。③抗肿瘤作用：萱草根提取物没有细胞毒，但具有抗细胞增殖活性，可通过诱导肿瘤细胞分化而抑制肿瘤。④肝保护作用：萱草醇提取物可减少小鼠血清和肝中丙二醛浓度，提高超氧化物歧化酶活性，提示萱草有肝保护作用。⑤抗寄生虫作用：萱草根中的萱草根素能使小鼠体内血吸虫萎缩及生殖器官退化，并能暂时性抑制雌虫排卵。⑥分解脂肪作用：萱草花与去甲肾上腺素联合使用时可促进脂肪分解，提示萱草花是一种脂解促进物质，能够使脂肪细胞分解反应对去甲肾上腺素敏感。⑦其他作用：萱草花具有抑菌、抗结核、改善动脉粥样硬化等作用。

参考文献

安英, 沈楠, 赵丽晶, 等, 2015. 萱草药理作用研究进展[J]. 吉林医药学院学报, 36(2): 132–135.

郭冷秋, 张颖, 张博, 等, 2013. 萱草根及萱草花的化学成分和药理作用研究进展[J]. 中华中医药学刊, 31(1): 74–76.

李欧, 沙中玮, 徐建, 2018. 萱草花药理作用研究进展[J]. 上海中医药杂志, 52(6): 99–101.

LIN Y L, LU C K, HUANG Y J, et al, 2011. Antioxidative caffeoylquinic acids and flavonoids from *Hemerocallis fulva* flowers[J]. J Agric Food Chem, 59(16): 8789–8795.

MORI S, TAKIZAWA M, SATOU M, et al, 2009. Enhancement of lipolytic responsiveness of adipocytes by novel plant extract in rat[J]. Exp Biol Med(Maywood), 234(12): 1445–1449.

QUE FEI, MAO LINCHUN, ZHENG XIAOJIE, 2007. In vitro and vivo antioxidant activities of daylily flowers and the involvement of phenolic compounds[J]. Asia Pac J Clin Nutr, 16(Suppl 1): 196–203.

18 薤白

Allium macrostemon Bunge, Enum. Pl. China Bor. Coll. 65. 1833.

整株

自然分布

分布于除新疆、青海外的全国各地；生于海拔1500m以下的山坡、丘陵、山谷或草地。俄罗斯、朝鲜和日本也有分布。

迁地栽培形态特征

茎 鳞茎近球形，基部常具小鳞茎；鳞茎外皮带黑色，纸质或膜质，不破裂。

叶 叶3~5枚，半圆柱状，中空，上面具沟槽，比花葶短。

花 花葶圆柱状，高30~70cm；总苞2裂，比花序短；伞形花序半球形至球形，具多而密集的花，或间具珠芽或有时全为珠芽。小花梗近等长，比花被片长3~5倍；花淡紫色或淡红色；花被片矩圆状卵形至矩圆状披针形；花丝等长，比花被片长；子房近球形。

分类鉴定形态特征

鳞茎卵球形至近球形，外皮不破裂。叶半圆柱形，中空，上面具沟槽。花两性，伞形花序全为花，或间具珠芽，或全为珠芽。

引种信息

北京药用植物园　20世纪70年代从北京引鳞茎，长势良好，已扩张至园区多数区域。

辽宁省经济作物研究所药用植物园　2015年从辽宁海城引鳞茎，长势良好。

中国药科大学药用植物园　2009年从江苏南京燕子矶地区引鳞茎（引种号cpug2009005），长势良好。

物候

北京药用植物园　3月初地下芽出土期，3月中旬展叶期，4月中旬展叶盛期，5月初开花期，5月底全部黄枯，未见果，8月份复绿，10月初进入黄枯期。

辽宁省经济作物研究所药用植物园　3月下旬至4月上旬萌动期，5月上旬开花始期，5月末开花盛期，6月中旬开花末期，6月中下旬至7月中旬果实发育期，10月下旬至11月上旬黄枯期。

中国药科大学药用植物园　3月下旬进入萌动期，5~7月开花期，5~7月结果期，7月下旬黄枯期。

迁地栽培要点

喜阳，北京地区能正常越冬。繁殖以鳞茎、珠芽为主。病虫害少见。

药用部位和主要药用功能

入药部位　鳞茎。

主要药用功能　辛，苦，温。具通阳散结、行气导滞的功效。用于胸痹心痛、脘腹痞满胀痛、泻痢后重等症。

化学成分　含有大量挥发油、腺苷、色氨酸及其衍生物和甾体皂苷等成分。

药理作用　①抑制血小板聚集作用：丁醇提取物和水提物强烈抑制血小板聚集，活性成分主要为甾体皂苷类。②降脂及防治动脉粥样硬化作用：具有降低血脂的作用，尤其降血清胆固醇、甘油三酯的作用较好，有明显降低血清脂质过氧化的作用。③抗癌作用：能诱导小鼠S180肿瘤细胞凋亡，并抑制DNA合成及细胞增殖；60%乙醇提取物中的甾体皂苷成分具有明显的体外抗癌作用。④解痉平喘，镇痛和耐缺氧作用：薤白能够舒张气管平滑肌，延长止喘时间，改善喘息症状与哮鸣声。⑤抑菌作用：具有广谱的抑菌活性，对金黄色葡萄球菌、大肠杆菌、普通变形杆菌、枯草芽孢杆菌、蜡状芽孢杆菌、绿脓杆菌、沙门氏菌等细菌及根霉、木霉、曲霉、酵母菌等真菌都显示出良好的抑制作用，而且具有较好的热稳定性。

参考文献

区文超, 钟赟, 刘本荣, 等, 2011. 薤白皂苷化合物对CD40L表达及血小板中性粒细胞黏附的影响[J]. 广东医学, 32(7): 833–835.

熊朝勇, 陈霞, 2019. 药食同源野生蔬菜小根蒜研究进展[J]. 现代食品 (20): 103–105.

岳玉秀, 2017. 小根蒜挥发油抑菌活性的研究[J]. 食品研究与开发, 38(14): 17–20.

张香美, 刘月英, 贾月梅, 等, 2006. 小根蒜研究现状及其开发利用[J]. 安徽农业科学, 46(9): 1764–1765.

叶
花序
花序
花

19 韭

Allium tuberosum Rottler ex Sprengle, Syst. Veg. 2: 38. 1825.

自然分布

分布于亚洲东南部。全世界普遍栽培。

迁地栽培形态特征

多年生草本，株高15~30cm。

茎 具倾斜的横生根状茎；鳞茎簇生，近圆柱状，外皮暗黄色至黄褐色，破裂成纤维状。

叶 条形，扁平，实心，比花葶短，宽1.5~8mm，边缘平滑。

花 花葶圆柱状，常具2纵棱，高25~60cm，下部被叶鞘；总苞单侧开裂，或2~3裂，宿存；伞形花序半球状或近球状，具多但较稀疏的花；小花梗近等长，比花被片长2~4倍；花白色；花被片常具绿色或黄绿色的中脉，内轮花被片矩圆状倒卵形，稀为矩圆状卵形，外轮花被片常较窄，矩圆状卵形至矩圆状披针形；花丝等长，为花被片长度的2/3~4/5，基部合生并与花被片贴生；子房倒圆锥状球形，具3圆棱，外壁具细的疣状突起。

分类鉴定形态特征

根纤细，绳索状；鳞茎近圆柱形，常数枚聚生，外皮呈纤维状，根状茎明显；叶数枚，条形，扁平，实心，基部不收狭成叶柄；花葶常具2纵棱，基部被叶鞘，花白色，花丝仅基部合生，子房每室2至数胚珠。

引种信息

北京药用植物园 1996年从北京引种苗，长势良好。

重庆药用植物园 2014年从重庆南川金佛山引植株（引种号2014021），长势良好。

广西药用植物园 2002年从广西南宁引种子（登录号02484），长势良好。

贵阳药用植物园 2012年从贵州丹寨雅灰乡引种苗，长势良好。

物候

北京药用植物园 3月中旬地下芽出土期，3月底进入展叶期，5月中旬展叶盛期，6~9月花期，8月初果实成熟，10月底开始黄枯。

重庆药用植物园 3月上旬萌芽，4月上旬展叶，6月下旬开花；8月中旬果实成熟。

广西药用植物园 2~3月萌动期，3月展叶期，7~9月开花期，9~11月结果期，11月至翌年2月黄枯期。

贵阳药用植物园 1月中旬萌动期，3月展叶期，9月开花期，9月下旬至10月中下旬结果期，11月黄枯期。

迁地栽培要点

喜冷凉、湿润的环境，较耐阴。北京地区能正常越冬。繁殖以分株和播种为主。病虫害少见。

药用部位和主要药用功能

入药部位 全草、种子。

主要药用功能 全草：辛，甘，温。具温中健胃、提神、止汗、固涩的功效。用于噎膈反胃、自汗盗汗等症。外用于跌打损伤、淤血肿痛、外伤出血。种子（韭菜子）：辛，甘，温。具温补肝肾，暖腰膝，壮阳固精的功效。用于肝肾亏虚、腰膝酸痛、阳痿遗精、遗尿尿频、白带泻下等症。

化学成分 含有生物碱、甾体皂苷、香豆素类、含硫化合物等成分。

药理作用 ①杀螨作用：研究表明韭叶提取物能有效杀灭红蜘蛛。②杀菌作用：挥发油中含的二丙烯基-双硫醚，甲基-丙烯基-双硫醚，甲基-丙烯基-三硫醚，棕榈酸是其主要抗菌成分，对棉花立枯病菌、苹果轮纹病菌、粪肠球菌等病原菌有抑制作用。③抗衰老作用：韭子水煎剂可增加机体SOD活性，抑制体内脂质过氧化物生成，抑制MAO-B活性，进而延缓机体衰老过程。④增强免疫作用：通过显著提高巨噬细胞的吞噬功能以及使抗体生成细胞数增多，有效地恢复和增强非特异性免疫和体液免疫功能。

参考文献

韩晶利, 岳晓钟, 陈春梅, 2008. 韭子抗衰老作用的实验研究[J]. 中国老年学杂志, 28(10): 957–958.
桑圣民, 夏增华, 毛士龙, 等, 2000. 中药韭子化学成分的研究[J]. 中国中药杂志, 46(5): 30–32.
佟丽华, 刘玉楼, 张丽香, 1997. 韭子的化学成分研究[J]. 佳木斯医学院学报, 20(1): 25–26.
王雄, 2011. 韭菜抗常见病原菌活性成分分析[D]. 兰州: 甘肃农业大学.
吴莉, 陈文利, 2005. 韭叶中化学成分的生物活性研究[J]. 化学与生物工程, 22(2): 49–51.

20 知母

Anemarrhena asphodeloides Bunge, Mem. Acad. Sci. Petersb. Sav. Etrang. 2: 140. 1831.

叶

自然分布

分布于河北、山西、山东、陕西、甘肃、内蒙古、辽宁、吉林和黑龙江等地；生于海拔1450m以下的山坡、草地或路旁较干燥或向阳的地方。朝鲜也有分布。栽培于河北、山西和陕西等地。

迁地栽培形态特征

- 茎 根状茎横走，粗0.5~1.5cm，为残存的叶鞘所覆盖。
- 叶 叶禾叶状，先端渐尖成近丝状，基部渐宽成鞘状，具多条平行脉。
- 花 花葶比叶长；总状花序可达60cm；苞片小，卵形或卵圆形。花粉白色；花被片条形宿存。
- 果 蒴果；狭椭圆形，顶端有短喙。

分类鉴定形态特征

根状茎横走，具较粗的根。叶基生，禾叶状。花葶直立；花序总状可达60cm；花被片6，在基部稍合生；雄蕊3，生于内花被片近中部；花丝短，扁平；花柱与子房近等长，柱头小。蒴果室背开裂，每室具种子1~2粒。种子黑色，具3~4条纵狭翅。

引种信息

北京药用植物园　1996年从河北引种苗，长势良好，药用部位形成能力强。
重庆药用植物园　1969年从安徽亳州十九里镇引植株（引种号1971004），长势良好。
黑龙江中医药大学药用植物园　2010年从河北安国购买种子，长势良好。
内蒙古医科大学药用植物园　2013年从内蒙古武川引种子，生长速度中等，长势良好。
新疆药用植物园　2016年从河北安国引种子（登录号xjyq-ag001），长势良好。
中国药科大学药用植物园　2014年购买根茎（引种号cpug2014012），长势良好。

物候

北京药用植物园　3月初萌动期，3月上旬展叶期，4月中旬展叶盛期，5~6月花期，8月初出现幼果，9月下旬果实成熟，11月中旬果实脱落，10月初进入枯黄期。
重庆药用植物园　4月中旬萌芽，5月上旬展叶，6月中旬开花，果实未见，11月中旬倒苗。
黑龙江中医药大学药用植物园　4月上旬萌动，4月下旬展叶期，6月上旬始花，6月中旬盛花，7月上旬末花，8月上旬果熟，10月上旬进入休眠期。
内蒙古医科大学药用植物园　4月上旬萌动期，4月下旬至5月上旬展叶期，5月下旬至7月下旬开花期，8月中旬至下旬结果期，9月上旬至10月中旬枯黄期。
新疆药用植物园　4月上旬萌动出土，4月中、下旬展叶盛期，5月下旬始开花，8月上旬末花，6月下旬果熟，10月中下旬叶片开始枯黄。
中国药科大学药用植物园　3月下旬进入萌动期，4月上旬至中旬展叶期，6~9月开花期，6~9月结果期，8月下旬至12月下旬枯黄期。

迁地栽培要点

喜阳，耐寒，耐干旱。繁殖以根茎和播种为主。病虫害少见。

药用部位和主要药用功能

入药部位　根状茎。
主要药用功能　苦，甘，寒。具清热泻火、滋阴润燥的功效。用于外感热病、高热烦渴、肺热燥咳、骨蒸潮热、内热消渴、怀胎蕴热、肠燥便秘等症。
化学成分　主要含多种甾体皂苷、双苯吡酮类、木质素类及多糖等成分。甾体皂苷中有知母皂苷A-Ⅰ、A-Ⅱ、A-Ⅲ、A-Ⅳ、B-Ⅰ、B-Ⅱ及B-Ⅲ，皂苷元主要为菝葜皂苷元；黄酮类中有芒果苷、异芒果苷等成分；多糖成分有知母聚糖A、B、C、D等；尚含胆碱、烟酸、泛酸等。
药理作用　①解热，抗炎作用：主要有效成分是菝葜皂苷元和知母皂苷；对二甲苯致小鼠耳肿胀和乙酸致小鼠腹腔毛细血管通透性亢进均有抑制作用。②抗病原微生物：煎剂体外对伤寒杆菌、痢疾杆菌、白喉杆菌、金黄色葡萄球菌、白色葡萄球菌、铜绿假单胞菌、大肠杆菌、甲型链球菌、乙型链球菌、肺炎双球菌等有抑制作用；乙醇、乙醚提取物对结核杆菌H37RV有较强的抑制作用；知母对某些致病性皮肤真菌及白色念珠菌也有不同程度的抑制作用。③抑制交感神经-β受体功能：知母及其皂苷元能降低阴虚证患者血、脑、肾上腺中多巴胺β羟化酶活性，抑制过快的β受体蛋白合成，下

调 β 受体。④降血糖作用：知母皂苷具有抑制 α-葡萄糖苷酶作用；知母聚糖 A、B、C、D 均有降血糖作用，其中以知母聚糖 B 活性最强。⑤改善学习记忆作用：知母皂苷元可改善多种拟痴呆动物的学习记忆功能，上调拟痴呆动物脑内 M-受体密度，升高脑组织脑源性神经生长因子（BDNF）的水平，保护胆碱能神经元，从而改善学习记忆能力。⑥抑制血小板聚集：知母皂苷 A-Ⅲ在体内、体外对由 ADP、5-HT、AA 诱导的血小板聚集和血栓形成均有抑制作用；知母皂苷 B-Ⅱ亦有抗血小板聚集和抗血栓的作用。

参考文献

王颖异，郭宝林，张立军，2010. 知母化学成分的药理研究进展[J]. 科技导报, 28(12): 110–115.
翁丽丽，陈丽，宿莹，等，2018. 知母化学成分和药理作用[J]. 吉林中医药, 38(1): 90–92.
徐爱娟，韩丽萍，蒋琳兰，2008. 知母的研究进展[J]. 中药材, 31(4): 624–628.
赵春草，吴飞，张继全，等，2015. 知母的药理作用研究进展[J]. 中国新药与临床杂志, 34(12): 898–902.

21 玉簪

Hosta plantaginea (Lam.) Aschers., Bot. Zeit. 21: 53. 1863.

自然分布

分布于四川、湖北、湖南、江苏、安徽、浙江、福建和广东等地；生于海拔2200m以下的林下、草坡或岩石边。全国各地都有栽培。

迁地栽培形态特征

多年生草本。

🟠茎 根状茎粗厚。

🟠叶 卵状心形、卵形或卵圆形；长14～24cm，宽8～16cm；先端近渐尖，基部心形；叶柄长20～40cm。

🟠花 花葶高40～80cm，具几朵至十几朵花。花单生或2～3朵簇生，长10～13cm，白色，芳香；花梗长约1cm；雄蕊与花被近等长，基部贴生于花被管上。

🟠果 蒴果；圆柱状，具三棱。

分类鉴定形态特征

花长10cm以上，白色，芳香；雄蕊下部贴生于花被管上；苞片常有内外两种；果实长6cm。

引种信息

北京药用植物园　20世纪60年代从北京引种苗，长势良好。

广西药用植物园　2002年从中国医学科学院药用植物研究所北京药用植物园引苗（登录号02473），长势一般。

华中药用植物园　1999年从湖北恩施引种苗（登录号10805697），长势良好。

物候

北京药用植物园　3月底进入萌动期，6月上旬展叶盛期，7月下旬始花，8月初盛花，8月底末花，10月中旬果熟，9月下旬进入黄枯期，10月底全部黄枯。

广西药用植物园　3~4月萌动期，4~5月展叶期，未见开花，11月至翌年1月黄枯期。

华中药用植物园　3月中旬开始萌动，4月上旬开始展叶，4月中旬展叶盛期，7月下旬始花，8月上旬盛花，9月上旬末花，10月中旬黄枯进入休眠。

迁地栽培要点

喜阴凉的环境，避免阳光直射，否则植株叶片容易发黄，焦枯。北京地区可以正常越冬。繁殖以分株为主，还可以播种繁殖。病虫害少见。

药用部位和主要药用功能

入药部位　根状茎、花、叶及全株。

主要药用功能　花：甘，辛，寒；有小毒。具清咽、解毒、利尿、通经的功效。用于咽喉肿痛、小便不利、疮痈肿痛、痛经、闭经等症；外用于烧伤。根状茎：苦，辛；寒。具清热解毒、消肿止痛、下骨鲠的功效。用于痈肿疮疡、乳痈、瘰疬、咽喉肿痛、骨鲠等症；外用于乳腺炎、中耳炎、颈淋巴结结核、疮痈肿毒、烧烫伤。叶及全株：辛，苦，寒。具清热解毒、散结消肿的功效。用于乳痈、痈肿疮疡、瘰疬、毒蛇咬伤等症。

化学成分　含有甾体类、生物碱类、黄酮醇及其苷类、脂肪酸等成分。

药理作用　①抗肿瘤作用：玉簪花中的甾体皂苷及生物碱类成分对肿瘤细胞具有细胞毒活性。②抗菌作用：玉簪花脂溶性成分对金黄色葡萄球菌、白色葡萄球菌、绿脓杆菌、大肠杆菌、痢疾杆菌有明显的抑菌活性。③毒性：玉簪全株有毒，可损坏牙齿而导致牙齿脱落。

花

果实及种子

参考文献

冯婧，胡林峰，唐雨，2017. 玉簪花的化学成分与药理作用研究进展[J]. 中药与临床 (1): 63–65.

国家中医药管理局《中华本草》编委会，1999. 中华本草. 第二十二册[M]. 上海：上海科学技术出版社：107

李文媛，2009. 蒙药玉簪花的化学成分及生物活性初步研究[D]. 武汉：华中科技大学.

解红霞，薛培凤，周静，等，2010. 蒙药玉簪花镇痛作用的实验研究[J]. 内蒙古医学院学报, 32(1): 36–38.

22 紫萼

Hosta ventricosa (Salisb.) Stearn, Gard. Chron. ser. 3, 90: 27 et 48. 1931.

自然分布

分布于江苏、安徽、浙江、福建、江西、广东、广西、贵州、云南、四川、湖北、湖南和陕西等地区；生于海拔500~2400m林下、草坡或路旁。

迁地栽培形态特征

多年生草本。

茎 根状茎粗0.3~1cm。

叶 卵状心形、卵形至卵圆形，先端通常近短尾状或骤尖，基部心形或近截形，叶柄长6~30cm。

花 花葶高60~100cm，具10~30朵花；苞片矩圆状披针形，膜质。花单生，盛开时从花被管向上骤然作近漏斗状扩大，紫色；雄蕊伸出花被之外，完全离生。

果 蒴果；圆柱状，有三棱。

分类鉴定形态特征

叶心状卵形、卵形至卵圆形，通常长与宽相等或稍长，基部心形或近截形。花紫色，无香味；花盛开时从花被管向上骤然作近漏斗状扩大；苞片长1~2cm，大多数宽在5mm以上；雄蕊完全离生。

引种信息

北京药用植物园 20世纪70年代从浙江引种苗，长势良好。

华中药用植物园 1999年从湖北恩施引种子（登录号10805862），长势良好。

物候

北京药用植物园 3月底进入萌动期，5月下旬展叶盛期，6月中旬始花，6月下旬盛花，7月上旬末花，8月底果熟，9月下旬全部黄枯。

华中药用植物园 3月下旬开始萌动展叶，4月上旬展叶盛期，7月上旬始花，7月中旬盛花，7月下旬末花，8月下旬果实成熟，9月下旬进入休眠。

迁地栽培要点

喜阴，耐寒，避免阳光直射，否则植株叶片容易发黄、焦枯。北京地区可以正常越冬。繁殖以分株为主，也可以播种繁殖，种子萌发能力强。病虫害少见。

药用部位和主要药用功能

入药部位 全株。

主要药用功能　甘，微苦，平。具有调气、和血、补虚的功效。用于吐血，气肿，胃痛，遗精，妇女虚弱、白带、跌打损伤、鱼骨鲠喉、蛇虫咬伤、痈肿疔疮等症。

化学成分　含有黄酮类、皂苷类、多糖类及甾体类等成分。

药理作用　①抗炎，止痛作用：紫萼地下部分醇提取物的乙酸乙酯，正丁醇和水萃取部位对二甲苯所致小鼠耳廓肿胀具有较强的抑制作用，正丁醇部位具有一定的中枢抑制作用。②抗菌作用：紫萼根和叶中的总黄酮，总皂苷和总多糖对大肠杆菌、枯草芽孢杆菌、金黄色葡萄球菌和沙门氏菌均具有较好的抑菌作用。③抗肿瘤作用：紫萼叶中的总皂苷对人胃癌细胞SGC7901和人肝癌细胞HepG2具有明显的抑制生长作用。

参考文献

何军伟, 杨丽, 钟国跃, 2019. 药食两用植物紫萼的化学成分、药理活性及应用研究进展[J]. 江西中医药, 50(1): 71–72.

李玲, 杨杰, 袁华玲, 等, 2013. 药用观赏植物紫萼玉簪的研究进展[J]. 宿州学院学报, 28(11): 96–98.

杨世仙, 赵富伟, 王欢, 等, 2011. 药用园林植物紫萼的化学成分[J]. 云南农业(自然科学版), 26(5): 662–667.

叶　花　果实　种子

23 山麦冬

Liriope spicata (Thunb.) Lour., Fl. Cochinch. 201. 1790.

自然分布

分布于除东北、内蒙古、青海、新疆和西藏外的全国各地；生于海拔50～1400m的山坡、山谷林下、路旁或湿地。日本和越南也分布。全国各地都有栽培，为常见观赏植物。

迁地栽培形态特征

多年生常绿草本，有时丛生。

根 根近末端处常膨大成矩圆形、椭圆形或纺锤形的肉质小块根。

茎 根状茎短，木质，具地下走茎。

叶 叶长、宽变化程度较大，先端急尖或钝，基部常包以褐色的叶鞘，上面深绿色，背面粉绿色，具5条脉，中脉比较明显，边缘具细锯齿。

花 花葶通常长于或几等长于叶；总状花序常具多数花；花通常3～5朵簇生于苞片腋内；苞片小，干膜质。花梗具关节，位于中部以上或近顶端；花被片矩圆形，矩圆状披针形，先端钝圆，淡紫色或淡蓝色；花丝长约2mm；花药狭矩圆形；子房近球形，花柱长约2mm，稍弯，柱头不明显。

果 种子近球形，直径约5mm。

分类鉴定形态特征

花通常2～8朵簇生于苞片腋内；花近直立；子房上位；花丝与花药近等长。

引种信息

北京药用植物园 2000年从重庆引入种苗，长势良好。

重庆药用植物园 1968年从四川南川金佛山引植株（引种号1968001），长势良好。

华中药用植物园 1999年从湖北恩施引种苗（登录号10805861），长势良好。

物候

北京药用植物园 3月底进入萌动期，5月初展叶盛期，6月中旬始花，6月下旬盛花，9月初末花，10月上旬果熟，10月底开始黄枯。

重庆药用植物园 4月下旬萌芽，5月下旬展叶，6月中旬开花，9月中旬果实成熟。

华中药用植物园 6月上旬始花，6月下旬盛花，7月下旬末花，8～9月果实成熟。

迁地栽培要点

喜阳，北京地区能正常越冬。繁殖以分株为主。病虫害少见。块根产量较低。

药用部位和主要药用功能

入药部位 块根。

主要药用功能 甘，微苦，微寒。具有养阴生津、润肺清心的功效。用于肺燥干咳、阴虚劳嗽、喉痹咽痛、津伤口渴、内热消渴、心烦失眠、肠燥便秘等症。

化学成分 含有麦冬皂苷、熊果酸、香草酸、对羟基桂皮酰酪胺、谷氨酸酚、齐墩果酸、门冬氨酸、苏氨酸、丝氨酸、丙氨酸等成分。

药理作用 ①增强免疫力：腹腔注射水煎液能显著增加小鼠的脾脏重量，增强巨噬细胞的吞噬作用和对抗由环磷酰胺所引起的小鼠白细胞减少。②抗心肌缺血作用：水溶性提取物腹腔注射能明显对抗垂体后叶素诱发的大鼠心肌缺血改变。③抗心律失常作用：山麦冬注射液腹腔注射可明显减少垂体后叶素引起的大鼠心电图第Ⅱ期T波变化和降低心律失常发生率。④抗脑缺血损伤作用：总皂苷对大脑中动脉血栓所致局灶性脑缺血损伤具有保护作用，并具有显著的抗凝血作用。⑤诱导分化作用：水提取物对HL60细胞具有诱导分化作用。⑥降血糖作用：水提液及多糖能够显著降低2型糖尿病小鼠的空腹血糖，改善糖耐量和胰岛素抵抗。

参考文献

林以宁, 朱丹妮, 寇俊萍, 等, 2007. 麦冬类药材皂苷元含量与其抑制中性粒细胞呼吸爆发的相关性[J]. 中国药科大学学报 (6): 549–552.

刘用国, 张红雷, 许娇红, 2015. 短葶山麦冬多糖对免疫抑制小鼠的免疫功能的影响[J]. 海峡药学, 27(2): 13–15.

孙健, 蔡淼, 2010. 山麦冬的化学成分及药理作用研究进展[J]. 中国药物警戒, 7(11): 681–683.

田友清, 寇俊萍, 李林洲, 等, 2011. 短葶山麦冬水提物及其主要有效部位合成的抗炎活性(英文)[J]. Chinese Journal of Natural Medicines, 9(3): 222–226.

万学锋, 黄玉吉, 陈菁瑛, 2008. 山麦冬研究进展[J]. 亚热带农业研究, 4(2): 97–100.

24 麦冬

Ophiopogon japonicus (L. f.) Ker-Gawl., Curtis's Bot. Mag. 27: t. 1063. 1807;

自然分布

分布于广东、广西、福建、台湾、浙江、江苏、江西、湖南、湖北、四川、云南、贵州、安徽、河南、陕西和河北等地；生于海拔2000m以下的山坡阴湿处，林下或溪旁。日本、越南和印度也有分布。栽培于浙江、四川和广西等地。

迁地栽培形态特征

多年生草本，高10～20cm。

根 较粗；中间或近末端常膨大成椭圆形或纺锤形的小块根，淡褐黄色。

茎 很短；地下走茎细长，节上具膜质的鞘。

叶 基生成丛；禾叶状；长10～50cm，少数更长，宽1.5～3.5mm；具3～7条脉，边缘具细锯齿。

花 花葶通常比叶短得多，总状花序长2～5cm，具几朵至十几朵花；花单生或成对着生于苞片腋内；苞片披针形，先端渐尖，最下面的长可达7～8mm；花梗长3～4mm，关节位于中部以上或近中部；花被片常稍下垂而不展开，披针形，长约5mm，白色或淡紫色；花药三角状披针形；花柱基部宽阔，向上渐狭。

果 果实及种子球形，种子直径7～8mm。

分类鉴定形态特征

花葶通常比叶短得多，花多少俯垂；子房半下位；花丝不明显或稍明显，长不及花药的一半。

引种信息

北京药用植物园 2017年从江西引入种苗，长势良好。

成都中医药大学药用植物园 2013年从四川峨眉山引种苗，长势良好。

重庆药用植物园 1968年从四川南川三泉镇石门沟引植株（引种号1968002），长势良好。

广西药用植物园 1997年从武汉植物园引种子（登录号97056），长势良好。

贵阳药用植物园 2011从贵州桐梓引植株，生长速度中等，长势良好。

华东药用植物园 2003年从浙江丽水莲都引种苗，长势良好。

物候

北京药用植物园 3月初进入萌动期，展叶，4月底展叶盛期，6～8月花期，10月下旬果熟，11月初开始黄枯。

成都中医药大学药用植物园 5月中旬展叶盛期，5月末开始开花并达到开花盛期，6月中旬开花末期，9月中旬果实始熟期，翌年1月初果实脱落期。

重庆药用植物园 4月下旬萌芽，5月下旬展叶，6月中旬开花，9月中旬果实成熟。

广西药用植物园 3月萌动期，3～5月展叶期，5～9月开花期，8～11月结果期，11月至翌年2月黄枯期。

贵阳药用植物园 4月中旬开始展叶，6月中旬始花，6月下旬末花，11月中下旬果熟，翌年6月落果。

迁地栽培要点

喜阳，较耐寒，北京地区能正常越冬。繁殖以分株为主。未见病虫危害。块根产量较低。

药用部位和主要药用功能

入药部位 块根。

主要药用功能 甘，微苦，微寒。具养阴生津、润肺清心的功效。用于肺燥干咳、阴虚劳嗽、喉痹咽痛、津伤口渴、内热消渴、心烦失眠、肠燥便秘等症。

化学成分 主要含甾体皂苷、高异黄酮、胆甾醇苷、倍半萜苷、龙脑苷、生物碱、苯丙醇苷、挥发油等成分。

药理作用 ①心血管活性：麦冬的甾体皂苷提取物具有抗心肌缺血，抗心肌梗死及抗心肌缺氧、复氧损伤等活性。②抗癌，抗肿瘤活性：通过诱导细胞自噬抑制肿瘤生长。③降血糖作用：麦冬多糖可促进对葡萄糖的摄取和利用。④抗衰老作用：麦冬多糖对小鼠皮肤组织衰老有明显的延缓作用。⑤免疫调节作用：还具有增强免疫力，非肥胖糖尿病（NOD）小鼠颌下腺保护等生物活性。

参考文献

陈莉, 何立英, 金鑫, 2013. 麦冬多糖对脂肪细胞胰岛素敏感性的作用机制[J]. 武警后勤学院学报: 医学版, 19(1): 11–14.
宁萌, 潘亮, 谢文利, 等, 2013. 麦冬提取物的降糖作用及其抗胰岛素抵抗的机制研究[J]. 解放军医学杂志, 50(1): 32–35.
彭婉, 马骁, 王建, 等, 2018. 麦冬化学成分及药理作用研究进展[J]. 中草药, 49(2): 477–488.
孙晓媛, 于凡, 肖伟, 等, 2018. 麦冬现代应用的研究进展[J]. 中国现代中药, 20(11): 1453–1458.

根　叶　花　果实

25 铃兰

Convallaria majalis L., Sp. Pl. ed. 1. 314. 1753.

自然分布

分布于黑龙江、吉林、辽宁、内蒙古、河北、山西、山东、河南、陕西、甘肃、宁夏、浙江和湖南等地；生于海拔850~2500m阴坡林下潮湿处或沟边。朝鲜、日本、欧洲和北美洲也有分布。

迁地栽培形态特征

多年生草本，高18~30cm。

茎 根状茎粗短，具葡匐茎。

叶 椭圆形或卵状披针形；长7~20cm，宽3~8.5cm；端近急尖，基部楔形；叶柄长8~20cm。

花 花葶高15~30cm，稍外弯；花梗长6~15mm，近顶端有关节，花白色，钟状，长宽各5~7mm；裂片卵状三角形；花丝稍短于花药，向基部扩大；花柱柱状。

果 浆果；直径6~12mm；稍熟后红色，从关节处脱落。种子扁圆形或双凸状，表面有细网纹。

分类鉴定形态特征

叶通常2枚，极少3枚，具弧形脉，叶柄和鞘互相套迭成茎状，外面有几枚膜质鞘状鳞片。花葶侧生于鞘状鳞片的腋部；花俯垂，偏向一侧，短钟状；花被顶端6浅裂；雄蕊着生于花被筒基部，内藏。浆果球形，肉质，从关节处脱落。

引种信息

北京药用植物园 20世纪60年代从东北地区引种苗，长势良好。

黑龙江中医药大学药用植物园 2006年从黑龙江帽儿山引植株，长势良好。

物候

北京药用植物园 3月底进入萌动期，4月上旬展叶盛期，4月中旬开花始期，4月下旬开花盛期，5月初末花，6月中旬果熟，7月初进入黄枯期，8月底全部黄枯。

黑龙江中医药大学药用植物园 4月上旬萌动，4月下旬展叶期，4月下旬始花，5月中旬盛花，5月下旬末花，6月下旬果熟，9月下旬进入休眠期。

迁地栽培要点

喜半阴、凉爽环境，忌炎热干旱，北京地区能正常越冬。繁殖以根茎为主。病虫害少见。

药用部位和主要药用功能

入药部位 根、全株。

主要药用功能 甘，苦，温；有毒。具温阳利水、活血祛风的功效。用于心力衰竭、浮肿劳伤、崩漏带下、跌打损伤等症。

化学成分 含有黄酮类、挥发油及多种强心苷，如铃兰毒苷、铃兰醇苷等成分。

药理作用 ①抗氧化作用：铃兰高浓度提取物对DPPH，OH自由基表现出与维生素C接近的清除能力，具有较好的抗氧化性。②强心作用：铃兰中的总黄酮，铃兰毒苷具有使心衰机体逐渐恢复的作用。③抗衰老作用：铃兰毒苷有显著提高*SIRT1*基因表达和抗细胞氧化损伤的作用，通过毒物刺激效应达到抗衰老抗损伤等效果。④缓解银屑病：铃兰毒苷通过抑制皮肤角质形成细胞的增殖和诱导其发生细胞程序性坏死，抑制免疫细胞浸润和炎症因子的异常表达改善银屑病形成的皮肤损伤，缓解银屑病的症状。

参考文献

郭佑铭, 2014. 以秀丽隐杆线虫为模型的铃兰毒甙抗衰老研究[D]. 长春: 吉林大学.
姜博文, 2019. 杠柳苷元及其结构类似物铃兰毒苷在银屑病治疗中的作用及机制研究[D]. 长春: 东北师范大学.
姜辉, 刘梦雪, 马凤霞, 2016. 野生铃兰全株中有效成分的抗氧化性研究[J]. 黑龙江畜牧兽医, 59(22): 161–163
张民锋, 2012. 铃兰总黄酮的提取纯化及强心作用的研究[D]. 延吉: 延边大学.

植株

花

26 吉祥草

Reineckea carnea (Andrews) Kunth, Abh. Königl. Akad. Wiss. Berlin. 1842: 29. 1844.

自然分布

分布于江苏、浙江、安徽、江西、湖南、湖北、河南、陕西、四川、云南、贵州、广西和广东等地；生于海拔170~3200m的阴湿山坡、山谷或密林下。

迁地栽培形态特征

多年生草本。

🟠茎 茎蔓生于地面，每节上有残存的叶鞘1枚，顶端的叶簇由于茎的连续生长，有时似长在茎的中部，两叶簇间相距3~15cm。

🟠叶 每簇有3~8枚，条形至披针形，长10~40cm，宽0.5~3.5cm，先端渐尖，基部向下渐狭成柄，深绿色。

花 花葶长5~15cm；穗状花序长2~6.5cm，上部的花有时仅具雄蕊；苞片长5~7mm；花芳香，粉红色；裂片矩圆形，长5~7mm，先端钝，稍肉质；雄蕊短于花柱，花柱丝状。

果 浆果，直径6~10mm，熟时鲜红色。

分类鉴定形态特征

茎匍匐于地面，似根状茎，绿色，多节，顶端具叶簇。花葶侧生，从叶腋抽出，直立；穗状花序；苞片卵状三角形，膜质，淡褐色或带紫色。花被片合生成短管状，上部6裂；裂片在开花时反卷，与花被管近等长；雄蕊6，着生在花被管的喉部；子房瓶状3室，每室有胚珠2颗。浆果球形，有数粒种子。

引种信息

北京药用植物园 2015年从安徽芜湖引种苗，生长速度快，长势良好。

成都中医药大学药用植物园 2013年从四川峨眉山引种苗，长势良好。

重庆药用植物园 1953年从重庆南山公园引植株（引种号1953001），长势良好。

广西药用植物园 2001年从贵州植物园引种苗（登录号01018），长势一般。

贵阳药用植物园 2015年从贵州罗甸平岩乡引种苗，长势良好。

华中药用植物园 1999年从湖北恩施引种苗（登录号10805971），长势良好。

云南西双版纳南药园 引种信息不详，长势良好。

物候

北京药用植物园 4月中旬进入萌动期，4月下旬展叶盛期，10月底开花，未见果，11月下旬开始黄枯。

成都中医药大学药用植物园 1月初发芽，3月末展叶，10月上旬始花，10月下旬盛花，11月中旬末花。

重庆药用植物园 3月下旬萌芽，4月中旬展叶，4月下旬开花，果实成熟8月中旬。

广西药用植物园 2~3月萌动期，3~5月展叶期，未见开花，7~10月黄枯期。

贵阳药用植物园 常绿植物，9月中旬至11月下旬开花，9月中旬至12月上旬果实发育期，花果同期。

华中药用植物园 常绿植物，7月中旬始花，8月上旬盛花，8月中旬末花，翌年3月下旬果实成熟。

云南西双版纳南药园 12月至翌年1月萌动期，12月至翌年6月展叶期，6~7月开花期，7~8月结果期。

迁地栽培要点

喜阴凉，北京地区越冬需覆盖。繁殖以分株为主。病虫害少见。

药用部位和主要药用功能

入药部位 全株。

主要药用功能 甘，平。具清肺止咳、凉血止血、接骨续筋、止痛散瘀的功效。用于肺结核、咳嗽咯血、慢性支气管炎、哮喘、风湿性关节炎等症；外用于跌打损伤、骨折等症。

化学成分 主要含有甾体类、黄酮类、木脂素、萜类、有机酸等成分。

药理作用 ①抗肿瘤作用：所含甾体皂苷R CE-4对小鼠宫颈瘤有明显抑制作用。②抗氧化作用：提取物有较强的抗氧化活性，对神经细胞氧化损伤有一定的保护作用。③抗炎作用：其醇提物具有一定化痰镇咳功能，可缓解关节炎肿胀。

参考文献

刘海，杨建琼，马华谋，等，2013.吉祥草及其果实不同提取部位的体外抗肿瘤活性筛选[J].中药新药与临床药理，24(4): 337–341.

邢翔飞，等，2018.药用吉祥草的研究进展[J].医药导报，37(10): 1233–1236.

杨小姣，邹坤，贺海波，等，2016.吉祥草中甾体皂苷R CE-4对宫颈癌裸鼠移植瘤的抑制作用[J].第三军医大学学报，38(5): 475–484.

杨小姣，邹坤，尉小琴，等，2016.吉祥草中甾体皂苷R CE-4激活p53-R OS通路诱导人肝癌HepG2细胞凋亡的机制研究[J].中药药理与临床，32(2): 61–65.

27 万年青

Rohdea japonica (Thunb.) Roth, Nov. Pl. Sp. 197. 1821.

自然分布

分布于山东、江苏、浙江、江西、湖北、湖南、广西、贵州和四川等地；生于海拔750～1700m林下潮湿处或草地上。

迁地栽培形态特征

多年生常绿草本。

🟠**茎** 根状茎粗1.5～2.5cm。

🟠**叶** 叶3～6枚，厚纸质，矩圆形、披针形或倒披针形，长15～50cm，宽2.5～7cm，先端急尖，基部稍狭；鞘叶披针形，长5～12cm。

🟠**花** 花葶短，长2.5～4cm；穗状花序长3～4cm，宽1.2～1.7cm；具几十朵密集的花；苞片卵形，膜质，短于花。花被长4～5mm，淡黄色，裂片厚；花药卵形。

🟠**果** 浆果直径约8mm，熟时红色。

分类鉴定形态特征

常绿草本植物。根状茎粗短，具多数纤维状根。叶基生，近两列套迭，成簇。穗状花序多少肉质，密生多花；花被合生，球状钟形，顶端6浅裂；裂片短，不明显。浆果球形，具单颗种子。

引种信息

北京药用植物园 1998年从浙江引入种苗，长势良好，有性繁殖正常。

重庆药用植物园 1952年从重庆市南山公园引植株（引种号1952001），长势良好。

广西药用植物园 1999年从广西靖西药市引苗（登录号99049），长势良好。

贵阳药用植物园 2014年从贵州榕江平阳乡引种苗，长势良好。

华东药用植物园 2012年从浙江义乌引种苗，长势良好。

华中药用植物园 1999年从湖北恩施引种子（登录号10805838），长势良好。

物候

北京药用植物园 4月底进入萌动期，5月中旬开始展叶，6月下旬展叶盛期，5月上旬始花，5月中旬盛花，5月底末花，11月中旬果熟，8月中旬老叶开始黄枯。

重庆药用植物园 3月上旬萌芽，3月下旬展叶，5月中旬开花，8月下旬果实成熟。

广西药用植物园 2～3月萌动期，3～4月展叶期，未见开花，未见结果，11月至翌年2月黄枯期。

贵阳药用植物园 4月上旬始花，4月中旬盛花，5月上旬花末期，10月中旬果实始熟期，12月中旬果实全熟期。

华东药用植物园 3月上旬开始萌动，3月中旬展叶盛期，5月上旬始花，6月中旬末花，10月中旬果实成熟。

华中药用植物园 常绿植物，4月上旬始花，4月中旬盛花，4月下旬末花；7月下旬展叶盛期，翌年3月上旬果实成熟。

迁地栽培要点

喜阴、忌强光，北京地区越冬需覆盖。繁殖以根茎为主。病虫害少见。

药用部位和主要药用功能

入药部位 根及根状茎、全株。

主要药用功能 苦，甘，寒；有小毒。具清热解毒、强心利尿、凉血止血的功效。用于咽喉肿痛、白喉、疮痈肿毒、毒蛇咬伤、心力衰竭、咯血、吐血、崩漏等症。

化学成分 主要含强心苷类成分万年青苷甲、乙、丙、丁，洋地黄毒苷元，杠柳苷元，万年青新苷等成分。

药理作用 ①抑菌作用：酊剂用试管稀释法，1∶512对白喉杆菌，1∶128对金黄色葡萄球菌、乙型链球菌及枯草杆菌等均有抑制作用。②对心肌的作用：万年青苷能增强心肌的收缩力，能兴奋迷走神经和抑制心肌的传导，使心率减慢，并有利尿作用。③对血管收缩与舒张功能的影响：万年青稀溶液仅使肠血管收缩，对冠状血管、肾脏血管、脑血管及四肢血管等则使之扩张；较浓的溶液因直接作用于血管壁，可使各种组织、器官的血管均收缩。④对平滑肌的作用：对肠胃及子宫平滑肌有兴奋作用，可增强其收缩。⑤免疫增强作用：万年青中的中性多糖（S3）具有显著提高小鼠巨噬细胞吞噬功能，增强机体多种免疫功能的作用。极高剂量组和高剂量组可明显促进脾细胞中细胞因子IL-2的mRNA表达。

参考文献

国家中医药管理局《中华本草》编委会, 1999. 中华本草·第七册[M]. 上海：上海科学技术出版社：734.
潘春华, 2019. 祥瑞花卉万年青[J]. 河北林业 (11): 36-37.
邱德文, 杜江, 2005. 中华本草·苗药卷[M]. 贵阳：贵州科技出版社：52.

叶

居群

中国迁地栽培植物志·药用植物（一）·天门冬科

花

果实

94

28 多花黄精

Polygonatum cyrtonema Hua, Journ de Bot. 6: 393 1892.

整株

自然分布

分布于四川、贵州、湖南、湖北、河南、江西、安徽、江苏、浙江、福建、广东和广西等地；生于海拔500～2100m林下、灌丛或山坡阴处。栽培于湖北、江西、安徽、浙江和福建等地。

迁地栽培形态特征

多年生草本，株高50～100cm。

🟠茎 根状茎肥厚，连珠状或结节成块，直径1.5～2cm。茎高30～100cm，斜升。

🟠叶 互生；椭圆形、卵状披针形至矩圆状披针形；长10～18cm，宽2～7cm，先端尖至渐尖，近无柄。

🟠花 花序具3～7花，伞形，总花梗长1～4cm，花梗长约1cm；苞片微小或不存在；花被黄绿色，长18～25mm；花丝长3～4mm，两侧扁或稍扁，具乳头状突起至具短绵毛，花药长3.5～4mm；子房长3～6mm，花柱长12～15mm。

果 浆果；黑色，直径约1cm，具3~9粒种子。

分类鉴定形态特征

植株较高大，高50~100cm。根状茎姜状，连珠状或多少呈连珠状，肥粗，直径1~2cm；地上茎斜升。叶互生，10~15枚。花序通常具2~7朵花，总花梗较粗短，长1~4cm；花被长18~25mm；花梗无苞片或者具微小苞片；花丝全部两侧压扁，具乳头状突起至具短绵毛，花丝顶端囊状，当较大时亦接近距状。

引种信息

北京药用植物园	2005年从湖南引根茎，长势良好。
重庆药用植物园	2016年从贵州引植株（引种号2016001），长势良好。
贵阳药用植物园	2012年从贵州龙里引活体植物，生长速度快，长势良好。
华东药用植物园	2016年从浙江丽水莲都引种苗，长势良好。
海南兴隆南药园	2015年从广西药用植物园引种苗（引种号1640），长势一般。
华中药用植物园	1999年从湖北恩施引种苗（登录号10805691），长势良好。

物候

北京药用植物园　3月下旬地下芽出土，4月初展叶期，4月下旬开始开花，9月上旬果实成熟，7月下旬地上部开始黄枯。

重庆药用植物园　5月上旬萌芽，5月下旬展叶，6月上旬开花，9月中旬果实成熟，11月上旬地上部开始黄枯。

贵阳药用植物园　4月初地下芽出土，4月中旬展叶始期，4月下旬展叶盛期，5月中旬始花，5月下旬末花，11月初果实未成熟开始黄枯，12月初全部黄枯。

海南兴隆南药园　常绿全年展叶期，未见开花，未见果实。

华东药用植物园　3月上旬开始萌动，3月中旬展叶盛期；5月上旬始花，5月下旬末花，9月下旬果实成熟，10月下旬进入休眠。

华中药用植物园　4月上旬开始萌动，4月中旬开始展叶，4月下旬展叶盛期，5月上旬始花，5月下旬盛花，7月中旬末花，8月下旬果实成熟，10月上旬进入休眠。

迁地栽培要点

喜凉爽，较耐寒，北京地区能正常越冬。繁殖以根状茎和播种为主。病虫害少见。

药用部位和主要药用功能

入药部位　根状茎。

主要药用功能　甘，平。具补气养阴、健脾、润肺、益肾的功效。用于脾胃气弱、体倦乏力、胃阴不足、口干食少、肺虚燥咳、劳嗽咳血、精血不足、腰膝酸痛、须发白早、内热消渴等症。

化学成分　含有多糖、甾体皂苷类、异黄酮类、挥发油等成分。

药理作用　①降血糖、降血脂作用：通过动物实验证明黄精多糖具有调节糖代谢，降低血糖的作用，还能减轻肝细胞脂肪变性，其作用机制可能与降低SREBP-1c和SCD-1蛋白表达有关。②抗肿瘤作用：多花黄精多糖对S180肿瘤细胞、人乳腺癌细胞株及肺癌细胞具有明显的抑制作用。③抑菌、抗炎、抗病毒：具有一定的抗菌活性，对大肠杆菌、金黄色葡萄球菌、红酵母等有较强的抑制作用；从多花黄精中提取的黄精凝集素具有抗HIV活性。

参考文献

李友元, 邓洪萍, 张萍, 等, 2005. 黄精多糖对糖尿病模型小鼠糖代谢的影响[J]. 中国临床康复, 9(27): 90-91.
罗敏, 章文伟, 邓才富, 等, 2016. 药用植物多花黄精研究进展[J]. 时珍国医国药, 27(3): 1467-1469.
叶红翠, 张小平, 余红, 等, 2008. 多花黄精粗多糖抗肿瘤活性研究[J]. 中国实验方剂学杂志, 14(6): 34-36.
余红, 张小平, 邓明强, 等, 2008. 多花黄精挥发油GC-MS分析及其生物活性研究[J]. 中国实验方剂学杂志, 14(5): 4-6.
WANG S, YU Q, BAO J, et al, 2011. *Polygonatum cyctonerma* lectin, a potential antoneoplastic drug targeting programmed cell death pathways[J]. Biochem Biophys Res Commun, 406(4): 497.

29 玉竹

Polygonatum odoratum (Mill.) Druce, Ann. Scott. Nat. Hist. 226. 1906.

自然分布

分布于黑龙江、吉林、辽宁、河北、山西、内蒙古、甘肃、青海、山东、河南、湖北、湖南、安徽、江西、江苏和台湾等地；生于海拔500~3000m林下或山野阴坡。欧亚大陆温带地区也有分布。栽培于湖南。

迁地栽培形态特征

多年生草本，高20~50cm。

茎 根状茎圆柱形，直径5~14mm。茎高20~50cm，具7~12叶。

叶 互生；椭圆形至卵状矩圆形；长5~12cm，宽3~16cm，先端尖，下面带灰白色。

花 花序具1~4花，总花梗长1~1.5cm，无苞片或有条状披针形苞片。花被黄绿色至白色，全长13~20mm，花被筒较直，裂片长3~4mm；花丝丝状，近平滑至具乳头状突起，花药长约4mm；子房长3~4mm，花柱长10~14mm。

果 浆果；蓝黑色，直径7~10mm，具7~9颗种子。

分类鉴定形态特征

根状茎圆柱状。叶互生；叶下面无毛；叶无柄或仅具极短的柄。花序具1~4朵花；苞片膜质或近草质，钻形或条状披针形，微小或不存在；花被长13~20mm，花被筒里面无毛；花丝近平滑至具乳头状突起。

引种信息

北京药用植物园 20世纪60年代从河北金山岭引种苗，长势良好。

黑龙江中医药大学药用植物园 2008年从吉林市购买种子，长势良好。

华中药用植物园 1999年从湖北恩施引种苗（登录号10805678），长势良好。

辽宁省经济作物研究所药用植物园 2014年从辽宁清原县引种子，长势良好。

物候

北京药用植物园 3月下旬进入萌动期，5月上旬展叶盛期，4月初始花，4月中旬盛花，4月下旬末花，8月初果熟，7月中旬开始黄枯，8月底全部黄枯。

黑龙江中医药大学药用植物园 4月上旬萌动，4月下旬展叶期，5月上旬始花，5月中旬盛花，6月上旬末花，6月上旬果熟，9月下旬进入休眠期。

华中药用植物园 3月下旬开始萌动展叶，4月中旬展叶盛期，5月中旬始花，5月下旬盛花，6月上旬末花，9月中旬进入休眠。

辽宁省经济作物研究所药用植物园 4月中旬至下旬萌动期，4月末至5月中旬展叶期，5月上旬开花始期，5月中旬开花盛期，5月下旬开花末期，5月中旬至7月末果实发育期，9月中旬至10月上旬黄枯期。

迁地栽培要点

喜阴凉环境,耐寒。繁殖以根状茎为主。

药用部位和主要药用功能

入药部位 根状茎。

主要药用功能 甘,微寒。具养阴润燥、生津止渴的功效。用于肺胃阴伤、燥热咳嗽、咽干口渴、内热消渴等症。

化学成分 主要含甾体皂苷类、高异黄酮类、挥发油类、多糖类、氨基酸、微量元素等成分。

药理作用 ①降血糖作用:总皂苷对四氧嘧啶高糖小鼠具有降血糖的作用,其降血糖机制与抑制α-葡萄糖苷酶的活性显著有关。②免疫调节作用:具有增强环磷酰胺免疫抑制模型小鼠免疫作用的功能,通过提高模型小鼠脾脏质量,提高淋巴细胞转化率发挥作用。③抗氧化作用:总黄酮具有较强的抗氧化能力,体外明显抑 DPPH 自由基活性,体内明显增强衰老模型小鼠血液中 SOD 活性,降低肝组织中 MDA 含量。④抗衰老:提取物对 D- 半乳糖衰老模型小鼠具有延缓衰老,改善学习记忆能力和促进智力的作用。⑤抗肿瘤:提取物可直接诱导肿瘤细胞凋亡。⑥对心血管系统的作用:可保护由缺氧缺糖造成的心肌细胞损害。

参考文献

郭焕杰, 2013. 玉竹甾体皂苷成分及其活性研究[D]. 济南: 济南大学.
李妙然, 秦灵灵, 魏颖, 等, 2015. 玉竹化学成分与药理作用研究进展[J]. 中华中医药学刊, 30(8): 149-153.
宁慧, 李会宁, 杨培君, 2013. 玉竹多糖的抗氧化作用研究[J]. 陕西理工学院学报(自然科学版), 29(6): 59-65.
吴国学, 2013. 玉竹对小鼠免疫抑制调节作用的研究[J]. 中国医学创新, 10(9): 13-14.
杨慧洁, 杨世海, 张海弢, 等, 2012. 玉竹化学成分、药理作用研究进展及开发利用现状[J]. 人参研究, 30(3): 42-47.

芽

30
黄精

Polygonatum sibiricum Delar. ex Redoute, Lil. 6: t. 315. 1812.

自然分布

分布于黑龙江、吉林、辽宁、河北、山西、陕西、内蒙古、宁夏、甘肃、河南、山东、安徽和浙江等地；生于海拔800~2800m林下、灌丛或山坡阴处。朝鲜、蒙古和俄罗斯西伯利亚东部地区也有分布。

迁地栽培形态特征

多年生草本，高50~100cm。

茎 根状茎圆柱状，结节膨大，节间两头粗细不一，在粗的一头有短分枝，直径1~2cm。地上茎高50~100cm，有时呈攀缘状。

叶 轮生，每轮4~6枚，条状披针形，长8~15cm，宽6~16mm，先端拳卷或弯曲成钩。

花 花序通常具2~4朵花，似伞状，总花梗长1~2cm，花梗长4~10mm，俯垂；苞片位于花梗基部，膜质，钻形或条状披针形，长3~5mm；花被淡白绿色，长9~12mm，花被筒中部稍缢缩，裂片长约4mm；花丝长0.5~1mm，子房长约3mm，花柱长5~7mm。

果 浆果，黑色，直径7~10mm，具4~7粒种子。

分类鉴定形态特征

根状茎结节膨大，节间两头粗细不一；植株无毛，叶大部分为轮生，先端弯曲或拳卷。花被长6~15mm，子房长2~3mm，花柱长为子房的1.5~2倍。

引种信息

北京药用植物园 20世纪60年代从北京引种苗，长势良好。

成都中医药大学药用植物园 2013年从四川峨眉山引种苗，长势一般，开花少。

广西药用植物园 2000年从广西靖西药市引种苗（登录号00094），长势好。

黑龙江中医药大学药用植物园 2006年引根茎，长势良好。

辽宁省经济作物研究所药用植物园 2013年从辽宁抚顺市清原县引种苗，长势良好。

物候

北京药用植物园 4月上旬进入萌动期，5月上旬展叶盛期，4月中旬始花，4月下旬盛花，5月初末花，8月中旬果熟，8月初开始黄枯，8月底全部黄枯。

成都中医药大学药用植物园 2~4月展叶期，4~5月开花期，6~7月结果期，12月至翌年2月休眠期。

广西药用植物园 2~3月萌动期，3~4月展叶期，5~7月开花期，7~9月结果期，11月至翌年1月黄枯期。

黑龙江中医药大学药用植物园 4月上旬萌动，4月下旬展叶期，5月上旬始花，5月下旬盛花，6月上旬末花，7月下旬果熟，9月下旬进入休眠期。

辽宁省经济作物研究所药用植物园 4月上旬至中旬萌动期，4月下旬至5月上旬展叶期，5月上旬开花始期，5月中旬开花盛期，5月下旬开花末期，5月中旬至7月末果实发育期，9月中旬至10月中旬黄枯期。

迁地栽培要点

喜凉爽、荫蔽的环境，较耐寒。繁殖以根状茎和播种为主。病虫害少见。

药用部位和主要药用功能

入药部位 根状茎。

主要药用功能 甘，平。具补气养阴、健脾、润肺、益肾的功效。用于脾胃气弱、体倦乏力、胃阴不足、口干食少、肺虚燥咳、劳嗽咳血、精血不足、腰膝酸痛、须发早白、内热消渴等症。

化学成分 主要含有多糖、甾体皂苷、蒽醌类，还含有木脂素、黄酮等成分。

药理作用 ①抗衰老作用：动物实验证明，黄精可改善脑的慢性缺血，改善大鼠学习、记忆能力。②提高免疫力：临床研究证实黄精可明显提高免疫力低下人群的血清补体水平。动物实验表明黄精多糖对免疫抑制小鼠及正常小鼠的免疫力均有增强作用。③调节造血功能：黄精多糖能直接作用于红细胞，增强被电离辐射抑制的红细胞免疫能力，修复或激活损伤的红细胞C3b受体作用，提高红细胞的免疫粘附能力。④抗病原微生物：黄精多糖具有明确的抑菌和抗炎功能，对多种真菌、金黄色葡萄球菌、副伤寒杆菌、大肠杆菌、结核杆菌均具有很好的抑制作用。⑤抗肿瘤作用：黄精多糖水提液能通过诱导细胞凋亡对人恶性肿瘤细胞有抑制作用。

参考文献

崔於, 2012. 黄精抗衰老作用研究近况[J]. 科技视界, 7(29): 421.
傅圣斌, 钱建鸿, 陈乐意, 等, 2013. 黄精多糖的提取及其对小鼠免疫活性的影响[J]. 中国食品学报, 13(1): 68–72.
齐聪聪, 黄晓芹, 2015. 黄精对造血系统药理作用的研究进展[J]. 中国民族民间医药, 24(24): 21–23.
王慧, 袁德培, 曾楚华, 2017. 黄精的药理作用及临床应用研究进展[J]. 湖北民族学院学报(医学版), 34(2): 58–60, 64.
郑春艳, 汪好芬, 张庭廷, 2010. 黄精多糖的抑菌和抗炎作用研究[J]. 安徽师范大学学报·自然科学版, 33(3): 272–275.

叶

叶

花蕾　花　果实　果实

31 黑三棱

Sparganium stoloniferum (Graebn.) Buch. -Ham. ex Juz., Kom. Fl. URSS I: 219. f. 11. 2. 1934.

自然分布

分布于黑龙江、吉林、辽宁、内蒙古、河北、山西、陕西、甘肃、新疆、江苏、江西、湖北、云南等地；生于海拔1500m以下的湖泊、河沟、沼泽或水塘边浅水处。阿富汗、朝鲜、日本、中亚地区和俄罗斯西伯利亚及远东其他地区也有分布。

迁地栽培形态特征

多年生水生或沼生草本。

茎 块茎膨大；根状茎粗壮。茎直立，粗壮，高约1m，挺水。

叶 叶片长80cm，宽5cm，具中脉，上部扁平，下部背面呈龙骨状凸起，或呈三棱形，基部鞘状。

花 圆锥花序开展，具3~7个侧枝，每个侧枝着生数个雄性头状花序和1~2个雌性头状花序，主轴顶端通常具3~5个雄性头状花序。雄性头状花序呈球形，雄花花被片匙形，膜质，先端浅裂，早落，花丝丝状，弯曲，褐色，花药近倒圆锥形；雌花花被着生于子房基部，宿存，子房无柄。

果 倒圆锥形，上部通常膨大呈冠状，具棱，褐色。

分类鉴定形态特征

植株直立。茎叶挺出水面，叶片背面呈三棱形，凸起。花序圆锥状开展，有发育正常的侧枝3~5个，子房下部收缩无柄；果实具棱。

引种信息

北京药用植物园 1998年从北京引种苗，长势良好。

中国药科大学药用植物园 2009年从江苏南京燕子矶地区引根（引种号cpug2009015），长势良好。

物候

北京药用植物园 4月初萌芽期，5月上旬展叶盛期，6月开花期，10月末果实始熟期，11月上旬开始黄枯。

中国药科大学药用植物园 4月底展叶期，6~7月开花期，7~8月结果期。

迁地栽培要点

喜温暖、湿润气候，适宜在向阳浅水中栽植。繁殖以块根、根茎为主。病虫害少见。

药用部位和主要药用功能

入药部位 块茎。

主要药用功能 辛、苦，平。具破血行气、消积止痛的功效。用于症瘕痞块、痛经、瘀血经闭、胸痹心痛、食积胀痛等症。

化学成分 含有异香豆素类、苊类、黄酮类、三萜及甾体类、苯丙素类、有机酸类及其他化学成分。

药理作用 ①堕胎作用：高剂量黑三棱可使动物流产率达到60%。②抗肿瘤作用：所含总黄酮对HeLa宫颈癌细胞具有抑制作用；水提物能够提高血清中TNF-α、IL-2水平，增强荷瘤鼠的免疫能力，从而发挥抗肿瘤的作用，抑制肿瘤生长。③保肝作用：可改善大鼠肝脏组织纤维化病变，降低肝纤维化大鼠的细胞凋亡、调节相关蛋白的表达，起到抗肝纤维化的作用。④抑制血管形成及雌激素拮抗作用：动物实验发现黑三棱提取物在怀孕期间有显著的毒理作用，其活性成分表现为抑制血管形成及罕见的天然植物雌激素拮抗剂药理活性。⑤其他作用：总黄酮具有较强的抗血小板聚集、抗血栓形成、镇痛抗炎、杀精等作用。

参考文献

苗晓玲, 曹东, 母昌敏, 等, 2005. 部分破血活血中药对妊娠早期小鼠流产及死胎的影响[J]. 云南中医中药杂志, 26(1): 31-32.
汤雅敏, 何畅, 杨玉洁, 等, 2018. 中药三棱不同来源植物荆三棱和黑三棱的现代研究进展[J]. 中国现代中药, 20(1): 110-116, 121.
张军武, 郭斌, 尉亚辉, 2012. 黑三棱的生物学、药理作用及化学成分研究进展[J]. 吉林农业大学学报, 34(6): 639-644.
SUN JIE, WANG SHAO, WEI YAHUI, 2011. Reproductive toxicity of *Rhizoma sparganii* (*Sparganium stoloniferum* Buch-Ham.) in mice: Mechanisms of anti-angiogenesis and anti-estrogen pharmacologic activities[J]. Journal of Ethnopharmacology, 137(3): 1498-1503.

32 野灯心草

Juncus setchuensis Buchen. ex Diels, Bot. Jahrb. Syst. 29: 238(1900).

自然分布

分布于山东、江苏、安徽、浙江、江西、福建、河南、湖北、湖南、广东、广西、四川、贵州、云南、西藏等地；生于海拔800~1700m的山沟、林下阴湿地、溪旁、道旁的浅水处。

迁地栽培形态特征

多年生草本，高25~65cm。

根 根状茎短而横走，具黄褐色稍粗的须根。

茎 丛生，直立，圆柱形，有明显纵沟，直径1~1.5mm，茎内充满白色髓心。

叶 全部为低出叶，呈鞘状或鳞片状，包围在茎的基部。

花 聚伞花序假侧生；花多朵紧密排列；总苞片生于顶端，圆柱形，似茎的延伸，顶端尖锐；小苞片2枚，三角状卵形，膜质。花淡绿色；花被片卵状披针形，顶端锐尖，边缘宽膜质，内轮与外轮等长；雄蕊3枚，比花被片稍短；花药长圆形，黄色，比花丝短；子房1室，侧膜胎座呈半月形；花柱极短；柱头3分叉。

果 蒴果；卵形，比花被片长，顶端钝，黄褐色至棕褐色。种子斜倒卵形，棕褐色。

分类鉴定形态特征

茎直径不超过1.5mm，叶仅有低出叶，呈鞘状或鳞片状；总苞片生于顶端，圆柱形，似茎的延伸；花序假侧生；花有小苞片，花被片卵状披针形，内轮与外轮等长。雄蕊3枚。

引种信息

北京药用植物园 2017年从江西九江引入种苗，长势良好。

华中药用植物园 1999年从湖北恩施引种子（登录号10804905），长势良好。

物候

北京药用植物园 3月中旬开始萌动期，4月上旬展叶盛期，5月初至中旬开花期，9月上旬果熟，10月中旬开始黄枯。

华中药用植物园 3月上旬开始萌动展叶，3月下旬展叶盛期，5月上旬始花，5月中旬盛花，6月下旬末花，7月下旬果实成熟，9月下旬进入休眠。

迁地栽培要点

喜凉爽、湿润的环境，较耐寒，北京地区于旱地可以正常越冬。病虫害少见。

药用部位和主要药用功能

入药部位 茎髓。

主要药用功能 苦，寒。具利尿通淋、泄热、安神、凉血止血的功效。用于热淋、肾炎水肿、小便涩痛、心热烦躁、心悸失眠、口舌生疮、衄血、目赤肿痛、咽痛、血崩、尿血等症。

化学成分 主要含有菲类、苯并香豆素类、芪类、三萜类及甘油三酯类化合物。

药理作用 研究表明具有抗菌、镇静、抗氧化、抗肿瘤及治疗心烦不寐等作用。

参考文献

李娜, 2015. 灯心草现代研究分析及特点[J]. 按摩与康复医学, 6(17): 79–81.

孙璐, 付茜, 张婵溪, 等, 2016. 野灯心草地上部分菲类成分及其抗焦虑作用研究[J]. 中国中药杂志, 41(6): 1070–1074.

赵丹丹, 李贵云, 王小红, 等, 2013. 灯心草及野灯心草中菲类成分的LC-ESI-MS快速识别及鉴定[J]. 中草药, 44(12): 1539–1545.

33 芦苇

Phragmites australis (Cav.) Trin. ex Steud., Nom. Bot. ed. 2, 2: 324. 1841.

整株

自然分布

分布于全国各地；生于江河湖泽、池塘沟渠沿岸和低湿地。全世界广泛分布。

迁地栽培形态特征

㊀ 茎 根状茎十分发达。秆直立，高约3m，直径2cm，具20多节，节下被蜡粉。

㊀ 叶 茎下部叶的叶鞘较上部叶短，长于节间；叶舌边缘密被短纤毛；叶片披针状线形，长约30cm，宽约2cm，无毛，顶端长渐尖成丝形。

㊀ 花 圆锥花序大型，分枝多数，小穗稠密下垂。小穗含4花；颖具3脉；雄蕊3，花药黄色。

㊀ 果 颖果；长约1.5mm。

分类鉴定特征形状

秆大多直立,不具地面长匍匐茎;秆之髓腔周围由薄壁细胞组成,无厚壁层。小穗较大,长13~20mm,第一不孕外稃明显长大;外稃基盘的两侧密生等长或长于其稃体的丝状柔毛。

引种信息

北京药用植物园 20世纪50年代从北京引种根状茎,长势良好。

重庆药用植物园 1956年从湖南洞庭湖边生境中引植株(引种号1956001),长势良好。

物候

北京药用植物园 3月底萌芽期,4月初进入展叶期,8~9月初开花期,11月初果实全熟期,9月底开始黄枯。

重庆药用植物园 3月中旬萌芽,3月下旬展叶,8月中旬开花,果实未见,12月下旬黄枯。

迁地栽培要点

喜温暖湿润环境。繁殖以根茎为主。病虫害少见。

药用部位和主要药用功能

入药部位 根茎。

主要药用功能 甘,寒。具清热泻火、生津止渴、除烦、止呕、利尿的功效。用于热病烦渴、肺热咳嗽、肺痈吐脓、胃热呕哕、热淋涩痛等症。

化学成分 含有糖类、黄酮类、酚酸类和甾体类等成分。

药理作用 ①抗衰老、抗氧化作用:所含多糖可显著提高过氧化氢酶(CAT)、超氧化物歧化酶(SOD)、谷胱甘肽(GSH-PX)活力,显著降低血浆过氧化脂质(LPO)水平,拮抗衰老所致胸腺、脾脏和脑组织的萎缩,具有较好的抗衰老作用。所含黄酮粗提物与其纯化物具有显著的抗氧化作用。②保肝作用:所含多糖可降低谷草转氨酶(AST)含量、升高白蛋白与球蛋白(A/G)比值,保护肝细胞,改善肝功能,降低肝脂肪化程度,抑制肝纤维化。③抑菌作用:提取物对细菌、霉菌有一定的抑制性。

参考文献

戴军,王洪新,华春雷,1994. HPLC分析芦苇叶中天然抗氧化成分黄酮类化合物[J]. 无锡轻工业学院学报,13(1): 34–37.

赵小霞,谭成玉,孟繁桐,等,2013. 芦苇化学成分及其生物活性研究进展[J]. 精细与专用化学品,21(1): 20–22.

叶

花序

果序

34 白茅

Imperata cylindrica (L.) Raeusch., Nomencl. Bot. 3: 10. 1797.

自然分布

分布于山东、河南、陕西、江苏、浙江、安徽、江西、湖南、湖北、福建、台湾、广东、海南、广西、贵州、四川、云南、西藏等地。适应性强,生态幅度广,属常见植物和杂草。

迁地栽培形态特征

多年生草本。

茎 根状茎长,横走,多节,被鳞片。秆直立,具2~4节,节具白柔毛。

叶 叶鞘无毛或上部及边缘具柔毛,鞘常聚集于秆基;叶舌干膜质,顶端具细纤毛;叶片线形或线状披针形,长可达40cm,宽10mm以下,顶端渐尖;顶生叶短小,长1~3cm。

花 圆锥花序穗状,分枝短缩而密集,小穗柄顶端膨大成棒状。小穗披针形,基部密生长丝状柔毛;两颖几相等,背部脉间疏生长于小穗本身3~4倍的丝状柔毛;第一外稃卵状长圆形,长为颖之半或更短;第二外稃长约1.5mm;内稃宽大于长,顶端截平,无芒;雄蕊2枚,花药黄色,先雌蕊成熟;柱头2枚,紫黑色,自小穗顶端伸出。

果 颖果;椭圆形,长约1mm。

分类鉴定形态特征

植株高不过1m。秆节裸露,具长髯毛。叶片宽约1cm。圆锥花序较稀疏细弱,长10~20cm,宽1~2cm;小穗长2.5~3.5mm,基部的柔毛长于小穗3倍以上;花药长2~3mm;柱头黑紫色。

引种信息

北京药用植物园 20世纪90年代从四川引种根状茎,长势良好。

重庆药用植物园 2007年从重庆南川三泉镇引植株(引种号2007009),长势良好。

物候

北京药用植物园 4月中旬萌芽期,5月底展叶盛期,8月初开花始期,8月底开花末期,10月中旬果始熟期,10月上旬开始黄枯。

重庆药用植物园 3月下旬萌芽,4月上旬展叶,8月上旬开花,10月中旬果实成熟,12月上旬倒苗。

迁地栽培要点

耐阴、耐干旱,北京地区可以正常越冬。繁殖以根状茎为主。病虫害少见。

药用部位和主要药用功能

入药部位 根茎。

主要药用功能 甘，寒。具凉血止血、清热利尿的功效。用于血热吐血、衄血、尿血、热病烦渴、黄疸、水肿、热淋涩痛等症。

化学成分 主要含三萜类、糖类、内酯类、有机酸类、香豆素类等成分，并含有钾、铁、钙等多种元素。

药理作用 ①利尿降压作用：水煎剂可以缓解肾小球血管痉挛，使肾血流量及肾滤过率增加，产生利尿效果，同时改善肾缺血，肾素产生减少，血压恢复正常。②止血作用：生品和碳品均能显著缩短出血时间、凝血时间和血浆的复钙时间，炒炭后止血作用提高。③抑菌作用：煎剂对肺炎球菌、卡他球菌、流感杆菌、金黄色葡萄球菌及弗氏、宋内氏痢疾杆菌等有抑制作用。④免疫调控作用：对大鼠巨噬细胞的吞噬功能有加强效应，可增强机体的非特异性免疫功能。⑤抗炎镇痛作用：煎剂能抑制醋酸引起的扭体反应，具有镇痛作用，还能明显抑制角叉菜胶所致的大鼠后足跖肿胀反应，加速炎症反应的消退。

参考文献

付丽娜, 陈兰英, 刘荣华, 等, 2010. 白茅根的化学成分及其抗补体活性[J]. 中药材, 33(12): 1871–1874.

江灵礼, 苗明三, 2014. 白茅根化学、药理与临床应用探讨[J]. 中医学报, 29(5): 713–715.

李立顺, 时维静, 王甫成, 2011. 白茅根化学成分、药理作用及在保健品开发中的应用[J]. 安徽科技学院学报, 25(2): 61–64.

刘金荣, 2014. 白茅根的化学成分、药理作用及临床应用[J]. 山东中医杂志, 33(12): 1021–1024.

刘轩, 张彬锋, 俞桂新, 等, 2012. 白茅根的化学成分研究[J]. 中国中药杂志, 37(15): 2296–2300.

第4部分
真双子叶植物

35 三叶木通

Akebia trifoliata (Thunb.) Koidz., Bot. Mag. Tokyo 39: 310. 1925.

自然分布

分布于河北、山西、山东、河南、陕西、甘肃及长江流域等地区；生于海拔250~2000m的山林或灌丛中。日本也有分布。

迁地栽培形态特征

常绿或落叶木质藤本。

🟠**茎** 茎皮灰褐色，有稀疏的皮孔及小疣点。

🟠**叶** 掌状复叶互生或在短枝上簇生；叶柄直，长约8cm。小叶3，纸质或薄革质，卵形，先端钝或略凹入，基部截平或圆形，边缘具波状齿或浅裂；中央小叶柄较侧生小叶柄长。

🟠**花** 总状花序生于短枝叶丛，上部有雄花15~30朵，花梗长2~5mm；下部有雌花1~2朵，花梗长1.5~3cm。雄花萼片3，紫褐色，阔椭圆形，长2.5~3mm；雄蕊6，离生，排列为杯状，花丝极短。雌花萼片3，紫褐色，近圆形，长10~12mm，宽约10mm，先端圆而略凹入，心皮3~5枚，离生，圆柱形，直，柱头头状，具乳凸，橙黄色。

🟠**果** 长圆形，直或稍弯，成熟时灰白略带淡紫色。种子多数，扁卵形，种皮红褐色。

分类鉴定形态特征

茎攀缘。掌状复叶通常有小叶3片，小叶两侧对称，边缘浅波状或浅裂，先端钝或略凹入。花单性，萼片3，无花瓣，组成腋生的总状花序；雌花远比雄花大，萼片近圆形；雄花萼片阔椭圆形，花丝极短，花药内弯。肉质蓇葖果大，长圆形，沿腹缝线开裂。

引种信息

北京药用植物园 20世纪70年代从重庆南川引种苗，长势良好。

成都中医药大学药用植物园 2013年从四川峨眉山引种苗，长势良好。

贵阳药用植物园 2014年从贵州惠水引活体植物，生长速度慢，长势一般。

中国药科大学药用植物园 2016年从浙江引种苗（引种号cpug2016009），长势良好。

物候

北京药用植物园 3月初开始萌芽，3月中旬展叶，4月中旬展叶盛期，4月开花期，9月中旬果实成熟，11月底开始落叶。

成都中医药大学药用植物园 3月初植株出芽膨大，4月初展叶，4月中旬开花，6月中旬结果，11月初植株叶变色，开始落叶。

贵阳药用植物园 3月初进入萌动期，3月中旬开始展叶，4月中旬展叶盛期，5月开始老叶脱落，未见花，11月进入叶变色期。

中国药科大学药用植物园 4~5月开花期,7~8月结果期。

迁地栽培要点

喜阴湿,耐寒,北京地区可正常越冬。繁殖以播种、扦插、压条、分株为主。有叶斑病发生,未见害虫危害。

药用部位和主要药用功能

入药部位 果实和藤茎。

主要药用功能 果实:苦,寒;具疏肝理气、活血止痛、散结、利尿的功效;用于脘胁胀痛、痛经经闭、痰核痞块、小便不利等症。藤茎:苦,寒;具利尿通淋、清心除烦、通经下乳的功效;用于淋症、水肿、心烦尿赤、口舌生疮、经闭乳少、湿热痹痛等症。

化学成分 主要含三萜、三萜皂苷、木脂素、苯丙素和酚醇苷等成分。

药理作用 ①抗氧化作用:所含咖啡酸和秦皮乙素具有较强的抗氧化作用,果实乙醇提取物对酪氨酸酶活性有抑制作用。②抗炎作用:水提物能显著抑制醋酸所致小鼠炎症模型的炎症反应。③抑菌作用:水提物对乙型链球菌、痢疾杆菌、大肠杆菌、金黄色葡萄球菌有抑制作用。④利尿作用:可使大鼠尿量明显增加。

参考文献

白梅荣,张冰,刘小青,等,2008. 三爷五叶木通提取物药效及药酶影响的比较研究[J]. 中华中医药学刊, 26(4): 733–735.

冯航,2010. 三叶木通化学成分和药理作用研究进展[J]. 西安文理学院学报(自然科学版), 13(4): 16–18.

郭林新,马养民,乔珂,等,2017. 三叶木通化学成分及其抗氧化活性[J]. 中成药, 39(2): 338–342.

彭涤非,王中炎,2008. 三叶木通果实乙醇提取物对酪氨酸酶体外活性的影响[J]. 武汉植物学研究, 26(2): 183–185.

36 蝙蝠葛

Menispermum dauricum DC., Syst. Veg. 1: 540. 1818.

自然分布

分布于黑龙江、吉林、辽宁、内蒙古、山西、陕西、甘肃、山东、河北、河南、湖北、江西、浙江、江苏、福建、四川、云南等地；常生于路边灌丛或疏林中。日本、朝鲜和俄罗斯西伯利亚南部也有分布。

迁地栽培形态特征

落叶藤本。

根 根状茎黄褐色。

茎 纤细，有条纹，无毛。

叶 纸质或近膜质，轮廓通常为心状扁圆形，边缘有3~9角或3~9裂，很少近全缘，基部心形至近截平，两面无毛，下面有白粉；掌状脉9~12条，其中向基部伸展的3~5条很纤细，均在背面凸起；叶柄长6~10cm，有条纹。

花 圆锥花序单生或双生，总梗细长，花数朵至20余朵。花单性，雄花萼片4~8，膜质，绿黄色，倒披针形至倒卵状椭圆形，花瓣常6~8，肉质，凹成兜状，有短爪，雄蕊通常12。雌花心皮3，退化雄蕊6~12，雌蕊群具短柄。

果 核果；紫黑色，果核宽约10mm，高约8mm，基部具圆形深弯缺。

分类鉴定形态特征

藤本。叶通常盾状。圆锥花序单生或双生，总梗细长，花数朵至20余朵；花单性，绿黄色，心皮2~4个；果核常有雕纹，具圆形深弯缺；种子有丰富的胚乳，子叶半柱状，肉质，比胚根稍长。

引种信息

北京药用植物园 20世纪70年代从太行山引种根状茎，长势良好。

黑龙江中医药大学药用植物园 2006年购买种子，长势良好。

中国药科大学药用植物园 2014年购买根（引种号cpug2014008），长势良好。

物候

北京药用植物园 3月中旬萌芽期，4月中旬展叶盛期，4月底开花始期，5月底开花末期，未见果实，9月中旬开始黄枯。

黑龙江中医药大学药用植物园 4月下旬萌动、展叶、始花，5月上旬盛花，5月中旬末花，8月下旬果熟，9月上旬进入休眠期。

中国药科大学药用植物园 5月中旬进入萌动期，6月上旬展叶期，6~7月开花期，8~9月结果期，9月中旬至11月上旬黄枯期。

迁地栽培要点

喜温暖、凉爽的环境。繁殖以根茎为主。病虫害少见。

药用部位和主要药用功能

入药部位 根茎。

主要药用功能 苦，寒；有小毒。具清热解毒、祛风止痛的功效。用于咽喉肿痛、热毒泻痢、风湿痹痛等症。

化学成分 含有生物碱、鞣质、甾醇、蒽醌、糖苷、黄酮、香豆素等类成分。

药理作用 ①抗菌作用：正丁醇提取物对细菌、酵母菌和真菌具有较明显的抑制作用。②抗肿瘤作用：对肿瘤细胞具有广谱的抑制作用，能诱导肿瘤细胞凋亡。③抗血栓、抗血小板凝聚作用：所含酚性碱可抑制血小板聚集，具有抗血栓形成作用。④抗心律失常作用：蝙蝠葛碱可通过调节多种阳离子流而抑制心律失常等疾病发生。

参考文献

陈建勇, 谢郁峰, 周天锡, 等, 2012. 蝙蝠葛中的化学成分(英文)[J]. 中国天然药物, 10(4): 292-294.
丛国艳, 闫永波, 高珣, 等, 2013. 蝙蝠葛的化学成分研究[J]. 现代生物医学进展, 13(18): 3567-3569.
姜峰玉, 孙抒, 2013. 蝙蝠葛化学成分和药理作用的研究进展[J]. 辽宁中医杂志, 40(12): 2612-2614.
彭玉儒, 2018. 蝙蝠葛化学成分及药理活性研究进展[J]. 大众科技, 20(5): 94-96.

37 北乌头

Aconitum kusnezoffii Reichb., Ill. Sp. Gen. Acon. t. 21. 1823.

自然分布

分布于山西、河北、内蒙古、辽宁、吉林、黑龙江等地；生于200～2400m草甸、山地草坡或疏林。朝鲜、俄罗斯西伯利亚也有分布。

迁地栽培形态特征

根 块根圆锥形或胡萝卜形。

茎 高约100cm，无毛，等距离生叶，分枝少。

叶 具基生叶，基生叶和茎下部叶有长柄，在开花时枯萎。茎中部叶叶柄短；叶片纸质或近革质，五角形，基部心形，三全裂，中央全裂片菱形，浅羽状分裂，侧全裂片斜扇形，不等二深裂，表面疏被短曲毛，背面无毛。

花 顶生总状花序具9～22朵花；轴和花梗无毛；下部苞片三裂，其他苞片长圆形或线形。萼片紫蓝色，外面有疏曲柔毛，高盔形，高1.5～2.5cm，有短或长喙，下缘长约1.8cm，侧萼片长1.4～1.6cm，下萼片长圆形；花瓣无毛，瓣片宽3～4mm，唇长3～5mm，距长1～4mm，向后弯曲或近拳卷；雄蕊无毛，花丝全缘或有2小齿；心皮5枚，无毛。

果 蓇葖果；长约1.5cm。种子扁椭圆球形，沿棱具狭翅，只在一面生横膜翅。

分类鉴定形态特征

具有2个以上块根。茎直立，分枝通常短。基生叶和下部茎生叶在开花时枯萎；叶掌状全裂，中央全裂片菱形，渐尖，近羽状分裂，小裂片披针形。花序轴无毛，直；花梗无毛，向上近直伸，小苞片线形；花密集，上萼片高盔形，外面有疏柔毛；花瓣无毛；雄蕊无毛，花丝全缘或有2小齿；心皮5枚，无毛。

引种信息

北京药用植物园 2013年从辽宁引入种苗，长势良好。

黑龙江中医药大学药用植物园 2006年购买种子，引种环境不详，长势良好。

物候

北京药用植物园 3月初萌芽期，4月底进入展叶盛期，9月初始花，9月末花末，10月中旬果实成熟，9月底开始黄枯。

黑龙江中医药大学药用植物园 4月上旬萌动，4月下旬展叶期，8月中旬始花，8月下旬盛花，9月上旬末花，9月中旬果熟，10月中旬进入休眠期。

迁地栽培要点

喜阴，忌涝，耐寒。繁殖以分株为主，也可以播种繁殖。未见病虫危害。

药用部位和主要药用功能

入药部位 块根。

主要药用功能 辛，苦，热；有大毒。具祛风除湿、温经止痛的功效。用于风寒湿痹、关节疼痛、心腹冷痛、寒疝作痛等症。

化学成分 主要含双酯类生物碱、多糖和挥发性成分。

药理作用 ①镇痛作用：生药制剂、乌头碱、次乌头碱对电刺激鼠尾法或热板法引起的疼痛反应具有镇痛作用。②抗炎作用：总生物碱可减少角叉莱胶引起炎症渗出物中前列腺素含量，显著降低毛细血管通透性，减轻炎症反应。③强心作用：总生物碱能够增强肾上腺素对心肌的影响，产生强心作用。④局麻作用：乌头碱可作用于皮肤黏膜感觉神经末梢，发挥局部麻醉作用。⑤抑瘤作用：乌头碱注射液有抑制肿瘤生长和癌细胞自发转移的作用，临床可用于癌症晚期患者的治疗。⑥降血糖作用：粗多糖具有显著的降血糖作用。

参考文献

李倩, 孙淑仃, 王梅英, 等, 2018. 草乌的化学成分及镇痛活性研究(英文)[J]. Journal of Chinese Pharmaceutical Sciences, 27(12): 855–863.

凌珊, 龚千锋, 2011. 草乌的研究进展[J]. 江西中医学院学报, 23(3): 90–94.

图雅, 张贵君, 刘志强, 等, 2008. 蒙药草乌的研究进展[J]. 时珍国医国药, 19(7): 1581–1582.

王英豪, 2009. 从化学、药理学和炮制的角度探讨附子、川乌和草乌的传统应用[J]. 光明中医, 24(9): 1805–1806.

38 棉团铁线莲

Clematis hexapetala Pall. Reise 3: 735, pl. Q, f. 2. 1776.

幼苗

叶

整株

自然分布

分布于甘肃东部、陕西、山西、河北、内蒙古、辽宁、吉林、黑龙江等地；生于固定沙丘、干山坡或山坡草地，尤以东北及内蒙古草原地区较为普遍。朝鲜、蒙古、俄罗斯西伯利亚东部也有分布。

迁地栽培形态特征

多年生草本，高约100cm。

🟠**茎** 老枝圆柱形，有纵沟；茎直立，果期常倒伏，幼时疏生柔毛，后变无毛。

🟠**叶** 叶片近革质，单叶或一回羽状深裂，裂片长椭圆形，顶端凸尖，全缘，两面或沿叶脉疏生长柔毛或近无毛。

🟠**花** 花序顶生，聚伞花序总状或圆锥状。花直径约3cm；萼片6，白色，长椭圆形或狭倒卵形，外面密生棉毛，花蕾时像棉花球，内面无毛；雄蕊无毛。

🟠**果** 瘦果倒卵形，扁平，密生柔毛，宿存花柱长约2.5cm，具灰白色长柔毛。

分类鉴定形态特征

直立草本。叶一回羽状深裂，裂片全缘。聚伞花序顶生，多花，花直径常在4cm内；雄蕊无毛，花药窄长圆形，顶端具小尖头。

引种信息

北京药用植物园 1998年从北京引种苗，长势良好。

黑龙江中医药大学药用植物园 2006年购买种子，长势良好。

物候

北京药用植物园 4月初开始萌芽、展叶，5月初展叶盛期，5月中旬开花始期，8月底末花，9月中旬果实全熟期，8月中旬开始黄枯。

黑龙江中医药大学药用植物园 4月上旬萌动,4月下旬展叶期,5月中旬始花,5月下旬盛花,6月上旬末花,9月中旬果熟,10月上旬进入休眠期。

迁地栽培要点

喜光,但不耐强光;耐旱,耐寒。繁殖以播种和根芽为主。未见病虫危害。

药用部位和主要药用功能

入药部位 根和根茎。

主要药用功能 辛,咸,温。具祛风湿、通经络的功效。用于风湿痹痛、肢体麻木、筋脉拘挛、屈伸不利等症。

化学成分 含三萜皂苷、黄酮、木脂素、香豆素、生物碱、挥发油、甾体、有机酸、大环化合物及酚类等成分。

药理作用 ①抗炎镇痛作用:总皂苷可抑制T淋巴细胞的过度增殖,抑制炎症细胞因子和前列腺素E2的产生,具有显著的镇痛抗炎作用。②抗菌作用:所含白头翁素和原白头翁素具有广谱抗菌作用。③利胆作用:水煎剂及醇提物能促进胆红素和胆总管流量增加,胆总括约肌松弛,起到利胆作用。④保护软骨作用:棉团铁线莲注射液能够降低骨关节炎动物关节液和体外培养软骨细胞分泌IL-1β的水平,从而起到保护软骨的作用。⑤免疫抑制作用:水煎剂能抑制小鼠单核巨噬细胞和腹腔巨噬细胞的吞噬作用,从而降低机体非特异性免疫力。⑥解痉作用:所含白头翁素等成分具有抗组胺、松弛局部肌肉的作用。

参考文献

董彩霞, 史社坡, 武可泗, 等, 2006. 棉团铁线莲化学成分研究Ⅰ[J]. 中国中药杂志, 51(20): 1696–1699.
付强, 王萍, 杜宇凤, 等, 2018. 威灵仙化学成分及其药理活性最新研究进展[J]. 成都大学学报(自然科学版), 37(2): 113–119.
李佳, 刘继永, 2011. 中药威灵仙的化学成分及药理作用研究进展[J]. 特产研究, 33(1): 67–71+75.
谭珍媛, 朱秋莲, 邱莉, 等, 2018. 威灵仙化学成分、药理作用及机制研究进展[J]. 海峡药学, 30(6): 1–10.
阎山林, 陈丽佳, 李正翔, 等, 2016. 威灵仙的化学成分及生物活性的研究进展[J]. 天津药学, 28(2): 48–52.

花

果实

果实

39 白头翁

Pulsatilla chinensis (Bunge) Regel, Tent. Fl. Ussur. 5, t. 2, f. B. 1861.

自然分布

分布于四川、湖北、江苏、安徽、河南、甘肃、陕西、山西、山东、河北、内蒙古、辽宁、吉林、黑龙江等地；生于平原和低山山坡草丛中、林边或干旱多石的坡地。朝鲜和俄罗斯远东地区也有分布。

迁地栽培形态特征

多年生草本，植株高15～35cm。

🟠 茎　根状茎粗壮。

🟠 叶　基生，4～5片，有长柄，密被长柔毛；叶片宽卵形，三全裂，中裂片常具柄，3深裂，小裂片分裂较浅，末回裂片卵形，侧裂片较小，不等3裂。

🟠 花　花葶1～2，有柔毛；苞片3，基部合生成筒，三深裂，深裂片线形，背面密被长柔毛；花梗长2.5～5.5cm；花直立；萼片6，蓝紫色，长圆状卵形，背面有密柔毛；雄蕊长约为萼片之半。

🟠 果　聚合果直径9～12cm。瘦果纺锤形，有长柔毛，宿存花柱有向上斜展的长柔毛。

分类鉴定形态特征

叶基生，三全裂，中裂片三深裂，全裂片分裂程度较小，末回裂片卵形。花具筒状总苞，三深裂；萼片花瓣状，花瓣不存在；雄蕊多数，花药黄色；子房胚珠1，花柱在果期延长呈羽毛状。瘦果。

引种信息

北京药用植物园　1996年从北京引入种苗，长势良好。

辽宁省经济作物研究所药用植物园　2015年从辽宁新宾引种苗，长势良好。

物候

北京药用植物园　3月底萌芽期，6月初展叶盛期，4月初至中旬开花期，4月上旬果实成熟，8月中旬开始黄枯。

辽宁省经济作物研究所药用植物园　4月上旬至中旬萌动期，4月中旬至下旬展叶期，4月中旬开花始期，4月下旬开花盛期，5月上旬开花末期，5月上旬至中旬果实发育期，6月下旬至7月中旬黄枯期。

迁地栽培要点

喜光照充足，耐寒。繁殖以播种为主。

药用部位和主要药用功能

入药部位　根。

主要药用功能　苦，寒。具清热解毒、凉血止痢的功效。用于热毒血痢、阴痒带下等症。

化学成分　主要含三萜皂苷、三萜酸、木脂素、胡萝卜苷以及糖蛋白等成分。

药理作用 ①抗炎作用：醇提物可抑制炎性细胞因子（INF-α、IL-6、PGE2）的产生。②增强免疫功能：白头翁皂苷能够显著增强卵白蛋白诱导的小鼠血清中IgG、IgG1和IgG2a，以及IL-2、TNF-α水平，对正常小鼠的免疫功能也有增强作用。③抗肿瘤作用：水煎剂在实验动物体内、外均有显著的抗肿瘤作用。④抗氧化作用：可以消除氧自由基，中断或终止自由基的氧化反应，增强机体的总抗氧化能力。⑤杀精作用：白头翁皂苷具有较强的杀精作用。

参考文献

陈振华, 管咏梅, 杨世林, 等, 2014. 白头翁研究进展[J]. 中成药, 36(11): 2380-2383.
丁秀娟, 陈重, 李夏, 等, 2010. 白头翁化学成分研究[J]. 中草药, 41(12): 1952-1954.
莫少红, 2001. 白头翁的化学成分及药理作用研究进展[J]. 中药材, 24(5): 385-387.
舒莹, 韩广轩, 刘文庸, 等, 2000. 中药白头翁的药材、化学成分和药理作用的研究[J]. 药学实践杂志 (6): 387-389.
钟长斌, 李祥, 2003. 白头翁的化学成分及药理作用研究述要[J]. 中医药学刊, 31(8): 1338-1339+1365.

40 莲

Nelumbo nucifera Gaertn., Fruct. et Semin. Pl. 1: 73. 1788.

自然分布

分布于我国南北各地；自然生长或栽培在池塘或水田中。俄罗斯、朝鲜、日本、印度、越南、亚洲南部和大洋洲也有分布。

迁地栽培形态特征

多年生水生草本。

茎 根状茎横生，肥厚，节部缢缩，上生黑色鳞叶，下生须状不定根。

叶 圆形，盾状，全缘稍呈波状，伸出水面；叶柄粗壮，圆柱形，中空。

花 单生于花葶顶端；萼片4~5，早落；花瓣多数，红、粉红或白色，矩圆状椭圆形至倒卵形，先端圆钝或微尖；雄蕊多数，花丝细长，药隔棒状；心皮多数，离生，埋于倒圆锥形花托穴内。

果 坚果；椭圆形或卵形，果皮革质，坚硬，熟时黑褐色。种子（莲子）卵形或椭圆形，种皮红色或白色。

分类鉴定形态特征

多年生水生草本；根状茎横生，粗壮。叶漂浮或高出水面，近圆形，盾状，全缘，叶脉放射状。花大，美丽，伸出水面；萼片4~5；花瓣大，红色、粉红色或白色；心皮多数，离生，埋于倒圆锥形花托穴内，花托海绵质，果期膨大。坚果矩圆形或卵形；种子无胚乳，子叶肥厚。

引种信息

北京药用植物园 20世纪80年代从北京引种苗，长势良好。

广西药用植物园 2003年从广西南宁引根茎（登录号03561），长势良好。

物候

北京药用植物园 4月下旬开始萌动期，5月初进入展叶期，7月初展叶盛期，6月初开花始期，9月中旬末花，9月初果实成熟，8月下旬开始黄枯。

广西药用植物园 3月萌动期，4~5月展叶期，6~9月开花期，8~10月结果期，11~12月黄枯期。

迁地栽培要点

喜温暖、湿润环境，栽植水中。繁殖以根茎、播种为主。未见病虫危害。

药用部位和主要药用功能

入药部位 根茎节部、叶、花托、雄蕊、成熟种子、幼叶及胚。

主要药用功能 根茎节部：甘、涩、平；具收敛止血、化瘀的功效。用于吐血、咯血、尿血、崩漏等症。叶：苦，平；具清暑化湿、升发清阳、凉血止血的功效。用于暑热烦渴、暑湿泄泻、脾虚泄泻、血热吐衄、便血崩漏等症。花托：苦，涩，平；具化瘀止血的功效。用于治疗崩漏、尿血、痔疮出血、产后瘀阻、恶露不尽等症。雄蕊：甘，涩，平；具固肾涩精的功效。用于治疗遗精滑精、带下、尿频等症。成熟种子：甘，涩，平；具补脾止泻、止带、益肾涩精、养心安神的功效。用于脾虚泄泻、带下、遗精、心悸失眠等症。幼叶及胚：苦，寒；具清心安神、交通心肾、涩精止血的功效。用于热入心包、神昏谵语、心肾不交、失眠遗精、血热吐血等症。

化学成分 含有生物碱、黄酮、糖苷、萜类、类固醇、脂肪酸、蛋白质、矿物质和维生素等成分。

药理作用 ①降脂作用：荷叶总生物碱能明显抑制前脂肪细胞3T3-L1的增殖，具有控制体重、预防肥胖、调节脂代谢紊乱的功效。②抗氧化作用：荷叶中的多种活性成分具有较强的ABTS和DPPH自由基清除能力。③抑菌作用：荷叶超临界CO_2萃取物对细菌、酵母菌、霉菌等具有一定的抑制作用，荷叶正丁醇提取物对放线杆菌、黏性放线菌、内氏放线菌、具核梭杆菌、牙龈卟啉菌等有较好的抑制作用。

参考文献

范婷婷, 2013. 荷叶生物碱类物质降脂减肥活性研究[D]. 杭州：浙江大学.
黄秀琼, 卿志星, 曾建国, 2019. 莲不同部位化学成分及药理作用研究进展[J]. 中草药, 50(24): 6162-6180.
蒋锡兰, 王伦, 李甫, 等, 2017. 荷叶的抗氧化活性成分[J]. 应用与环境生物学报, 23(1): 89-94.

叶　　花蕾　　花　　花　　雄蕊　　果托

41 落新妇

Astilbe chinensis (Maxim.) Franch. ex Savat., Enum. Pl. Jap. 1: 144. 1875.

自然分布

分布于黑龙江、吉林、辽宁、河北、山西、陕西、甘肃、青海、山东、浙江、江西、河南、湖北、湖南、四川、云南等地；生于海拔390~3600m的山谷、溪边、林下、林缘和草甸等处。俄罗斯、朝鲜和日本也有分布。

迁地栽培形态特征

多年生草本，高50~100cm。

根 根状茎暗褐色，粗壮，须根多数。

茎 无毛。

叶 基生叶为二至三回三出羽状复叶；顶生小叶片菱状椭圆形，侧生小叶片卵形至椭圆形，先端短渐尖至急尖，边缘有重锯齿，基部楔形、浅心形至圆形，叶脉上有硬毛着生；叶轴仅于叶腋部具褐色柔毛；茎生叶2~3，较小。

花 圆锥花序；下部第一回分枝通常与花序轴成15°~30°角斜上；花序轴密被褐色卷曲长柔毛；苞片卵形，几无花梗；花密集。萼片5，卵形，两面无毛，边缘中部以上生微腺毛；花瓣5，淡紫色至紫红色，线形；雄蕊10；心皮2，仅基部合生。

果 蒴果。种子褐色。

分类鉴定形态特征

叶片先端通常短渐尖至急尖。圆锥花序之宽通常不超过12cm，第一回分枝与花序轴通常成15°~30°角斜上；花序轴密被褐色卷曲长柔毛；花较密；萼片边缘具腺毛，背面无毛；花瓣5枚，线形。

引种信息

北京药用植物园 1998年从北京引种苗，长势良好。

贵阳药用植物园 2014年从贵州丛江月亮山引活体植物，生长速度中等，长势一般。

华中药用植物园 1999年从湖北恩施引种苗（登录号10805215），长势良好。

物候

北京药用植物园 3月底萌芽期，5月底展叶盛期，6月开花期，8月初果实全熟期，8月初开始黄枯。

贵阳药用植物园 2月初地下芽出土，3月初展叶始期，4月初展叶盛期，未见花，9月上旬全部黄枯，9月下旬二次萌发。

华中药用植物园 3月上旬开始萌动，3月下旬展叶盛期，5月下旬始花，6月上旬盛花，6月下旬末花，9月中旬果实成熟，10月中旬进入休眠。

迁地栽培要点

喜半阴、湿润、凉爽环境。繁殖以分株和播种为主。病虫害少见。

药用部位和主要药用功能

入药部位 根茎。

主要药用功能 辛，苦，温。具祛风除湿、强筋壮骨、散瘀止痛的功效。用于跌打损伤、手术后疼痛、风湿关节痛、毒蛇咬伤等症。

化学成分 含有黄酮类、酚类、香豆素类等成分，主要有效成分为落新妇苷和岩白菜素。

药理作用 ①镇痛作用：不同剂量水煎液可使机体热板致痛的痛阈值不同程度提高。②抗炎作用：落新妇苷能明显对抗尿酸钠所致机体痛风性关节炎。③利尿作用：落新妇苷能明显增加机体尿量。④止咳作用：所含岩白菜素对咳嗽中枢具有选择性抑制，止咳作用明显。⑤抗肿瘤作用：具有抑制肿瘤生长，延长腹水癌机体生存期，促进体外淋巴细胞转化的作用。

参考文献

雷冰, 2012. 落新妇化学成分及药理活性研究[D]. 长春: 吉林农业大学.

盛尊来, 2006. 落新妇生药学及其根镇痛作用有效部位的研究[D]. 哈尔滨: 黑龙江中医药大学.

张白嘉, 等, 2004. 土茯苓及落新妇苷抗炎、镇痛、利尿作用研究[J]. 中药药理与临床, 20(1): 11–12.

幼苗　叶　花序　花　果实

42 垂盆草

Sedum sarmentosum Bunge, Mem. Acad. Sci. St. Petersb. Sav. Etrang. 2: 104. 1833.

自然分布

分布于福建、贵州、四川、湖北、湖南、江西、安徽、浙江、江苏、甘肃、陕西、河南、山东、山西、河北、辽宁、吉林和北京等地；生于海拔1600m以下山坡阳处或石上。朝鲜和日本也有分布。

迁地栽培形态特征

多年生草本。

茎 不育枝及花茎匍匐，节上生根直到花序之下。

叶 3叶轮生，叶倒披针形至长圆形，先端近急尖，基部急狭。

花 聚伞花序，有3~5分枝。花无梗；萼片5，披针形至长圆形，先端钝；花瓣5，黄色，披针形至长圆形；雄蕊10，较花瓣短；鳞片10，楔状四方形，先端稍有微缺；心皮5，长圆形，略叉开，有长花柱。

果 蓇葖果星芒状。种子卵形，长0.5mm。

分类鉴定形态特征

多年生草本，植株无毛。节上有须根，花茎上升或外倾，基部生根。不具莲座，叶通常有距。花无梗；萼有距，萼片不等长；花瓣黄色，有短尖头，鳞片长方状匙形；心皮基部多少合生。蓇葖星芒状排列，腹面浅囊状，下部1/4~1/3处合生；种子有微乳头状突起，不具翅。

引种信息

北京药用植物园 20世纪60年代从北京引种苗，长势良好。

海军军医大学药用植物园 2007年从上海上房园艺引植株（登录号20070111），长势良好。

广西药用植物园 2002年从广西隆林引种苗（登录号02408），长势良好。

华中药用植物园 1999年从湖北恩施引种子（登录号10805354），长势良好。

物候

北京药用植物园 2月中旬萌芽期，4月上旬展叶盛期，5月初开花始期，7月中旬开花末期，9月上旬开始黄枯。

海军军医大学药用植物园 5月底至6月中旬开花期。

广西药用植物园 2~3月萌动期，3~5月展叶期，5~9月开花期，未见结果，11月至翌年2月黄枯期。

华中药用植物园 3月上旬开始萌动展叶，3月下旬展叶盛期，6月上旬始花，6月中旬盛花，6月下旬末花，8月上旬果实成熟，9月下旬进入休眠。

迁地栽培要点

喜阴湿环境，较耐寒。繁殖以分株和播种为主。病虫害少见。

药用部位和主要药用功能

入药部位 全株。

主要药用功能 甘，淡，凉。具利湿退黄、清热解毒的功效。用于湿热黄疸、小便不利、痈肿疮疡等症。内服用于湿热黄疸、小便不利、咽喉痛、口疮、黄疸、痢疾等症；外用于痈肿疮疡等症。

化学成分 主要含蛋白质、氨基酸、糖类、黄酮类、三萜类及垂盆草苷类等成分。

药理作用 ①保肝作用：对肝癌细胞具有抑制作用，可抑制癌细胞增殖；所含总黄酮具有保肝降酶作用。②免疫抑制作用：水提物可降低小鼠碳粒廓清速率，减少肝脏和脾脏巨噬细胞对碳粒的摄取；对T细胞介导的特异性细胞免疫有显著影响。③其他作用：甲醇提取物对HIV病毒具有抑制作用；垂盆草注射液在体外对金黄色葡萄球菌、甲型和乙型链球菌、绿脓杆菌、伤寒杆菌等有一定抑制作用。

参考文献

戴岳, 冯国雄, 1995. 垂盆草对免疫系统的影响[J]. 中药药理与临床, 11(5): 30–33.

潘金火, 何满堂, 罗兰, 等, 2001. 垂盆草不同提取部位保肝降酶试验[J]. 时珍国医国药, 12(10): 888–890.

苏志恒, 华会明, 2005. 垂盆草化学成分及药理作用研究进展[J]. 中国现代中药, 7(8): 19–20.

张洪超, 兰天, 张晓辉, 2005. 垂盆草化学成分与药理作用研究进展[J]. 中成药, 28(10): 1201–1203.

43 葡萄

Vitis vinifera L., Fl. Sp. 293. 1753.

自然分布

原产亚洲西部。全国各地都有栽培。

迁地栽培形态特征

落叶木质藤本。

茎 小枝圆柱形，有纵棱纹，无毛或被稀疏柔毛。

叶 卷须2叉分枝。叶宽卵圆形，显著3～5浅裂或中裂，基部深心形，基部空缺处凹或成圆形，两侧常靠合，边缘有22～27个锯齿，上面绿色，下面浅绿色，无毛或被疏柔毛；基生脉5出；叶柄长4～9cm，几无毛；托叶早落。

花 圆锥花序密集或疏散，多花，与叶对生，花序梗长2～4cm，几无毛或疏生蛛丝状绒毛，花梗无毛。花萼浅碟形，边缘呈波状，外面无毛；花瓣5，呈帽状黏合脱落；雄蕊5，在雌花中败育或完全退化；花盘发达，5浅裂；雌蕊1，在雄花中完全退化，子房卵圆形，花柱短，柱头扩大。

果 球形或椭圆形。种子倒卵椭圆形，顶端近圆形，基部有短喙。

分类鉴定形态特征

老茎上无瘤状突起；小枝无皮刺、刚毛和腺毛，有时被稀疏柔毛；叶为单叶，显著3～5裂，叶基部深心形，两侧靠近或部分重叠，叶缘有粗牙齿，裂缺凹成锐角，叶下面淡绿色，无毛或被疏柔毛。圆锥花序；花瓣5，呈帽状黏合脱落。

引种信息

北京药用植物园　2013年从北京引入种苗，长势良好。

广西药用植物园　1999年从广西南宁引苗（登录号99077），长势良好。

贵阳药用植物园　2013年从贵州平塘掌布乡引种苗，长势良好。

物候

北京药用植物园　4月初萌动期，5月初展叶盛期，5月开花，5月中旬幼果出现，10月中旬开始落叶。

广西药用植物园　3月萌动期，4月展叶期，4～5月开花期，5～10月结果期，11月至翌年1月变色期，11月至翌年1月落叶期。

贵阳药用植物园　3月上旬叶芽萌动，3月中旬开始展叶，4月上旬进入展叶盛期，5月上旬花现，5月中旬开花盛期，6月中上旬开花末期，6月上旬幼果初现，8月上旬逐渐果熟，10月中旬果开始脱落，10月上旬叶变色，11月上旬开始落叶。

迁地栽培要点

喜温暖、湿润，喜光照，忌涝，北京地区越冬需将藤下架，培土覆盖藤和根部。繁殖以压条、嫁接和扦插为主。主要有斑衣蜡蝉危害，有叶斑病发生。

药用部位和主要药用功能

入药部位 根、茎、叶和果实。

主要药用功能 根：甘、涩，平；具除风湿、利小便的功效；用于风湿骨痛、水肿等症。茎叶：甘、涩，平；具利小便、通小肠、消肿满的功效；用于小便淋痛的治疗。果实：甘、酸，平；具解表透疹、利尿、安胎的功效；用于小便淋痛、胎动不安、麻疹不透等症。

化学成分 主要含多酚、维生素、植物甾醇、不饱和脂肪酸等成分。

药理作用 ①抗衰老作用：葡萄籽油能降低衰老机体脑、肝、心脏和血清中脂质过氧化水平，提高超氧化物歧化酶和谷胱甘肽过氧化物酶活性。②减脂作用：葡萄籽油可以降低小鼠血液总胆固醇、甘油三酯、低密度脂蛋白水平及肝组织的IL-6和TNF-α炎症水平，改善机体糖耐量和胰岛素耐量，提高胰岛素敏感性和血糖利用率，从而减少脂肪堆积。③抗炎作用：葡萄籽油中的不饱和脂肪酸、维生素E、酚类和甾醇类物质可降低组织中促炎因子基因表达，抑制炎症因子的生成。④辐射损伤防护作用：葡萄籽油对辐射损伤具有良好的防护作用，能显著回升 ^{60}Co-γ 照射所致的机体外周血白细胞和淋巴细胞数量。

参考文献

高璐, 沈媛, 杨振泉, 等, 2014. 不同工艺提取葡萄籽油对体内抗氧化特性的影响[J]. 现代食品科技, 30(12): 188-193.

龙正海, 张煜炯, 罗方, 等, 2009. 葡萄籽油的化学成分及其抗辐射效应研究[J]. 中国粮油学报, 24(2): 116-119.

朱建鸿, 张晖, 肖俊勇, 等, 2018. 初榨葡萄籽油对高脂膳食诱导的小鼠肥胖和糖脂代谢调节作用[J]. 中国油脂, 43(8): 68-65.

OH D Y, TALUKDAR S, BAE E J, et al, 2010. GPR120 is an omega-3 fatty acid receptor mediating potent anti-inflammatory and insulin-sensitizing effects[J]. Cell, 142(5): 687-698.

花

果实

44
乌蔹莓

Cayratia japonica (Thunb.) Gagnep., Lecomte, Not. Syst. 1: 349. 1911.

自然分布

分布于陕西、河南、山东、安徽、江苏、浙江、湖北、湖南、福建、台湾、广东、广西、海南、四川、贵州、云南等地；生于海拔300～2500m山谷林中或山坡灌丛。日本、菲律宾、越南、缅甸、印度、印度尼西亚和澳大利亚也有分布。

迁地栽培形态特征

多年生草质藤本。

茎 小枝圆柱形，有纵棱纹。卷须2～3叉分枝。

叶 鸟足状复叶，小叶5数，中央小叶长椭圆形或椭圆披针形，顶端急尖或渐尖，基部楔形，侧生小叶椭圆形或长椭圆形，顶端急尖或圆形，基部楔形或近圆形，边缘每侧有6～15个锯齿，上面无毛，下面无毛或微被毛；叶柄长1.5～10cm，无毛或微被毛；托叶早落。

花 花序腋生，复二歧聚伞花序，花序梗长1～13cm。花萼碟形，边缘全缘或波状浅裂；花瓣4，三角状卵圆形；雄蕊4；花盘发达，4浅裂；子房下部与花盘合生，花柱短，柱头微扩大。

果 近球形。种子2～4粒，种子三角状倒卵形，种脐在种子背面近中部呈带状椭圆形，腹部中棱脊突出，两侧洼穴呈半月形，从近基部向上达种子近顶端。

分类鉴定形态特征

叶为鸟足状复叶，小叶5数，小叶顶端渐尖、急尖或圆钝，边缘锯齿较整齐，不外弯，两面无毛或下面微被毛。花序梗中部以下无节和苞片；花瓣顶端无角状突起；花柱细，与子房明显相异。种子三角状倒卵形，腹部中棱脊突出，两侧各有一个洼穴呈半月形。

引种信息

北京药用植物园　1997年从浙江引种苗，长势良好。

成都中医药大学药用植物园　2013年从四川峨眉山引种苗，长势良好。

广西药用植物园　2000年从广西上林引种子（登录号00190），长势好。

贵阳药用植物园　2016年从贵州平塘掌布乡引种苗，长势良好。

华东药用植物园　2016年从浙江丽水莲都引种苗，长势良好。

华中药用植物园　1999年从湖北恩施引种子（登录号10805469），长势良好。

中国药科大学药用植物园　2009年从安徽丫山引根（引种号cpug2009034），长势良好。

物候

北京药用植物园　4月初开始萌芽、展叶，5月中旬展叶盛期，6月初开花始期，8月上旬末花，9月中旬果始熟期，10月中旬开始黄枯。

成都中医药大学药用植物园　3月中旬萌动期，3叶下旬进入展叶期，4月上旬展叶盛期，5月中旬开花始期，5月下旬花盛，6月中旬花末，9月初果实始熟，9月下旬果实全熟，10月中旬果实脱落期，10月上旬开始黄枯，10月中旬普遍黄枯，11月上旬全部黄枯。

广西药用植物园　3月萌动期，4月展叶期，5~9月开花期，10~12月结果期，12月至翌年2月黄枯期。

贵阳药用植物园　3月中旬叶芽萌动，3月下旬开始展叶，4月上旬展叶盛期，5月下旬开花，6月上旬花盛期，6月中旬花末期，8月上旬果实始熟，10月下旬果实全熟，11月上旬果实脱落，11月上旬开始黄枯，11月下旬普遍黄枯，12月上旬全部黄枯。

华东药用植物园　3月初开始萌动，3月上旬展叶盛期，5月中旬始花，8月中旬末花，10月上旬果实成熟。

华中药用植物园　4月上旬开始萌动展叶，5月上旬展叶盛期，7月上旬始花，7月中旬盛花，8月上旬末花，9月下旬果实成熟，11月下旬进入休眠。

中国药科大学药用植物园　3~8月开花期，8~11月结果期。

迁地栽培要点

喜光、耐半阴、喜湿润、耐旱，不耐寒，北京地区越冬需覆盖。繁殖以根茎、扦插为主。

药用部位和主要药用功能

入药部位　全株。

主要药用功能　苦，酸，寒。具解毒消肿、活血散瘀、利尿、止血的功效。用于咽喉肿痛、目翳、咳血、尿血、痢疾等症。外用于腮腺炎、痈肿、丹毒、跌打损伤、毒蛇咬伤等症。

化学成分　主要含甾醇、黄酮、生物碱、鞣质、氨基酸、乌蔹莓苷、硝酸钾等成分。

药理作用　①抑菌作用：乌蔹莓注射液对肺炎双球菌、金黄色葡萄球菌、流感杆菌、表皮葡萄球菌、大肠杆菌、绿脓杆菌、变形杆菌、伤寒杆菌、痢疾杆菌等细菌具有不同程度的抑制作用。②镇痛作用：水煎液对热板法致痛机体有明显的镇痛作用，痛阈值明显提高。③抗凝血作用：有抗体外血栓形成和血小板黏附作用。④增强免疫作用：可促进小鼠腹腔巨噬细胞吞噬功能，提高免疫力。

参考文献

李京民, 毛整生, 袁立朋, 1995. 乌蔹莓化学成分的研究[J]. 中医药学报, 23(2): 52-53.
林建荣, 李苿, 邓翠娥, 等, 2006. 乌蔹莓抗菌效应的实验观察[J]. 时珍国医国药, 17(9): 1649-1650.
颜峰光, 钟兴华, 宓嘉琪, 等, 2013. 乌蔹莓水煎剂对小鼠镇痛作用初探[J]. 中国医药指南, 11(9): 457-458.

花

果实

45 皂荚

Gleditsia sinensis Lam., Encycl. 2: 465. 1786.

整株　　树干

自然分布

分布于河北、山东、河南、山西、陕西、甘肃、江苏、安徽、浙江、江西、湖南、湖北、福建、广东、广西、四川、贵州、云南等地；生于海拔2500m以下山坡林地、谷地和路旁。常栽培于庭院或宅旁。

迁地栽培形态特征

落叶乔木或小乔木，高可达30m。

茎 灰色至深褐色；刺粗壮，圆柱形，常分枝，多呈圆锥状，长可达16cm。

叶 一回羽状复叶，长约15cm；小叶3~9对，纸质，卵状披针形至长圆形，顶端圆钝，具小尖头，基部圆形或楔形，有时稍歪斜，边缘具细锯齿，叶面、小叶柄常被短柔毛。

花 花杂性，黄白色，组成总状花序；花序腋生或顶生。雄花：萼片4，三角状披针形，两面被柔毛；花瓣4，长圆形，被微柔毛；雄蕊8；退化雌蕊长2.5mm。两性花：花萼、花瓣与雄花相似；雄蕊

8；子房缝线上及基部被毛，柱头浅2裂；胚珠多数。

果 荚果带状，长12~37cm，宽2~3cm，劲直，果肉稍厚，两面鼓起；果瓣革质，褐棕色或红褐色，被白色粉霜。种子多颗，长圆形或椭圆形，棕色，光亮。

分类鉴定形态特征

棘刺圆柱形。小叶3~9对，长2.5cm以上，卵状披针形至长圆形，顶端钝，上面网脉明显凸起，边缘具细锯齿。萼裂片及花瓣4；雄蕊8；子房于缝线处和基部被柔毛。荚果肥厚，劲直，长12cm以上，具种子多粒。

引种信息

北京药用植物园 20世纪60年代从北京引种苗，长势良好。

广西药用植物园 2001年从广西凭祥引种子（登录号01403），长势好。

贵阳药用植物园 2016年从贵州绥阳逢亭镇乔木林引种苗（GYZ2016），长势良好。

华中药用植物园 1999年从湖北恩施引种苗（登录号10804879），长势良好。

辽宁省经济作物研究所药用植物园 2013年从辽宁阜新引种苗，长势良好。

内蒙古医科大学药用植物园 引种信息不详，引入种苗，生长速度慢，长势良好。

物候

北京药用植物园 3月中旬萌芽期，4月初进入展叶始期，4月中旬至5月初开花期，5月上旬幼果出现，6月生理落果，9月进入变色期，10月上旬落叶，11月底果实成熟。

广西药用植物园 3~4月萌动期，3~4月展叶期，4~5月开花期，5~11月结果期，11月至翌年2月变色期，12月至翌年2月落叶期。

贵阳药用植物园 3月中旬叶芽萌动，3月下旬开始展叶，4月上旬进入展叶盛期，4月上旬花现，中旬花盛期，下旬花末期，10月上旬逐渐果熟，11月中旬开始脱落，10月上旬叶变色，11月上旬开始落叶。

华中药用植物园 4月中旬开始萌动展叶，5月上旬展叶盛期，12月下旬进入休眠。

辽宁省经济作物研究所药用植物园 4月下旬萌动期，5月上旬展叶期，5月下旬开花始期，6月初开花盛期，6月下旬开花末期，6月上旬至9月上旬结果期，9月中旬变色期，9月下旬开始落叶。

内蒙古医科大学药用植物园 4月下旬萌动期，4月下旬至5月上旬展叶期，5月中旬至下旬开花期，6月上旬至10月上旬结果期。

迁地栽培要点

喜光，稍耐阴，耐旱。繁殖以播种为主。病虫害少见。

药用部位和主要药用功能

入药部位 果实和刺。

主要药用功能 果实：辛，咸，温；有小毒；具祛痰开窍、散结消肿的功效；用于中风口噤，昏迷不醒，癫痫痰盛，关窍不通，喉痹痰阻，顽痰喘咳，咳痰不爽，大便燥结；外治痈肿等症。刺：辛，温；具消肿托毒、排脓、杀虫的功效；用于痈疽初起或脓成不溃；外治疥癣麻风等症。

化学成分 含有黄酮、皂苷、三萜、酚酸、香豆素、甾醇、内酯及氨基酸等类成分。

药理作用 ①抗过敏作用：皂角刺提取物可抑制肥大细胞依赖的过敏反应。②免疫调节作用：皂角刺低剂量乙醇提取物可提高B、T淋巴细胞的转化率，有效促进免疫系统功能。③抗肿瘤作用：皂角刺总黄酮能显著诱导结肠癌细胞HCT116凋亡。④抗凝血作用：皂角刺不同浓度的水煎液能够显著抑制血小板的聚集。⑤抗肝纤维化作用：皂角中含有的黄颜木素可抑制肝星状细胞的激活、增殖和胶原的生成。

参考文献

李岗, 王召平, 仙云霞, 等, 2016. 皂角刺中黄酮类成分及其抗肿瘤活性研究[J]. 中草药, 47(16): 2812–2816.
李建军, 尚星晨, 周肖廷, 2018. 皂荚药用研究概述[J]. 生物学教学, 43(2): 68–69.
杨晓峪, 李振麟, 濮社班, 等, 2015. 皂角刺化学成分及药理作用研究进展[J]. 中国野生植物资源, 34(3): 38–41.
KIM H, MOON B H, AHN J H, et al, 2006. Complete NMR signal assignments of flavonol derivatives[J]. Magn Reson Chem, 44(2): 188–190.

46
合欢

Albizia julibrissin Durazz., Mag. Tosc. 3: 11. 1772.

自然分布

分布于我国东北至华南及西南部各地；生于山坡。非洲、中亚至东亚也有分布。北美有栽培。

迁地栽培形态特征

落叶乔木，高可达16m。

茎 小枝有棱角，嫩枝被茸毛或短柔毛。

叶 托叶线状披针形，早落。二回羽状复叶，总叶柄近基部及最顶一对羽片着生处各有1枚腺体；羽片8~20对；小叶10~30对，长圆形，向上偏斜，先端有小尖头，有缘毛；叶轴、中脉上有短柔毛。

花 头状花序于枝顶排成圆锥花序。花粉红色；花萼管状；花冠裂片三角形；花萼、花冠外均被短柔毛；花丝长2.5cm，远超出花冠外。

果 荚果；带状，长可达15cm，嫩荚有柔毛，老荚无毛。

分类鉴定形态特征

小叶较小，长1.8cm以下，宽1cm以下；叶面除边缘和中脉外无毛，中脉紧靠上边缘。花序轴短而蜿蜒状；花粉红色；花小，花冠长6.5～8mm，雄蕊长2.5cm以下。

引种信息

北京药用植物园　1985年从北京、2015年从河北定州引入种苗，长势良好。

华中药用植物园　1999年从湖北恩施引种苗（登录号10805359），长势良好。

辽宁省经济作物研究所药用植物园　2013年从辽宁大连引种苗，长势良好。

中国药科大学药用植物园　2014年购买种苗（引种号cpug2014002），长势良好。

物候

北京药用植物园　4月初开始萌芽期，5月底展叶盛期，6月中旬始花期，7月底末花，7月初见幼果，11月初开始落叶。

华中药用植物园　4月上旬开始萌动，4月下旬开始展叶，5月中旬展叶盛期，7月中旬始花，7月下旬盛花，8月上旬末花，10月下旬落叶进入休眠。

辽宁省经济作物研究所药用植物园　5月中旬萌动期，6月上旬至7月上旬展叶期，8月初开花始期，8月中旬开花盛期，8月下旬开花末期，8月末至9月下旬结果期，10月上旬变色期，10月中旬开始落叶。

中国药科大学药用植物园　3月下旬进入萌动期，4月下旬至5月上旬展叶期，6～7月开花期，8～10月结果期，10月下旬至11月中旬变色期，9月中旬至11月下旬落叶期。

迁地栽培要点

喜温暖、阳光充足环境。繁殖以播种为主。树干易被虫蛀；病害少见。

药用部位和主要药用功能

入药部位　树皮和花。

主要药用功能　树皮：甘，平；具解郁安神、活血消肿的功效；用于心神不安、忧郁失眠、肺痈、疮肿、跌扑伤痛等症。花：甘，平。具解郁安神的功效；用于心神不安、忧郁失眠等症。

化学成分　合欢皮含有三萜、木脂素、黄酮、甾醇等类成分。合欢花主要含黄酮类、单萜类、木脂素类、酚酸类、挥发油等成分。

药理作用　①抗肿瘤作用：合欢皮总皂苷可以通过诱导HepG2细胞停止期，激活线粒体依赖半胱天冬酶凋亡信号通路，增加亲凋亡蛋白bax表达，降低抗凋亡蛋白bcl-2表达来抑制肝癌细胞增殖。②抑菌作用：合欢皮乙醇提取物对金黄色葡萄球菌和黑曲霉具有良好抑菌效果，正丁醇萃取物是抑制黑曲霉的有效组分。合欢花乙醇提取液对灿烂弧菌、高卢弧菌、巨大芽孢杆菌、鳗弧菌和哈维氏弧菌具有抑制作用。③抗焦虑、抗抑郁作用：合欢皮提取物和合欢花中的黄酮类成分具有抗抑郁的作用。④镇静催眠：合欢花水煎剂在22.5g/kg浓度时对小白鼠有极显著的镇静、催眠作用。⑤增强免疫力：合欢皮总皂苷可增加T细胞数量，调节免疫功能。⑥清除自由基：合欢花中总黄酮提取液对OH-自由基有一定的清除作用。

参考文献

廖颖, 王琼, 黎霞, 等, 2014. 合欢皮抗抑郁作用研究[J]. 安徽农业科学, 42(1): 57-58.
刘锐, 李茂, 谢博君, 等, 2017. 合欢花化学成分的研究[J]. 天津药学, 29(6): 11-15.
施学丽, 郭超峰, 2012. 合欢花的研究进展[J]. 中国民族医药杂志, 18(12): 30-32.
田硕, 苗明三, 2014. 合欢花现代研究分析[J]. 中医学报, 29(6): 859-861.

杨磊, 李棣华, 2019. 合欢皮化学成分与药理活性及毒理学研究进展[J]. 中国中西医结合外科杂志, 25(6): 1061–1064.
郑璐, 2004. 合欢皮化学成分及其构效关系和抗肿瘤活性机制研究[D]. 沈阳: 沈阳药科大学, 48(3): 21–101
QIAN Y, HAN Q H, WANG L C, et al, 2018. Total saponins of Albiziae Cortex show anti-hepatoma carcinoma effects by inducing S phase arrest and mitochondrial apoptosis pathway activation[J]. J Ethnopharmacol, 221(15): 20–29.

47

苦参

Sophora flavescens Alt., Hort. Kew ed. 1, 2: 43. 1789.

自然分布

分布于我国南北各地；生于海拔1500m以下山坡、沙地、灌木林中或田野附近。印度、日本、朝鲜和俄罗斯西伯利亚地区也有分布。

迁地栽培形态特征

草本，通常高1m左右。

🟠茎 具纹棱，幼时疏被柔毛。

🟠叶 羽状复叶长达25cm；托叶披针状线形；小叶6~12对，互生或近对生，纸质，椭圆形或披针形，先端钝或急尖，基部宽楔形或浅心形。

🟠花 总状花序顶生；花多数，疏或稍密；花梗纤细；苞片线形。花萼钟状，明显歪斜，疏被短柔毛；花冠比花萼长1倍，白色或淡黄白色，旗瓣倒卵状匙形，先端圆形或微缺，基部渐狭成柄，翼瓣单侧生，强烈皱褶几达瓣片的顶部，柄与瓣片近等长，龙骨瓣与翼瓣相似，稍宽，雄蕊10，分离或近基部稍连合；子房近无柄，花柱稍弯曲，胚珠多数。

🟠果 荚果；长约10cm，种子间稍缢缩，呈不明显串珠状，成熟后开裂成4瓣，有种子约10粒。种子长卵形，深红褐色或紫褐色。

分类鉴定形态特征

草本；叶柄基部不膨大；总状花序顶生，疏散，旗瓣倒卵状匙形，龙骨瓣先端无凸尖，雄蕊分离；荚果稍四棱形，无肉质果皮，成熟时开裂成4瓣，每荚节只含1粒种子。

引种信息

北京药用植物园 20世纪60年代从重庆南川引种子，长势良好。

成都中医药大学药用植物园 2013年从四川峨眉山引种苗，长势良好。

重庆药用植物园 2014年从重庆南川三泉镇引植株（引种号2014003），长势良好。

广西药用植物园 2001年从日本引种子（登录号01497），长势良好。

黑龙江中医药大学药用植物园 2006年购买种子，长势良好。

华东药用植物园 2016年从浙江丽水莲都引种苗，长势良好。

华中药用植物园 1999年从湖北恩施引种子（登录号10805228），长势良好。

辽宁省经济作物研究所药用植物园 2014年从辽宁阜新引种子，长势良好。

内蒙古医科大学药用植物园 2014年从内蒙古武川引种子，生长速度中等，长势良好。

中国药科大学药用植物园 2009年从江苏南京燕子矶地区引种苗（引种号cpug2009020），长势良好。

物候

北京药用植物园 4月初萌芽期、展叶期，5月上旬展叶盛期，5月上旬至6月上旬开花期，8月上旬果实全熟期，9月中旬开始黄枯。

成都中医药大学药用植物园 3月初植株展叶，5月初开花，6月初果实开始成熟，7月果实全熟，9月中旬植株开始枯萎。

重庆药用植物园 4月上旬萌芽，4月中旬展叶，7月上旬开花，9月下旬果实成熟，11月中旬倒苗。

广西药用植物园 3月萌动期，3~4月展叶期，6~8月开花期，7~10月结果期，11月至翌年1月黄枯期。

黑龙江中医药大学药用植物园 4月下旬萌动，5月下旬展叶期，6月下旬始花，7月上旬盛花，7月中旬末花，7月下旬果熟，9月上旬进入休眠期。

华东药用植物园 3月中旬开始萌动，3月下旬展叶盛期，5月上旬始花，5月中旬盛花，7月上旬末花，9月中旬果实成熟，11月下旬开始落叶。

华中药用植物园 3月下旬开始萌动，4月中旬开始展叶，4月下旬展叶盛期，6月上旬始花，6月中旬盛花，7月中旬末花，9月下旬果实成熟，10月中旬进入休眠。

辽宁省经济作物研究所药用植物园 4月下旬至5月初萌动期，5月上旬至中旬展叶期，5月末开花始期，6月中旬开花盛期，7月上旬开花末期，7月上旬至9月中旬果实发育期，9月中旬至10月上旬黄枯期。

内蒙古医科大学药用植物园 4月下旬萌动期，4月下旬至5月中旬展叶期，6月上旬至下旬开花期，7月下旬至8月下旬结果期，10月上旬至11月下旬黄枯期。

中国药科大学药用植物园 3月上旬进入萌动期，4月中旬至5月上旬展叶期，6~8月开花期，7~10月结果期，10月上旬至下旬黄枯期。

迁地栽培要点

喜阳。繁殖以播种为主。蚜虫危害严重；荫蔽地植株叶片病害严重。

药用部位和主要药用功能

入药部位 根。

主要药用功能 苦，寒。具清热燥湿、杀虫、利尿的功效。用于热痢、便血、黄疸尿闭、赤白带下、阴肿阴痒、湿疹、湿疮、皮肤瘙痒、疥癣麻风、滴虫性阴道炎等症。

化学成分 含黄酮类、生物碱类、苯丙素类、脂肪酸类、萜类等成分。

药理作用 ①抗炎作用：苦参中的黄酮类化合物能抑制慢性炎症反应和抑制促炎分子。②抗肿瘤作用：氧化苦参碱通过改变细胞周期和凋亡调节因子的表达，可有效抑制恶性胶质瘤细胞的增殖和侵袭，促进其凋亡。③对免疫系统的作用：苦参多糖在体外实验中表现出强大的免疫增强特性。④抑菌作用：苦参总黄酮和总生物碱提取物对金黄色葡萄球菌、大肠埃希菌、白色葡萄球菌等菌株具有抑菌及杀菌作用。⑤抗病毒作用：苦参碱类生物碱可以在一定浓度时抑制乙肝病毒的DNA复制。

参考文献

李丹, 左海军, 高慧媛, 等, 2004. 苦参的化学成分[J]. 沈阳药科大学学报, 48(5): 346–348.

王圳伊, 王露露, 张晶, 2019. 苦参的化学成分、药理作用及炮制方法的研究进展[J]. 中国兽药杂志, 53(10): 71–79.

JIN J H, KIM J S, KANG S S, et al, 2010. Anti-inflammatory and antiarthritic activity of total flavonoids of the roots of *Sophora flavescens*[J]. Journal of Ethnopharmacology, 127(3): 589–595.

ZHIBO D, LIGANG W, XIAOXIONG W, et al, 2018. Oxymatrine induces cell cycle arrest and apoptosis and suppresses the invasion of human glioblastoma cells through the EGFR/PI3K/Akt/mTOR signaling pathway and STAT3[J]. Oncology Reports, 40(2): 867–876.

中国迁地栽培植物志·药用植物（一）·豆科

整株

叶

花

种子

48
槐

Styphnoloblum japonicum (L.) Schott, Wien Zeit. 3: 844, 1831.

自然分布

原产中国，现南北各地广泛栽培，华北和黄土高原地区尤为多见。日本、越南也有分布，欧洲、美洲各国均有引种。

迁地栽培形态特征

乔木，高达25m。

茎 树皮灰褐色，具纵裂纹。当年生枝绿色，无毛。

叶 羽状复叶长达25cm；叶柄基部膨大，包裹着芽；托叶形状多变，早落；小叶4~7对，对生或近互生，纸质，卵状披针形或卵状长圆形，先端渐尖，具小尖头，基部宽楔形或近圆形，稍偏斜，下面灰白色；小托叶2枚，钻状。

花 圆锥花序顶生；花梗比花萼短；小苞片2枚，形似小托叶。花萼浅钟状，萼齿5，近等大，圆形或钝三角形，被灰白色短柔毛，萼管近无毛；花冠白色或淡黄色，旗瓣近圆形，长和宽约相等，具短柄，有紫色脉纹，先端微缺，基部浅心形，翼瓣卵状长圆形，先端浑圆，基部斜戟形，无皱褶，龙骨瓣阔卵状长圆形，与翼瓣等长；雄蕊近分离，宿存；子房近无毛。

果 荚果串珠状，种子间缢缩不明显，种子排列较紧密，具肉质果皮，成熟后不开裂。种子卵球形，淡黄绿色，干后黑褐色。

分类鉴定形态特征

乔木，稀灌木（某些变种）；叶柄基部膨大，包藏着芽，具托叶和小托叶；圆锥花序；子房与雄蕊近等长；荚果为连续的串珠状，种子相互靠近；种子卵球形。

引种信息

北京药用植物园 20世纪50年代从北京引种苗，长势良好。

成都中医药大学药用植物园 2013年从四川峨眉山引种苗，长势良好。

重庆药用植物园 1952年从四川南山公园引植株（引种号1952002），长势良好。

内蒙古医科大学药用植物园 引种信息不详，引种苗，生长速度中等，长势良好。

中国药科大学药用植物园 2010年从江苏南京燕子矶地区引种苗（引种号cpug2010002），长势良好。

物候

北京药用植物园 3月初萌芽期，4月中旬进入展叶期，7月开花期，10月果实全熟期，10月上旬开始落叶，11月进入休眠。

成都中医药大学药用植物园 2~4月展叶期，5~6月开花期，7~10月结果期，11月至翌年1月枯萎期。

重庆药用植物园 4月上旬萌芽，4月中旬展叶，6月中旬开花，9月中旬果实成熟，11月上旬落叶。

内蒙古医科大学药用植物园 4月中、下旬萌动期，4月下旬至5月中旬展叶期，7月下旬至8月中旬开花期，8月下旬至9月下旬结果期，9月下旬至10月中旬变色期，10月下旬至11月中旬落叶期。

中国药科大学药用植物园 3月下旬进入萌动期，4月中旬展叶期，7~8月开花期，8~10月结果期，10月下旬至12月上旬变色期，11月上旬至12月中旬落叶期。

迁地栽培要点

喜温暖、湿润环境。繁殖以播种和扦插为主。蚜虫、尺蠖危害严重；病害少见。

药用部位和主要药用功能

入药部位 花、花蕾、果实。

主要药用功能 花蕾、花（槐花）：苦，微寒；具凉血止血、清肝泻火的功效；用于便血、痔血、血痢、崩漏、吐血、衄血、肝热目赤、头痛眩晕等症。成熟果实（槐角）：苦，寒；具清热泻火、凉血止血的功效；用于肠热便血、痔肿出血、肝热头痛、眩晕目赤等症。

化学成分 槐花含有黄酮、皂苷、多糖及少量鞣质等成分。槐角含有芦丁、槐角苷、山萘酚、槐属苷和游离氨基酸等成分。

药理作用 ①止血作用：所含活性成分芦丁、槲皮素和鞣质均具有止血作用，且槐花含有红细胞凝集素，对红细胞有凝集作用，能缩短凝血时间，制炭后促凝血作用更强。②降血糖作用：芦丁具有改善微循环和降低毛细血管脆性的作用，主要用于糖尿病、高血压和高血糖等的辅助治疗。③抗菌作用：槐花多糖与芦丁具有抑菌活性。④增强免疫力作用：国槐多糖能够提高小鼠胸腺指数、血清抗体效价、促进淋巴细胞增殖，提高免疫系统活性。

参考文献

贾佼佼，苗明三，2014. 槐花的化学、药理及临床应用[J]. 中医学报，29(5): 716.

刘琳，程伟，2019. 槐花化学成分及现代药理研究新进展[J]. 中医药信息，36(04): 125–128.

钟鸣，钟柠泽，2012. 槐花散超微饮片联合止血汤治疗内痔出血临床疗效分析[J]. 现代诊断与治疗，23(6): 682.

HE X, BAI Y, ZHAO Z, et al, 2016. Local and traditional uses, phytochemistry, and pharmacology of *Sophora japonica* L.: A review[J]. Journal of ethnopharmacology, 187(5): 160–182.

KOSUGE T, ISHIDA H, SATOH T, 1985. Studies on antihemorrhagic substances in herbs classified as hemostatics in Chinese medicine. Ⅵ. On the antihemorrchagic principle in *Sophora japonica* L. [J]. Chemical & pharmaceutical bulletin, 33(1): 202–205.

叶

花序

花

果实

147

49 胡枝子

Lespedeza bicolor Turcz., Bull. Soc. Nat. Mosc. 13: 69. 1840.

自然分布

分布于黑龙江、吉林、辽宁、河北、内蒙古、山西、陕西、甘肃、山东、江苏、安徽、浙江、福建、台湾、河南、湖南、广东、广西等地；生于海拔150~1000m的山坡、林缘、路旁、灌丛及杂木林间。朝鲜、日本、俄罗斯西伯利亚地区也有分布。

迁地栽培形态特征

直立灌木，高1~3m。

🟠 **茎** 茎上多分枝，小枝黄色或暗褐色，有条棱；芽卵形，具数枚黄褐色鳞片。

🟠 **叶** 羽状复叶具3小叶；托叶2枚，线状披针形；叶柄长2~7cm；小叶质薄，卵形、倒卵形或卵状长圆形，先端钝圆或微凹，稀稍尖，具短刺尖，基部近圆形或宽楔形，全缘。

🟠 **花** 总状花序腋生，比叶长；总花梗长4~10cm；小苞片2，卵形；花梗短，长约2mm，密被毛。花萼长约5mm，5浅裂，裂片通常短于萼筒，上方2裂片合生成2齿；花冠红紫色，长约10mm，旗瓣倒卵形，先端微凹，翼瓣较短，近长圆形，基部具耳和瓣柄，龙骨瓣与旗瓣近等长，先端钝，基部具较长的瓣柄；子房被毛。

🟠 **果** 荚果；斜倒卵形，稍扁，长约10mm，宽约5mm，表面具网纹，密被短柔毛。

分类鉴定形态特征

羽状复叶具3小叶；小叶较薄，草质，先端通常钝圆或凹。无闭锁花，花序总状，比叶长或与叶近等长，花萼钟形，5浅裂至中裂，上方2裂片下部合生，上部分离。荚果卵形，种子1颗，不开裂。

引种信息

北京药用植物园 2013年从河北引种苗，长势良好。

内蒙古医科大学药用植物园 引种信息不详，引种苗，生长速度中等，长势良好。

物候

北京药用植物园 4月初开始萌芽期，5月底展叶盛期，6月中旬始花期，9月底末花，9月初见幼果，10月中旬开始落叶。

内蒙古医科大学药用植物园 4月下旬至5月上旬萌动期，5月上旬至下旬展叶期，7月中旬至8月下旬开花期，9月中旬至10月上旬结果期，10月上旬变色期，10月下旬至11月上旬落叶期。

迁地栽培要点

喜阳，耐旱、较耐寒。繁殖以播种、扦插为主。

药用部位和主要药用功能

入药部位　茎、叶、花。

主要药用功能　辛，微苦，寒。具解表、润肺清热、利水通淋的功效。用于感冒发热、肺热咳嗽、百日咳、风湿骨病、跌打损伤、淋病等症。花适用于便血、肺热咳嗽等症。

化学成分　含有山柰酚、黄酮类、生物碱类、萜类等成分。

药理作用　①抗炎止痛作用：胡枝子提取物中的总黄酮对角叉菜胶、琼脂等引起的炎症有对抗作用。②影响妊娠黄体作用：同属植物大叶胡枝子所含鞣质可影响妊娠黄体正常生理功能，终止妊娠。③抗氧化活性作用：同属植物尖叶胡枝子所含黄酮可清除羟自由基和超氧自由基，抑制猪油、菜油、亚油酸的自氧化。④影响血象作用：同属植物细梗胡枝子总黄酮对血液流变学指标和血液凝固有明显影响。

参考文献

刘晨, 高昂, 巩江, 等. 2011. 胡枝子药学研究新进展[J]. 安徽农业科学, 39(14): 8378-8379.
王彩云, 邓虹珠, 张东淑, 等. 2009. 细梗胡枝子总黄酮对大鼠活血化瘀作用的研究[J]. 中国中药杂志, 34(16): 2110-2113.
王威, 闫喜英, 王永奇, 等. 2000. 胡枝子属植物化学成分及药理活性研究进展[J]. 中草药, 31(2): 144-146.
吴洪新, 单昌辉, 阿拉木斯, 等. 2009. 尖叶胡枝子黄酮抗氧化活性的研究[J]. 西北林学院学报, 24(5): 118-120.
夏新中, 周思祥, 屠鹏飞. 2010. 细梗胡枝子三萜类化合物成分的研究[J]. 中国实验方剂学杂志, 16(6): 62-64.

50 洋甘草

Glycyrrhiza glabra L., Sp. Pl. 742. 1753.

自然分布

分布于东北、华北、西北各地；生于河岸阶地、沟边、田边、路旁及较干旱的盐渍化土壤上。欧洲、地中海区域、哈萨克斯坦、乌兹别克斯坦、土库曼斯坦、吉尔吉斯斯坦、塔吉克斯坦、俄罗斯西伯利亚地区和蒙古也有分布。

迁地栽培形态特征

多年生草本。

根 根与根状茎粗壮，直径0.5～2cm，根皮褐色，里面黄色，具甜味。

茎 直立而多分枝，高约1.5m，基部带木质，密被淡黄色鳞片状腺点和白色柔毛，幼时具条棱。

叶 叶长约15cm；托叶线形，早落；叶柄密被黄褐腺毛及长柔毛；小叶11～17枚，卵状长圆形、长圆状披针形、椭圆形，上面近无毛或疏被短柔毛，下面密被淡黄色鳞片状腺点，沿脉疏被短柔毛，顶端圆或微凹，具短尖，基部近圆形。

花 总状花序腋生；总花梗短于叶或与叶等长（果后延伸），密生褐色鳞片状腺点及白色长柔毛和茸毛；苞片披针形，膜质。花萼钟状，疏被淡黄色腺点和短柔毛，萼齿5枚，披针形，与萼筒近等长；花冠紫色或淡紫色，旗瓣卵形或长圆形，顶端微凹，瓣柄长为瓣片长的1/2，翼瓣短于旗瓣，龙骨瓣直；子房无毛。

果 荚果；长圆形，扁，微作镰形弯，有时在种子间微缢缩，无毛。种子暗绿色，光滑，肾形。

分类鉴定形态特征

植株较粗壮，直立，高约1.5m。根和根状茎含甘草酸。小叶长圆状披针形。花粉粒圆三角形。荚果常膨胀，但不呈念珠状，两侧压扁，背腹面直或微弯，光滑。

引种信息

北京药用植物园 2014年从新疆引种根状茎，生长速度快，长势良好。

新疆药用植物园 2016年从新疆野生荒漠区引根茎（登录号xjyq-xj001），长势良好。

物候

北京药用植物园 4月上旬开始萌动期，5月上旬展叶盛期，5月底至6月上旬开花期，8月上旬果熟，开始黄枯。

新疆药用植物园 4月初萌动出土，4月中下旬展叶盛期，5月下旬陆续开花，花期持续至7月初，7月下旬至9月为结果期，9月下旬陆续黄枯。

迁地栽培要点

喜阳，耐寒。繁殖以根茎和播种为主。病害少见；果实虫害严重。

药用部位和主要药用功能

入药部位 根和根状茎。

主要药用功能 甘,平。具补脾益气、清热解毒、祛痰止咳、缓急止痛、调和诸药的功效。用于脾胃虚弱、倦怠乏力、心悸气短、咳嗽痰多、脘腹、四肢挛急疼痛、痈肿疮毒、缓解药物毒性、烈性等症。

化学成分 含有甘草酸、甘草次酸、甘草酸等三萜皂苷类化合物和甘草素、异甘草素等黄酮类化合物。

药理作用 ①抗氧化作用:光甘草定在细胞色素P450/NADPH氧化系统中具有强抗自由基氧化作用。②抑制黑色素形成作用:通过观察洋甘草体内对B16黑色素瘤小鼠黑色素细胞形成和炎症发生以及对豚鼠皮肤的影响,结果发现,洋甘草产生显著的抗炎作用,对皮肤产生明显的增白效果。③抗动脉粥样硬化和调血脂作用:提取物能显著降低总胆固醇(TC)、LDL、三酰甘油(TG)的水平,同时增加高密度脂蛋白(HDL)的水平,减轻动脉粥样硬化病变,有效地阻止动脉粥样硬化的发展。④神经保护和增强记忆作用:提取物能显著提高小鼠的学习和记忆能力,能显著降低中脑动脉闭塞大鼠的灶性梗死面积,减轻大脑组织损伤和抑制细胞凋亡。⑤雌激素样作用:对人血管平滑肌细胞的增殖具有双向雌激素作用,其作用特点类似于雌激素雷洛昔芬。⑥抗菌作用:对革兰阳性菌和阴性菌均有抗菌活性。⑦其他药理作用:有抑制肥胖,抑制HIV、SARS、乙型肝炎、丙型肝炎和流感病毒的作用。

参考文献

高雪岩,王文全,魏胜利,等,2009. 甘草及其活性成分的药理活性研究进展[J]. 中国中药杂志,55(21): 10–15.
林恋竹,焦铭,2016. 光果甘草叶中性多糖结构表征及抗氧化活性研究[J]. 现代食品科技,32(1): 114–118.
罗祖良,李倩,覃洁萍,等,2011. 光果甘草的研究进展[J]. 中草药,42(10): 2154–2158.
马君义,张继,姚健,等,2006. 光果甘草叶挥发性化学成分的GC–MS分析[J]. 西北药学杂志,21(4): 153–155.

整株

花

果实

51 甘草

Glycyrrhiza uralensis Fisch., DC. Prodr. 2: 248. 1825.

叶

自然分布

分布于东北、华北、西北及山东等地；生于干旱沙地、河岸沙质地、山坡草地及盐渍化土壤中。蒙古和俄罗斯西伯利亚地区也有分布。

迁地栽培形态特征

多年生草本。

根 根与根状茎粗壮，直径1～3cm，外皮褐色，里面淡黄色，具甜味。

茎 直立，多分枝，密被鳞片状腺点、刺毛状腺体及白色或褐色的绒毛。

叶 叶长10～20cm；托叶三角状披针形；小叶5～17枚，卵形、长卵形或近圆形，上面暗绿色，下面绿色，两面密被黄褐色腺点及短柔毛，顶端钝，具短尖，基部圆，边缘全缘或微呈波状，多少反卷。

花 总状花序腋生，具多数花，总花梗短于叶，密生褐色的鳞片状腺点和短柔毛；苞片长圆状披针形，褐色，膜质。花萼钟状，密被黄色腺点及短柔毛，萼齿5，与萼筒近等长；花冠紫色或黄白色，旗瓣长圆形，顶端微凹，基部具短瓣柄，翼瓣短于旗瓣，龙骨瓣短于翼瓣；子房密被刺毛状腺体。

果 荚果；弯曲呈镰刀状或呈环状，密生瘤状突起和刺毛状腺体。种子暗绿色，圆形或肾形。

分类鉴定形态特征

根和根状茎含甘草酸。叶椭圆形或长圆形，顶端锐尖或渐尖。花粉粒圆三角形。荚果两侧压扁，在种子间下凹或"之"字形曲折，弯曲成镰刀状或环状；外面除被刺毛状腺体外，尚有瘤状突起。

引种信息

北京药用植物园 2014年从新疆引种根状茎，长势良好，多数植株无主根仅具根状茎。

黑龙江中医药大学药用植物园 2006年购买种子，长势良好。

辽宁省经济作物研究所药用植物园 2014年从辽宁阜新引种子，长势良好。

内蒙古医科大学药用植物园 2013年从宁夏吴忠红寺堡区引种苗，生长速度中等，长势良好。

物候

北京药用植物园 4月上旬开始萌动期，5月上旬展叶盛期，5月上旬至6月上旬开花期，8月初果熟，9月初开始黄枯。

黑龙江中医药大学药用植物园 5月上旬萌动，5月下旬展叶期，5月下旬始花，6月上旬盛花，6月中旬末花，8月下旬果熟，10月中旬进入休眠期。

辽宁省经济作物研究所药用植物园 4月下旬～5月初萌动期，5月上旬至下旬展叶期，6月上旬开花始期，6月中旬开花盛期，7月上旬开花末期，7月上旬至9月中旬果实发育期，9月中旬至10月上旬黄枯期。

内蒙古医科大学药用植物园 4月下旬萌动期，5月上旬至中旬展叶期，5月下旬至6月下旬开花期，7月上旬至8月下旬结果期，10月中旬至11月下旬黄枯期。

迁地栽培要点

喜光，耐旱，耐寒，北京地区黏土地种植者常无主根。繁殖以根茎和播种为主。病害少见；果实虫害严重。

药用部位和主要药用功能

入药部位 根和根茎。

主要药用功能 甘，平。具补脾益气、清热解毒、祛痰止咳、缓急止痛、调和诸药的功效。用于脾胃虚弱、倦怠乏力、心悸气短、咳嗽痰多、脘腹、四肢挛急疼痛、痈肿疮毒等症，缓解药物毒性、烈性。

化学成分 含有三萜皂苷、黄酮、多糖、香豆素、生物碱和氨基酸等成分。

药理作用 ①在肝病中的作用：甘草酸有抗乙肝病毒作用，可抑制乙肝病毒（HBV）感染细胞的表面抗原分泌，使肝功能障碍得到改善。甘草酸还具有影响肝细胞脂肪变性及坏死，削弱肝细胞间质炎症反应，抑制肝细胞纤维增生以及促进肝细胞再生等作用。甘草甜素有延缓和降低血清转氨酶升高的作用。②抗肿瘤作用：甘草中含有的异黄酮类物质具有植物雌激素活性，可使皮肤癌、乳腺癌、前列腺癌等癌细胞的细胞周期发生非常规的变化，抑制癌细胞的增殖，从而起到抗癌疗效。③抗炎作用：甘草酸的抗炎机理与抑制前列腺素（PGs）等介质的影响有关系，甘草酸可通过抑制AA水解所需的磷脂酶来影响前列腺素的合成和释放。④调节免疫作用：甘草酸具有非特异性免疫调节功能，可增强体内细胞免疫作用，而且还能选择性地增强辅助性T淋巴细胞的增殖能力和活性。⑤对艾滋病病毒的作用：甘草甜素能抑制艾滋病病毒HIV。⑥辅助治疗作用：甘草能有效地辅助高血脂患者和消化性溃疡患者的治疗。

参考文献

孙琛，2020. 甘草的化学成分研究进展[J]. 科技资讯，18(2): 64–65.
田武生，2012. 甘草的化学成分和临床研究概况[J]. 中医临床研究，4(16): 31–32.
吴志强，2009. 甘草的药理作用机理[J]. 新疆医科大学学报，32(6): 813.
吴宗耀，2010，牛李义，梁喜爱. 甘草化学成分及药理作用分析[J]. 河南中医，30(12): 1235–1236.
张明发，2010. 甘草粗提物及其黄酮类成分的抗肿瘤作用[J]. 现代药物与临床，25(2): 124–129.

52
紫藤

Wisteria sinensis (Sims) Sweet, Hort. Brit. 121. 1827.

自然分布

分布于黄河以南各地，北方地区常作为庭院植物种植。

迁地栽培形态特征

落叶藤本。

🟠茎 茎左旋，枝较粗壮，嫩枝被白色柔毛；冬芽卵形。

🟠叶 奇数羽状复叶；托叶线形，早落；小叶3~6对，纸质，卵状椭圆形至卵状披针形，上部小叶较大，先端渐尖至尾尖，基部钝圆或楔形，或歪斜，嫩叶两面被平伏毛；小叶柄被柔毛；小托叶刺毛状，宿存。

🟠花 总状花序发自去年生短枝的腋芽或顶芽，花序轴被白色柔毛；苞片披针形，早落；花梗细。花萼杯状，密被细绢毛；花冠紫色，旗瓣圆形，花开后反折，基部有2胼胝体，翼瓣长圆形，基部圆，龙骨瓣较翼瓣短，阔镰形；子房线形，密被茸毛。

🟠果 荚果倒披针形，密被茸毛，悬垂于枝上不脱落。种子褐色，具光泽，圆形，扁平。

分类鉴定形态特征

茎左旋；花序上下的花几乎同时开放，花紫色，花、花梗长于2cm，旗瓣先端截形，无毛。

引种信息

北京药用植物园 20世纪80年代从浙江杭州引种苗，长势良好。

贵阳药用植物园 引种信息不详，长势良好。

中国药科大学药用植物园 2013年购买种苗（引种号cpug2013021），长势良好。

物候

北京药用植物园 4月初萌芽期，4月上旬展叶始期，4月底展叶盛期，4月初第一次开花期，6月上旬幼果出现，8月中旬第二次开花，10月中旬落叶，11月底休眠。

贵阳药用植物园 2月底至3月初萌动期，4月中旬展叶期，3月下旬开花期，4月中下旬至10月底结果期，10月底始黄枯期。

中国药科大学药用植物园 2月中旬至3月上旬进入萌动期，3月下旬至4月上旬展叶期，4~5月开花期，5~8月结果期，9月下旬至11月中旬变色期，10月上旬至11月下旬落叶期。

迁地栽培要点

喜光，较耐阴，较耐寒，北京地区可以正常越冬。繁殖方法有扦插、压条、分株、嫁接。除少量蚜虫外病虫害少见。

药用部位和主要药用功能

　　入药部位　　茎或茎皮、花和种子。

　　主要药用功能　　甘，苦，微温；有小毒。具利水、除痹、杀虫的功效。适用于浮肿、关节疼痛、肠寄生虫病等症。

　　化学成分　　含有酚类、黄酮类、三萜苷类和凝集素类等成分。

　　药理作用　　①抗氧化作用：紫藤中的酚类和黄酮类物质能清除自由基，阻断自由基链反应，从而起到抗氧化作用。②抑菌作用：紫藤叶片丙酮提取物对香瓜枯萎病、白菜软腐病等细菌性病害的病菌具显著的抑制作用。③凝集作用：紫藤中提取的凝集素类物质可凝集人和动物各种血型血液。

参考文献

曹梦晔, 姚默, 赵兵, 等, 2012. 紫藤属药学研究概况[J]. 山东中医药大学学报, 36(1): 72–73.
宗梅, 蔡永萍, 范志强, 等, 2013. 紫藤不同部位活性成分的研究与应用进展[J]. 食品工业科技, 34(7): 383–386.

53 龙芽草

Agrimonia pilosa Ldb., Ind. Sern. Hort. Dorpat. Suppl. 1. 1823.

整株

自然分布

分布于我国南北各地；常生于海拔100～3800m溪边、路旁、草地、灌丛、林缘及疏林下。欧洲中部以及俄罗斯、蒙古、朝鲜、日本和越南北部均有分布。

迁地栽培形态特征

多年生草本。

根 多呈块茎状。

茎 根茎短。地上茎被疏柔毛及短柔毛。

叶 间断奇数羽状复叶，小叶3～4对，向上减少至3小叶，叶柄被毛；小叶片无柄或有短柄，倒卵形、倒卵椭圆形或倒卵披针形，顶端急尖至圆钝，基部楔形至宽楔形，边缘锯齿，两面被毛，有腺点；托叶草质，镰形，稀卵形，边缘有尖锐锯齿或裂片，茎下部托叶有时卵状披针形，常全缘。

🌼 **花** 穗状总状花序顶生，分枝或不分枝，花序轴被柔毛，花梗被柔毛；苞片深3裂，裂片带形，小苞片对生，卵形。花直径6~9mm；萼片5，三角卵形；花瓣黄色，长圆形；雄蕊5~15枚；花柱2，丝状，柱头头状。

🍒 **果** 倒卵圆锥形，被疏柔毛，顶端有数层钩刺，幼时直立，成熟时靠合，连钩刺长7~8mm，最宽处直径3~4mm。

分类鉴定形态特征

奇数羽状复叶，小叶片倒卵形至倒卵状披针形，下面脉上被伏生柔毛；托叶镰形或半圆形，边缘锯齿急尖。花直径6~9mm；雄蕊5~15枚。果实连钩刺长7~8mm，最宽处直径3~4mm，钩刺幼时直立，老时向内靠合。

引种信息

北京药用植物园 20世纪60年代从陕西太白山、江西引种子，长势良好。

重庆药用植物园 2014年从重庆南川三泉镇石门沟引植株（引种号2014050），长势良好。

广西药用植物园 2003年从广西南宁邕宁区引苗（登录号03563），长势良好。

黑龙江中医药大学药用植物园 2013年从黑龙江帽儿山引种子，长势良好。

华中药用植物园 1999年从湖北恩施引种苗（登录号10804713），长势良好。

辽宁省经济作物研究所药用植物园 2007年从辽宁彰武引种苗，长势良好。

云南西双版纳南药园 引种信息不详，长势良好。

中国药科大学药用植物园 2011年从江苏南京燕子矶引种子（引种号cpug2011010），长势良好。

物候

北京药用植物园 3月初开始萌芽、展叶，5月底展叶盛期，6月下旬始花期，8月底末花期，8月中旬果始熟期，并开始黄枯。

重庆药用植物园 4月上旬萌芽，4月中旬展叶，7月上旬开花，9月上旬果实成熟，11月上旬倒苗。

广西药用植物园 1~2月萌动期，2~3月展叶期，4~10月开花期，6~11月结果期，11~12月黄枯期。

黑龙江中医药大学药用植物园 4月下旬萌动，5月上旬展叶期，6月下旬始花，7月上旬盛花，7月中旬末花，8月下旬果熟，10月下旬进入休眠期。

华中药用植物园 3月下旬开始萌动展叶，4月上旬展叶盛期，8月上旬始花，8月中旬盛花，8月下旬末花。

辽宁省经济作物研究所药用植物园 4月下旬至5月初萌动期，5月上旬至下旬展叶期，8月上旬开花始期，8月中旬开花盛期，8月下旬开花末期，9月初至下旬果实发育期，9月中下旬至10月中旬黄枯期。

云南西双版纳南药园 常绿植物，5月至翌年2月持续开花，6月至翌年2月持续结果。12月至翌年1月局部黄枯。

中国药科大学药用植物园 2月上旬进入萌动期，2月下旬至3月中旬展叶期，6~10月开花期，8~10月结果期，8月下旬至11月中旬黄枯期。

迁地栽培要点

喜阳。繁殖以播种和分株为主。病虫害少见。

药用部位和主要药用功能

入药部位 地上部分。

主要药用功能 苦，涩，平。具收敛止血、截疟、止痢、解毒的功效。用于咯血、吐血、崩漏下血、疟疾、血痢、痈肿疮毒、阴痒带下、脱力劳伤等症。

化学成分 含黄酮类、三萜类、鞣质类、酚类、挥发油等成分。

药理作用 ①降血糖作用：可降低血清炎症细胞因子水平，提高胰岛素敏感性，改善胰岛素抵抗。②抗肿瘤作用：含有多种抗肿瘤活性成分，可通过调控细胞分裂周期、抑制DNA复制、诱导细胞凋亡、调节机体自身免疫、抗氧化与清除自由基等起到抗肿瘤作用。③止血作用：可提高血小板黏附性、聚集性，增加血小板数目及加速血小板内促凝物质释放。④杀虫作用：水提液在体外可明显抑制和杀灭阴道毛滴虫。

参考文献

黄兴, 王哲, 王保和, 2017. 仙鹤草药理作用及临床应用研究进展[J]. 山东中医杂志, 36(2): 172–176.

靳淼, 刘思余, 2015. 仙鹤草研究进展[J]. 安徽农业科学, 43(19): 78–79.

宋伟红, 郝晓玲, 2011. 仙鹤草的药理活性和临床应用[J]. 中国医学创新, 8(1): 185–186.

LIANCAI ZHUA, JUN TANA, BOCHU WANG, 2009. Antioxidant Activities of Aqueous Extract from *Agrimonia pilosa* Ledeb and Its Fractions[J]. Chemistry Biodi-versity, 6(10): 1716–1726.

54 地榆

Sanguisorba officinalis L. var. *officinalis*, Sp. Pl. 116. 1753.

整株

自然分布

分布于黑龙江、吉林、辽宁、内蒙古、河北、山西、陕西、甘肃、青海、新疆、山东、河南、江西、江苏、浙江、安徽、湖南、湖北、广西、四川、贵州、云南、西藏等地；生于海拔30～3000m草原、草甸、山坡草地、灌丛和疏林。欧洲、亚洲北温带都有分布。

迁地栽培形态特征

多年生草本。

根 根粗壮，纺锤形，表面棕褐色或紫褐色。

茎 直立，有棱，无毛或基部有稀疏腺毛。

叶 基生叶为羽状复叶，有小叶4～6对，叶柄无毛或基部有稀疏腺毛；小叶片有短柄，卵形或长圆状卵形，边缘有多数粗大圆钝锯齿，无毛；茎生叶较少，小叶片有短柄至几无柄，长圆形至长圆状披针形；基生叶托叶膜质，褐色，无毛或被稀疏腺毛，茎生叶托叶大，草质，半卵形，外侧边缘有尖锐锯齿。

🌸 穗状花序椭圆形，圆柱形或卵球形，直立，长1～3cm，横径0.5～1cm，从花序顶端向下开放，花序梗光滑或偶有稀疏腺毛；苞片膜质，披针形，比萼片短或近等长。萼片4枚，紫红色，椭圆形至宽卵形；雄蕊4枚，花丝丝状，不扩大，与萼片近等长或稍短；子房外面无毛或基部微被毛，柱头顶端扩大，盘形，边缘具流苏状乳头。

🍎 瘦果，藏于宿存萼筒内，具4棱。

分类鉴定形态特征

基生叶小叶片卵形或长圆状卵形，基部心形至微心形。穗状花序自顶端开始向下逐渐开放，花序椭圆形、圆柱形或卵球形，长1～3cm，横径0.5～1cm；花萼紫红色；花丝丝状，与萼片近等长，稀稍长。

引种信息

北京药用植物园　20世纪70年代从广西引种苗，长势良好。

成都中医药大学药用植物园　2013年从四川峨眉山引种苗，长势良好。

重庆药用植物园　2007年从贵州贵阳药用植物园引植株（引种号2007006），长势良好。

广西药用植物园　1997年从广西植物研究所引苗（登录号96213），长势良好。

华中药用植物园　1999年从湖北恩施引种苗（登录号10805687），长势良好。

辽宁省经济作物研究所药用植物园　2013年从辽宁清原引种苗，长势良好。

物候

北京药用植物园　3月中旬开始萌芽，3月下旬展叶，5月底展叶盛期，7月初始花期，9月初末花期，8月下旬果始熟期，9月初开始黄枯。

成都中医药大学药用植物园　5月下旬展叶盛期，7月末始花，9月下旬盛花，10上旬末花，10月底开始黄枯。

重庆药用植物园　4月上旬萌芽，4月中旬展叶，7月中旬开花，9月下旬果实成熟，11月上旬倒苗。

广西药用植物园　1～2月萌动期，2～3月展叶期，7～9月开花期，8～10月结果期，11～12月黄枯期。

华中药用植物园　3月中旬开始萌动，3月下旬开始展叶，7月中旬始花，8月上旬盛花，8月中旬末花，8月下旬果实成熟，9月下旬黄枯进入休眠。

辽宁省经济作物研究所药用植物园　4月中旬至下旬萌动期，4月下旬至5月上旬展叶期，7月上旬开花始期，7月中旬开花盛期，8月上旬开花末期，8月上旬至9月上旬果实发育期，9月上旬至下旬黄枯期。

迁地栽培要点

喜阳，耐寒。繁殖以分株、播种为主。虫害未见，生于荫蔽处植株叶片有霉菌危害。

药用部位和主要药用功能

入药部位　根。

主要药用功能　苦，酸，涩，微寒。具凉血止血、解毒敛疮的功效。用于便血、痔血、血痢、崩漏、水火烫伤、痈肿疮毒等症。

化学成分和药理作用　地榆（*Sanguisorba officinalis* var. *officinalis*）在《中国药典》（2015版）与长叶地榆（*Sanguisorba officinalis* var. *longifolia*）同收录为药材地榆的基原植物，二者化学成分及药理作用相近，详见长叶地榆。

中国迁地栽培植物志·药用植物（一）·蔷薇科

叶

花序

花序

55 长叶地榆

Sanguisorba officinalis L. var. *longifolia* (Bert.) Yu et Li, Journal of Systematics and Evolution, 17(1): 9. 1979.

自然分布

分布于黑龙江、辽宁、河北、山西、甘肃、河南、山东、湖北、安徽、江苏、浙江、江西、四川、湖南、贵州、云南、广西、广东、台湾等地；生海拔100～3000m山坡、草地、溪边、灌丛及疏林中。俄罗斯西伯利亚、蒙古、朝鲜和印度也有分布。

迁地栽培形态特征

多年生草本。

根 粗壮，纺锤形，表面棕褐色或紫褐色。

茎 直立，有棱，无毛或基部有稀疏腺毛。

叶 基生叶为羽状复叶，叶柄无毛或基部有稀疏腺毛；小叶有短柄，带状长圆形至带状披针形，基部微心形；茎生叶较多，与基生叶相似，但更长而狭窄；基生叶托叶膜质，褐色，茎生叶托叶草质，半卵形，有尖锐锯齿。

花 穗状花序长圆柱形，长2～6cm，直径0.5～1cm，从花序顶端向下开放，花序梗光滑或偶有稀疏腺毛；苞片膜质，披针形，比萼片短或近等长。萼片4，紫红色，椭圆形至宽卵形；花瓣无；雄蕊4，花丝丝状，与萼片近等长；子房无毛或基部微被毛，柱头顶端扩大，盘形，边缘具流苏状乳头。

果 瘦果，藏于宿存萼筒内，具4棱。

分类鉴定形态特征

基生叶小叶带状长圆形至带状披针形，基部微心形，茎生叶较多，与基生叶相似，但更长而狭窄；穗状花序自顶端开始向下逐渐开放，长圆柱形，长2～6cm，直径0.5～1cm，萼片紫红色，花丝丝状，与萼片近等长。

引种信息

北京药用植物园 20世纪70年代从北京引种苗，生长速度快，长势良好。

重庆药用植物园 2007年从贵州贵阳药用植物园引植株（引种号2007005），长势良好。

黑龙江中医药大学药用植物园 2017年从黑龙江齐齐哈尔引种子，长势良好。

物候

北京药用植物园 4月初开始萌芽、展叶，5月底展叶盛期，7月初始花期，9月初末花期，8月底果始熟期，9月初开始黄枯。

重庆药用植物园 4月上旬萌芽，4月中旬展叶，7月中旬开花，9月下旬果实成熟，11月上旬倒苗。

黑龙江中医药大学药用植物园 4月下旬萌动，5月上旬展叶期，6月下旬始花，7月下旬盛花，8月上旬末花，8月中旬果熟，10月上旬进入休眠期。

迁地栽培要点

喜温暖、湿润环境,耐寒。繁殖以分株、播种为主。虫害未见,生于荫蔽处植株叶片有霉菌危害。

药用部位和主要药用功能

入药部位 根。

主要药用功能 苦,酸,涩,微寒。具凉血止血、解毒敛疮的功效。用于便血、痔血、血痢、崩漏、水火烫伤、痈肿疮毒等症。

化学成分 含鞣质、酚酸、皂苷、黄酮、多糖、有机酸、甾体及蒽醌等类成分。

药理作用 ①抗肿瘤作用:提取液对白血病细胞(K562),肝癌细胞(He PGZ),宫颈癌细胞(Hela),胃癌细胞(BGC823)的生长有抑制作用。②抗氧化作用:提取物能提升老化加速小鼠(SAM小鼠)谷胱甘肽(GSH)和GSH/氧化型谷胱甘肽(GSSG)比值,降低GSSH水平。③抗过敏作用:提取物各组分均具有很强的抑制透明质酸酶活性。④抗菌作用:水煎剂对金黄色葡萄球菌、表皮葡萄球菌、枯草杆菌、变形杆菌、甲型链球菌、绿脓杆菌具有抑制作用。⑤止泻作用:能抑制肠平滑肌活动,使小鼠肠蠕动减慢。

参考文献

代良敏,熊永爱,范奎,等,2016.地榆化学成分与药理作用研究进展[J].中国实验方剂学杂志,22(20): 189–195.
黄丽,冯志臣,韦保耀,等,2007.地榆与桂枝抗过敏作用的研究[J].食品科技,33(6): 135–138.
秦三海,李坤,周玲,等,2010.地榆总皂苷抗肿瘤作用的实验研究[J].山东医药,50(15): 24–26.
魏智芸,滕建文,黄丽,等,2009.地榆提取物抗氧化与抗过敏作用研究[J].时珍国医国药,20(8): 1958–1960.
周本宏,松长青,姜姗,等,2016.地榆鞣质提取物的抗菌活性及对金黄色葡萄球菌的抑菌机制研究[J].中国药师,19(3): 464–469.

56
玫瑰

Rosa rugosa Thunb., Fl. Jap. 213. 1784.

自然分布
分布于山东烟台、辽东半岛和吉林东部；生于沙丘地带。日本和朝鲜也有分布。我国各地有栽培。

迁地栽培形态特征
直立灌木。

🟠 **茎** 粗壮，丛生；小枝密被茸毛，有皮刺，皮刺被茸毛。

🟠 **叶** 奇数羽状复叶，小叶5~9；小叶片椭圆形或椭圆状倒卵形，长1.5~4.5cm，密被茸毛和腺毛；叶柄和叶轴密被茸毛和腺毛；托叶大部贴生于叶柄，离生部分卵形，边缘有带腺锯齿，下面被茸毛。

🟠 **花** 单生叶腋，或数朵簇生，苞片卵形，边缘有腺毛，外被茸毛；花梗密被茸毛和腺毛；萼片卵状披针形，先端尾状渐尖，常有羽状裂片而扩展成叶状，上面有稀疏柔毛，下面密被柔毛和腺毛；花瓣倒卵形，重瓣至半重瓣，芳香，紫红色；花柱离生，被毛，稍伸出萼筒口外，比雄蕊短。

🟠 **果** 扁球形，砖红色，肉质，平滑，萼片宿存。

分类鉴定形态特征
小枝和皮刺被茸毛。羽状复叶，托叶大部分贴生于叶柄上；小叶5~9，下面密被茸毛和腺体，长1.5~4.5cm。花单生或数朵簇生，花托有苞片，花柱离生，稍伸出萼筒口外，比雄蕊短。果实扁球形，瘦果着生在萼筒周边及基部，萼片宿存。

引种信息
北京药用植物园 20世纪70年代从北京引种苗，长势良好。

贵阳药用植物园 引种信息不详，引种苗，长势良好。

华中药用植物园 1999年从湖北恩施引种苗，长势良好。

辽宁省经济作物研究所药用植物园 2013年从辽宁辽阳引种苗，长势良好。

内蒙古医科大学药用植物园 引种信息不详，引入种苗，生长速度中等，长势良好。

中国药科大学药用植物园 2014年购买种苗（引种号cpug2014050），长势良好。

物候
北京药用植物园 4月初开始萌芽，5月上旬展叶盛期，4月底开花始期，8月下旬果实成熟期，10月初开始落叶。

贵阳药用植物园 2月下旬萌动期，3月展叶期，4月中旬始花期，10月初变色期，开始落叶。

华中药用植物园 3月上旬开始萌动，3月下旬开始展叶，5月上旬始花，5月中旬盛花，6月中旬末花，9月上旬果实成熟，10月下旬落叶进入休眠。

辽宁省经济作物研究所药用植物园 4月上旬萌动期，4月下旬至5月中旬展叶期，5月下旬开花始期，6月中旬开花盛期，7月上旬开花末期，6月中旬至10月上旬结果期，9月下旬变色期，10月上旬开始落叶。

内蒙古医科大学药用植物园 3月下旬至4月中旬萌动期，4月中旬至下旬展叶期，5月中旬至6月下旬开花期，6月中旬至8月中旬结果期，9月中旬至10月上旬变色期，10月下旬落叶期。

中国药科大学药用植物园 4月上旬进入萌动期，4月中旬至下旬展叶期，5~6月开花期，8~9月结果期，11月上旬变色期，11月下旬至12月中旬落叶期。

迁地栽培要点

喜阳，耐旱，耐寒。繁殖以扦插、分株、嫁接及为主。蚜虫危害严重，阴湿环境叶片受霉菌危害较为严重。

药用部位和主要药用功能

入药部位 花。

主要药用功能 甘，微苦，温。具行气解郁、和血、止痛的功效。用于肝胃气痛、食少呕恶、月经不调、跌打伤痛等症。

化学成分 含挥发油、黄酮、酚酸、多糖、色素等成分。

药理作用 ①抑菌作用：提取物可明显限制单核细胞增生李斯特菌在不同器官中的生长。②抗氧化作用：所含多酚具有较强的抗氧化能力。③抗肿瘤作用：所含多糖、黄酮等成分具有抗肿瘤活性。

参考文献

刘嘉，赵庆年，曾庆琪，2019. 玫瑰花的化学成分及药理作用研究进展[J]. 食品与药品，21(4): 328–332.
解静，李明祥，高建莉，等，2020. 玫瑰中化学成分及其美容护肤作用机制[J]. 天然产物研究与开发，32(2): 341–349.
AL-YAFEAI A, BELLSTEDT P, BÖHM V, 2018. Bioactive compounds and antioxidant capacity of Rosa rugosa depending on degree of ripeness[J]. Antioxidants(Basel), 7(10): E134.
LIU Y, ZHI D, WANG X, et al, 2018. Kushui Rose(R. setate x R. rugosa) decoction exerts antitumor effects in C. elegans by downregulating Ras/MAPK pathway and resisting oxidative stress[J]. Int J Mol Med, 42(3): 1411–1417.

主枝

侧枝

57 月季

Rosa chinensis Jacq., Obs. Bot. 3: 7. t. 55. 1768.

自然分布

原产于中国，世界各地都有栽培，园艺品种很多。

迁地栽培形态特征

直立灌木。

🟠茎 小枝圆柱形，有短粗的钩状皮刺。

🟠叶 奇数羽状复叶，互生，小叶3~5，小叶片宽卵形至卵状长圆形，先端长渐尖或渐尖，基部近圆形或宽楔形，边缘有锐锯齿，两面近无毛，顶生小叶片有柄，侧生小叶片近无柄，总叶柄有散生皮刺和腺毛；托叶大部贴生于叶柄，仅顶端分离部分成耳状，边缘常有腺毛。

🟠花 4~5朵集生，稀单生；花梗长2.5~6cm，近无毛或有腺毛，萼片卵形，先端尾状渐尖，有时呈叶状，边缘有羽状裂片，外面无毛，内面密被长柔毛；花瓣重瓣至半重瓣，红色、粉红色至白色，倒卵形，先端有凹缺，基部楔形；花柱离生，伸出萼筒口外，约与雄蕊等长。

🟠果 卵球形或梨形，红色，萼片脱落。

分类鉴定形态特征

直立灌木。羽状复叶，小叶3~5；托叶大部分贴生叶柄上，宿存，边缘有腺毛。伞房状花序，具花4~5朵，稀单生，花红色、粉红色稀白色；萼筒坛状，瘦果着生在萼筒周边及基部，萼片常有羽裂片，稀全缘；花柱离生，外伸，约与雄蕊等长。果卵球形或梨形，萼片脱落。

引种信息

北京药用植物园 20世纪60年代从北京引种苗，长势良好。

重庆药用植物园 1985年从重庆解放碑花市引植株（引种号1985001），长势良好。

成都中医药大学药用植物园 2013年从四川峨眉山引种苗，长势良好。

贵阳药用植物园 引种信息不详，引种苗，生长速度中等，长势良好。

海南兴隆南药园 1991年从海南万宁兴隆区引种苗（引种号0638），长势良好。

华中药用植物园 1999年从湖北恩施引种苗（登录号10805808），长势良好。

中国药科大学药用植物园 2012年购买种苗（引种号cpug2012010），长势良好。

物候

北京药用植物园 3月底开始萌动期，5月初展叶盛期，5月初始花期，11月中旬末花，10月中旬果熟，10月底开始落叶。

成都中医药大学药用植物园 2~4月期展叶，5~8月花期，11~12月枯萎期。

重庆药用植物园 2月中旬萌芽，3月上旬展叶，4月上旬开花，10月上旬果实成熟。

贵阳药用植物园 1月底进入萌芽期，3月上旬展叶期，3月下旬展叶盛期，3~10月花期，7~11月果期。

海南兴隆南药园 常绿，全年展叶期，全年开花期，9~12月结果期。

华中药用植物园 3月上旬开始萌动，3月下旬展叶盛期，5~8月开花期，10月中旬末花，10月中旬果实成熟，10月下旬落叶进入休眠。

中国药科大学药用植物园 3月上旬进入萌动期，3月中旬展叶期，4~9月开花期，6~11月结果期，12月下旬黄枯期。

迁地栽培要点

喜温暖、阳光充足的环境。繁殖以扦插为主。病害主要有白粉病，虫害主要有蚜虫。

药用部位和主要药用功能

入药部位 花蕾。

主要药用功能 甘，温。具活血调经、疏肝解郁的功效。用于月经不调、痛经、闭经、胸胁胀痛等症。

化学成分 含黄酮、黄酮苷、酚酸、没食子酸、芳香油、色素等成分。

药理作用 ①抗菌、抗病毒作用：所含没食子酸体外有很强的抗真菌作用；槲皮素可明显抑制流感病毒A1和A3引起的小鼠肺炎。②抗氧化作用：月季花色素（花青素）具有较强的抗氧化能力；粗提物的乙酸乙酯相有较强的清除二苯代苦酰肼自由基（DPPH）的作用。③免疫调节功能：槲皮素可显著促进T、B淋巴细胞的转化，增加白介素Ⅱ（IL-2）的产生。

参考文献

常丽新，张丽芳，杜密英，等，2005. 月季花色素的稳定性及对亚硝酸盐的清除作用研究[J]. 食品科学，26(7): 99–101.
李春和，贾少英，王晓闻，2010. 月季花提取物对DPPH自由基的清除活性[J]. 农产品加工学刊，5(9): 30–32.
刘谋治，宋霞，姜远英，等，2015. 月季花化学成分及药理作用的研究进展[J]. 药学实践杂志，33(3): 98–200, 249.
闻剑飞，滚军军，王强，等，2013. 补充月季花色素对递增负荷训练大鼠抗氧化能力的影响[J]. 赤峰学院学报（自然科学版），29(12): 105–106.

叶

花

整株

果实

58 三叶委陵菜

Potentilla freyniana Bornm., Mitt. Thür. Bot. Ver. N. F. 20: 12. 1904.

自然分布

分布于黑龙江、吉林、辽宁、河北、山西、山东、陕西、甘肃、湖北、湖南、浙江、江西、福建、四川、贵州、云南等地；生于海拔300～2100m山坡草地、溪边及疏林下阴湿处。俄罗斯、日本和朝鲜也有分布。

迁地栽培形态特征

多年生草本。

根 多分枝，簇生。

茎 花茎纤细，直立或上升，被平铺或开展疏柔毛。

叶 掌状三出复叶；小叶片长圆形、卵形或椭圆形，顶端急尖或圆钝，基部楔形或宽楔形，边缘有急尖锯齿，疏生平铺柔毛；茎生叶叶柄短；基生叶托叶膜质，褐色，茎生叶托叶草质，绿色，呈缺刻状锐裂。

花 伞房状聚伞花序顶生，多花，松散，花梗纤细，外被疏柔毛。花直径0.8～1cm；萼片三角状卵形，顶端渐尖，副萼片披针形，顶端渐尖，与萼片近等长，外面被平铺柔毛；花瓣淡黄色，长圆状倒卵形，顶端微凹或圆钝；花柱近顶生，上部粗，基部细。

果 瘦果；卵球形，表面有显著脉纹。

分类鉴定形态特征

植株被疏柔毛，不被星状毛。三出掌状复叶，小叶下面被平铺柔毛。花茎直立或上升；花直径0.8～1cm，副萼片披针形；花药椭圆形，长比宽在2倍以上，花丝背部着生；花柱近顶生，上粗下细，铁钉状，子房无毛。

引种信息

北京药用植物园 2001年从北京引种苗，长势良好。

华中药用植物园 1999年从湖北恩施引种子（登录号10805377），长势良好。

物候

北京药用植物园 3月初开始萌芽、展叶，4月上旬展叶盛期，4月底开花始期，5月初末花期，未见果实，7月上旬开始黄枯。

华中药用植物园 3月上旬开始萌动展叶，3月中旬展叶盛期，4月上旬始花，4月中旬盛花，4月下旬末花，5月下旬果实成熟，10月下旬进入休眠。

迁地栽培要点

喜阴，耐寒。繁殖以播种为主。病虫害少见。

药用部位和主要药用功能

入药部位 根或全株。

主要药用功能 苦，涩，寒。具清热解毒、敛疮止血、散瘀止痛的功效。用于肠炎、痢疾、牙痛、胃痛、腰痛、胃肠出血、月经过多、产后或流产后出血过多、骨髓炎、跌打损伤等症。外用于创伤出血、骨结核、烧烫伤、毒蛇咬伤等症。

化学成分 主要含黄酮、黄酮醇、丹宁、三萜及其苷类等成分。

药理作用 ①抗氧化作用：能抑制脂质过氧化物酶和黄嘌呤氧化酶的活性。②抗菌作用：根的乙酸乙酯萃取物能有效抑制致龋齿变形链球菌和茸毛球菌的生长。③抗病毒作用：具有一定的抗柯萨奇病毒的疗效。④镇痛消炎作用：能延长小鼠热板法舔足潜伏期和降低醋酸所致扭体次数。

参考文献

王世华, 陈国栋, 2009. 地蜂子抗炎和免疫作用的研究[J]. 湖北中医学院学报, 11(6): 26–28.

肖凡, 2015. 三叶委陵菜体外抗单纯疱疹Ⅰ型病毒活性物质的筛选[D]. 武汉: 湖北中医药大学.

肖文平, 齐潇星, 2018. 三叶委陵菜不同溶剂萃取物抗氧化活性研究[J]. 黄冈师范学院学报, 38(3): 31–34.

Spiridonov NA, Konovalov DA, Arkhipov VV, 2005. Cytotoxicity of some rus–sian ethnomedicinal plants and plant compounds[J]. Phytotherapy Research, 19(5): 428–432.

59 蛇莓

Duchesnea indica (Andr.) Focke, Engler & Prantl, Nat. Pflanzenfam. 3 (3): 33. 1888.

自然分布

分布于辽宁以南各地；生于海拔1800m以下的山坡、河岸、草地等潮湿环境。阿富汗、日本、印度、印度尼西亚、欧洲和美洲也有分布。

迁地栽培形态特征

多年生草本。

根 根茎短而粗壮。

茎 匍匐茎细长，多数，有柔毛，在节处生不定根。

叶 茎生叶互生，三出复叶；小叶片倒卵形至菱状长圆形，先端圆钝，边缘有钝锯齿，具小叶柄；叶柄有柔毛；托叶窄卵形至宽披针形。

花 单生于叶腋；花梗有柔毛；萼片卵形，先端锐尖，外面有散生柔毛；副萼片倒卵形，比萼片长，先端常3~5齿裂；花瓣倒卵形，黄色，先端圆钝；雄蕊20~30；心皮多数，离生；花托在果期膨大，海绵质，鲜红色，有光泽。

果 瘦果；卵形，光滑或具不明显突起。

分类鉴定形态特征

草本。三出复叶；小叶片倒卵形至菱状长圆形，长2~5cm。花黄色，副萼片比萼片大；雄蕊20~30，生在花托上；花柱在果期不延长或稍微延，心皮各有胚珠1枚；花托在果熟时为肉质，鲜红色，直径10~20mm，有光泽。瘦果分离，光滑或具不明显突起。

引种信息

北京药用植物园 2000年从浙江引种苗，长势良好。

成都中医药大学药用植物园 2013年从四川峨眉山引种苗，长势良好。

重庆药用植物园 2014年从重庆南川三泉镇引植株（引种号2014046），长势良好。

广西药用植物园 1997年从广西南宁市引苗（登录号97129），长势良好。

贵阳药用植物园 引种信息不详，引种苗，长势良好。

中国药科大学药用植物园 2014年购买植株（引种号cpug2014046），长势良好。

物候

北京药用植物园 3月初开始萌芽、展叶，4月中旬展叶盛期，4月中旬始花期，5月初末花期，果始熟期，8月初开始黄枯。

成都中医药大学药用植物园 5月上旬开花始期，5月中旬花盛，6月上旬幼果初现，6月中旬果实成熟，6月下旬果实脱落。

重庆药用植物园　3月上旬萌芽，3月中旬展叶，5月中旬开花，6月下旬果实成熟，10月下旬倒苗。

广西药用植物园　3月萌动期，3~4月展叶期，7~10月开花期，8~11月结果期，12月至翌年2月黄枯期。

贵阳药用植物园　2月开始萌动期，3月展叶期，4月中旬开花期，4月下旬开始陆续结果，常绿植物，叶片陆续更替。

中国药科大学药用植物园　2月中旬进入萌动期，2月下旬展叶期，6~8月开花期，8~10月结果期，12月上旬至翌年2月下旬黄枯期。

迁地栽培要点

喜阳，耐寒。繁殖以分株为主。病虫害少见。

药用部位和主要药用功能

入药部位　全株。

主要药用功能　酸，甘，寒；有小毒。具清热解毒、散瘀消肿、凉血止血的功效。用于感冒发热、咳嗽、小儿高热惊风、咽喉肿痛、白喉、黄疸型肝炎、细菌性痢疾、阿米巴痢疾、月经过多、腮腺炎、毒蛇咬伤、眼结膜炎、疥疮肿毒、带状疱疹、湿疹等症。

化学成分　含酚酸及酚酸酯类、三萜类、黄酮类、香豆素类、甾醇类等成分。

药理作用　①抗肿瘤作用：总酚可直接作用于肿瘤细胞，增强B细胞抗体的分泌和T细胞的增殖，发挥抗肿瘤作用。②降压作用：可抑制心脏收缩或心率过快，增加冠脉血流量，起到降压作用。③抑菌作用：水提物具有体外抑菌活性。④中枢神经抑制作用：醇提物可使小鼠自主活动减弱，延长睡眠时间。⑤抗氧化作用：总多酚具有很强的抗氧化活性和自由基清除作用。

参考文献

金英今, 于畅, 苏楠楠, 等, 2019. 蛇莓中抗氧化活性成分的研究[J]. 中药材, 42(12): 2827–2829.
李淼, 安红梅, 沈克平, 等, 2019. 蛇莓抗肿瘤作用及临床应用[J]. 世界中医药, 14(2): 505–509.
李明, 赫军, 马秉智, 等, 2017. 中药蛇莓化学成分和抗肿瘤药理作用的研究进展[J]. 中国医院用药评价与分析, 17(5): 595–596+600.
李燕锋, 赵晶, 2016. 蛇莓的药理作用研究进展[J]. 天津药学, 28(6): 66–69.
张聪子, 童巧珍, 2013. 蛇莓的研究进展[J]. 中医药导报, 19(4): 86–88.

叶

花

果实

整株

60 欧李

Cerasus humilis (Bge.) Sok., Cep. Kyct. CCCP 3:751. 1954.

自然分布

分布于黑龙江、吉林、辽宁、内蒙古、河北、山东、河南等地；生于海拔100～1800m阳坡砂地、山地灌丛。

迁地栽培形态特征

落叶灌木。

茎 小枝灰褐色或棕褐色，被短柔毛。冬芽卵形。

叶 叶片倒卵状长椭圆形或倒卵状披针形，中部以上最宽，先端急尖或短渐尖，基部楔形，边缘有单锯齿或重锯齿，上面无毛，下面无毛或被稀疏短柔毛；叶柄无毛或被稀疏短柔毛；托叶线形，边缘有腺体。

花 花单生或2～3簇生，花叶同期；花梗被稀疏短柔毛；萼筒长宽近相等，外面被稀疏柔毛，萼片三角状卵圆形，先端急尖或圆钝；花瓣白色或粉红色，长圆形或倒卵形；雄蕊30～35枚；花柱与雄蕊近等长，无毛。

果 核果；近球形，红色或紫红色；核表面除背部两侧外无棱纹。

分类鉴定形态特征

腋芽3个并生，中间为叶芽，两侧为花芽。叶片中部以上最宽，倒卵状长圆形或倒卵状披针形，先端急尖或短渐尖，基部楔形，下面无毛或仅脉腋有簇毛。花序伞形，有1～3花，花梗明显；萼片反折，萼筒长宽近相等；花柱无毛。

引种信息

北京药用植物园 2013年从山西引入种苗，长势良好。

辽宁省经济作物研究所药用植物园 2013年从辽宁海城引种苗，长势良好。

物候

北京药用植物园 3月底开始萌芽、展叶，4月底展叶盛期，花叶几乎同期，4月开花期，7月中旬果实成熟，10月中旬开始落叶。

辽宁省经济作物研究所药用植物园 3月末萌动期，4月下旬至5月上旬展叶期，4月中旬开花始期，4月下旬开花盛期，5月下旬开花末期，5月上旬至7月下旬结果期，9月中旬变色期，9月下旬开始落叶。

迁地栽培要点

喜阳，较耐寒。繁殖以播种为主。除蚜虫外病虫害少见。

药用部位和主要药用功能

入药部位 种仁。

主要药用功能 辛，苦，甘，平。具润肠通便、下气利水的功效。用于津枯肠燥、食积气滞、腹胀便秘、水肿、脚气、小便不利等症。

化学成分 主要活性成分为苦杏仁苷、郁李仁苷A、阿福豆苷等。

药理作用 ①抗炎镇痛作用：所含蛋白质成分具有抗炎镇痛作用。②祛痰止咳作用：所含苦杏仁苷具有镇咳平喘作用。③抗氧化作用：所含多酚类物质及多肽具有抗氧化作用。

参考文献

李卫东, 顾金瑞, 2017. 果药兼用型欧李的保健功能与药理作用研究进展[J]. 中国现代中药, 19(9): 1336–1340.
邬晓勇, 孙雁霞, 何钢, 等, 2013. 欧李种仁中苦杏仁苷的提取及其抗氧化活性[J]. 湖北农业科学, 52(19): 4764–4767.
张玲, 王晓闻, 2012. 欧李仁多肽抗氧化作用的研究[J]. 中国食品学报, 12(7): 36–41.
张美莉, 邓秋才, 杨海霞, 等, 2007. 内蒙古欧李果肉和果仁中营养成分分析[J]. 氨基酸和生物资源, 29(4): 18–20.
LI W D, LI O, ZHANG A R, et al, 2014. Genotypic diversity of phenolic compounds and antioxidant capacity of Chinese dwarf cherry [*Cerasus humilis* (Bge.) Sok.] in China[J]. Sci Hortic, 175(1): 208–213.

61 李

Prunus salicina Lindl., Trans Hort. Soc. Lond. 7:239. 1828.

自然分布

分布于陕西、甘肃、四川、云南、贵州、湖南、湖北、江苏、浙江、江西、福建、广东、广西和台湾等地；生于海拔400~2600m山坡灌丛、山谷疏林中。世界各地都有栽培。

迁地栽培形态特征

落叶乔木。

茎 树皮灰褐色，起伏不平；老枝紫褐色或红褐色；小枝黄红色，无毛；冬芽卵圆形，红紫色，有数枚覆瓦状排列鳞片。

叶 长圆状倒卵形或长椭圆形，边缘有圆钝重锯齿，侧脉6~10对，不达叶片边缘，与主脉成45°角，两面均无毛；托叶膜质，线形，早落；叶柄长1~2cm，无毛。

花 3朵并生；花梗1~2cm，无毛。萼筒钟状，萼片长圆状卵形，先端急尖或圆钝，与萼筒近等长，萼筒和萼片外面均无毛；花瓣白色，长圆状倒卵形，先端啮蚀状，基部楔形，具短爪；雄蕊多数，花丝长短不等，排成不规则2轮，比花瓣短；雌蕊1，柱头盘状，花柱比雄蕊稍长。

果 核果；球形，直径约4cm，绿色、黄色或紫红色，梗凹陷入，顶端微尖，基部有纵沟，外被蜡粉；核卵圆形或长圆形，有皱纹。

分类鉴定形态特征

幼枝无毛；叶片无毛，侧脉斜出与主脉呈45°角；花通常3朵簇生，花梗无毛；核果大，直径3.5cm以上；果绿色、黄色或紫红色，外被蜡粉；果核常有沟纹。

引种信息

北京药用植物园 20世纪90年代从北京引种苗，长势良好。

成都中医药大学药用植物园 2013年从四川峨眉山引种苗，长势良好。

重庆药用植物园 2014年从重庆南川三泉镇引植株（引种号2014051），长势良好。

贵阳药用植物园 引种信息不详，引种苗，长势良好。

华中药用植物园 1999年从湖北恩施引种苗（登录号10805645），长势良好。

辽宁省经济作物研究所药用植物园 2007年从辽宁辽阳引种苗，长势良好。

物候

北京药用植物园 3月底开始萌芽，4月初展叶，4月底展叶盛期，3月底开花期，7月初果实成熟，10月上旬开始落叶。

成都中医药大学药用植物园 3~4月开花期，5~8月结果期，9~11月黄枯期。

重庆药用植物园 2月上旬萌芽、开花，2月中旬展叶，7月上旬果实成熟，10月下旬落叶。

贵阳药用植物园　2月初萌动期，3月下旬始展叶期，3月中上旬开花期，4月至7月上旬结果期，10月初变色期，10月落叶期。

华中药用植物园　3月下旬开始萌动，4月下旬展叶盛期，4月上旬始花，4月中旬盛花，4月下旬末花，8月上旬果实成熟，9月上旬叶变色始期，9月下旬落叶末期，并进入休眠。

辽宁省经济作物研究所药用植物园　3月末萌动期，4月下旬至5月上旬展叶期，4月上旬开花始期，4月中旬开花盛期，4月下旬开花末期，5月上旬至6月中旬结果期，9月中旬变色期，9月中旬开始落叶。

迁地栽培要点

喜阳，忌积水，北京地区可正常越冬。繁殖以嫁接、扦插为主。红蜘蛛、蚜虫、叶片红点病危害较为严重。

药用部位和主要药用功能

入药部位　根和种仁。

主要药用功能　根皮：苦，寒。具清热解毒、利湿、止痛的功效。用于牙痛、消渴、痢疾、白带等症。种仁：苦，平。具活血祛瘀、滑肠、利水的功效。用于跌打损伤、瘀血作痛、大便燥结、浮肿等症。

化学成分　主要含糖、蛋白质、脂肪、碳水化合物、胡萝卜素、维生素B1、维生素B2、维生素C、硫胺素及田基黄苷等成分。

药理作用　①对消化系统的作用：所含田基黄苷对各种肝炎和肝硬化均有较好疗效。②对心血管系统的作用：果实含多种维生素和钾、钙等，对治疗贫血、低钾症有一定疗效；具有促进造血，净化血液的功能。

参考文献

傅维康，2011. "甘酸得适" 说李子[J]. 家庭用药，11(8): 665.
黄光惠，1987. 李子的药用价值[J]. 湖北中医杂志，9(1): 66.
卢翠英，2004. 李子皮红色素的提取和稳定性研究[J]. 延安大学学报：自然科学版，23(1): 61–63.
徐宇宇，刘慧，李婕，等，2013. 李子的养生价值浅谈[J]. 安徽农业科学，41(10): 4318–4319, 4355.
詹嘉红，蓝宗辉，魏小凤，2011. 黑布林李子皮色素的提取及稳定性[J]. 食品研究与开发，32(5): 182–186.

叶

花

果实

62 山桃

Amygdalus davidiana (Carriére) de Vos ex L. Henry, Rev. Hort 1902: 290. 1902.

自然分布

分布于山东、河北、河南、山西、陕西、甘肃、四川、云南等地；生于海拔800～3200m的山坡、山谷沟底、荒野疏林及灌丛。

迁地栽培形态特征

落叶乔木。

茎 树皮暗紫色，光滑；小枝细长，直立。

叶 卵状披针形，先端渐尖，基部楔形，两面无毛，边缘具细锐锯齿；叶柄无毛，常具腺体。

花 单生，先于叶开放；花梗极短或几无梗；花萼无毛，萼筒钟形；花瓣倒卵形或近圆形，粉红色；雄蕊多数，几与花瓣等长或稍短；子房被柔毛，花柱长于雄蕊或近等长。

果 近球形，淡黄色，外面密被短柔毛，果梗短而深入果洼；果肉薄而干，成熟时不开裂；核球形或近球形，两侧不压扁，顶端圆钝，基部截形，表面具纵、横沟纹和孔穴，与果肉分离。

分类鉴定形态特征

叶片基部楔形，边缘具细锐锯齿，下面无毛。花萼外面无毛。果实及核近球形，不开裂，果肉薄而干燥，核有深沟纹和孔穴，两侧通常不扁平，顶端圆钝。

引种信息

北京药用植物园 1992年从北京引种苗，长势良好。

内蒙古医科大学药用植物园 引种信息不详，引入种苗，生长速度中等，长势良好。

物候

北京药用植物园 3月中旬开始萌芽、展叶，4月中旬展叶盛期，3月底至4月开花期，7月初果实成熟，10月中旬开始落叶。

内蒙古医科大学药用植物园 4月中旬萌动期，4月底至5月初展叶期，3月下旬至4月下旬开花期，5月初至8月中旬结果期，9月底至10月上旬变色期，10月中旬至11月上旬落叶期。

迁地栽培要点

喜阳。繁殖以播种为主。病害有细菌性穿孔病、褐斑穿孔病、流胶病发生；虫害主要有蚜虫危害。

药用部位和主要药用功能

入药部位 种仁。

主要药用功能 苦、甘，平。具活血祛瘀、润肠通便、止咳平喘的功效。用于经闭痛经症瘕痞块、肺痈肠痈、跌打损伤、肠燥便秘、咳嗽气喘等症。

化学成分 主要含脂肪油类、杏仁苷、苷类、氨基酸、蛋白质、挥发油、甾体、黄酮及其糖苷等成分。

药理作用 ①保护心血管：具有增加局部血流量、降低血液黏度、改善血液流变学指标等作用。②神经保护：提取物可促进脑内氧自由基的清除，改善学习记忆能力；所含苦杏仁苷具有潜在的神经营养作用。③抗肿瘤作用：所含苦杏仁苷、苄基-β-龙胆二糖苷等成分具有显著的抗肿瘤效果。④促进黑色素合成：可通过上调酪氨酸酶活性而促进黑色素的生成。⑤止咳作用：苦杏仁苷水解物可镇静呼吸中枢，使呼吸趋于平缓而止咳。⑥肝、肾保护：苦杏仁苷可增加肝血流量，减轻肝损伤；山桃仁可改善肾小管上皮细胞转分化，减缓肾间质的纤维化。

参考文献

卞晓坤, 赵秋龙, 黄楷迪, 等, 2020. 桃仁与山桃仁化学成分比较研究[J]. 药物分析杂志, 40(1): 123–131.
谌亮, 王玉平, 许春莲, 等, 2014. 山桃根化学成分研究[J]. 湖南科技学院学报, 35(10): 53–55.
许筱凰, 李婷, 王一涛, 等, 2015. 桃仁的研究进展[J]. 中草药, 46(17): 2649–2655.
颜永刚, 雷国莲, 刘静, 等, 2011. 中药桃仁的研究概况[J]. 时珍国医国药, 22(9): 2262–2264.
赵永见, 牛凯, 唐德志, 等, 2015. 桃仁药理作用研究近况[J]. 辽宁中医杂志, 42(4): 888–890.

63 桃

Amygdalus persica L., Sp. Pl. 677. 1753.

树皮　叶

自然分布

原产于我国。世界各地都有栽培。

迁地栽培形态特征

落叶乔木。

茎 树皮暗红褐色，老时粗糙呈鳞片状；小枝细长，无毛，具小皮孔；冬芽圆锥形，常2~3个簇生，中间为叶芽，两侧为花芽。

叶 长圆状披针形、椭圆状披针形或倒卵状披针形，先端渐尖，基部宽楔形，上面无毛，下面在脉腋间具少数短柔毛或无毛，边缘具锯齿；叶柄粗壮，常具1至数枚腺体。

花 单生，先于叶开放或花叶同期；花梗极短；萼筒钟形，萼片卵形至长圆形，外被短柔毛；花瓣长圆状椭圆形至宽倒卵形，粉红色；雄蕊20~30；花柱与雄蕊等长或稍短；子房被短柔毛。

果 卵形，长与宽几相等，淡绿白色，向阳面具红晕，外面被短柔毛，腹缝明显，果梗短而深入果洼；果肉白色或红色；核椭圆形或近圆形，两侧扁平，顶端渐尖，表面具纵、横沟纹和孔穴。

分类鉴定形态特征

树皮暗红褐色，老时粗糙呈鳞片状。叶片长圆状披针形、椭圆状披针形或倒卵状披针形，侧脉不直达叶缘，在边缘结合成网状，下面脉腋间有少数短柔毛，稀无毛。花萼外面被短柔毛。果肉厚而多汁，不开裂；核表面具纵、横向不规则沟纹和孔穴，两侧扁平，顶端渐尖。

引种信息

北京药用植物园 20世纪60年代从北京引种苗，长势良好。

成都中医药大学药用植物园　2013年从四川峨眉山引种苗，长势良好。
重庆药用植物园　2007年从重庆望海花市引植株（引种号2007002），长势良好。
广西药用植物园　2005年从广西南宁引苗（登录号051050），长势一般。
贵阳药用植物园　引种信息不详（引种号cpug2014047），生长速度快，长势良好。
华中药用植物园　1999年从湖北恩施引种苗（登录号10805394），长势良好。
辽宁省经济作物研究所药用植物园　2007年从辽宁彰武引种苗，长势良好。
中国药科大学药用植物园　2014年从沈阳购买苗木（引种号cpug2014047），长势良好。

物候

北京药用植物园　3月底开始冬芽膨大，4月底展叶盛期，4月初开花始期，4月下旬末花期，先花后叶，7月中旬果实成熟，10月中旬开始落叶。

成都中医药大学药用植物园　2~3月开花期，3~4月展叶期，5~7月结果期，9~11月黄枯期。

重庆药用植物园　2月上旬萌芽、开花，2月中旬展叶，7月上旬果实成熟，10月下旬落叶。

广西药用植物园　1~2月萌动期，2~3月展叶期，2~3月开花期，3~7月结果期，10~11月变色期，10~11月落叶期。

贵阳药用植物园　3月中旬展叶期，3月下旬展叶盛期，2月下旬始花，3月上旬盛花，3月中旬末花，7月中旬果熟。

华中药用植物园　3月下旬开始萌动展叶，4月中旬展叶盛期，4月中旬始花，4月下旬盛花，5月下旬末花，8月下旬果实成熟，10月下旬进入休眠。

辽宁省经济作物研究所药用植物园　3月下旬萌动期，4月中旬至下旬展叶期，4月初开花始期，4月上旬开花盛期，4月中旬开花末期，4月下旬至6月初结果期，9月下旬变色期，10月上旬开始落叶。

中国药科大学药用植物园　3月中旬进入萌动期，4月中旬至下旬展叶期，3~4月开花期，8~9月结果期，11月中旬黄枯期。

迁地栽培要点

喜阳。繁殖以嫁接为主。病害主要有细菌性穿孔病、褐腐病、炭疽病；害虫主要有蚜虫、红蜘蛛、潜叶蛾、介壳虫等。

药用部位和主要药用功能

入药部位　种仁和枝条。

主要药用功能　种仁：苦、甘，平；具活血祛瘀、润肠通便、止咳平喘的功效；用于经闭痛经、症瘕痞块、肺痈肠痈、跌打损伤、肠燥便秘、咳嗽气喘等症。枝条：苦，平；具活血通络、解毒杀虫的功效；用于心腹刺痛、风湿痹痛、跌打损伤、疮癣等症。

化学成分　含脂肪酸、苷类、甾醇及其糖苷、黄酮及其糖苷、蛋白质、氨基酸等成分。

药理作用　①活血化瘀作用：桃仁及提取物能够扩张血管，增加器官血流量；抑制血小板聚集，防止血栓形成。②保肝作用：提取物对肝脏表面微循环有一定改善作用，并可促进胆汁分泌。③润肠作用：桃仁中含45%脂肪油，可润滑肠道，利于排便。④镇咳平喘作用：桃仁中苦杏仁苷水解产物氢氰酸具有镇咳平喘的作用。

参考文献

卞晓坤, 赵秋龙, 黄楷迪, 等, 2020. 桃仁与山桃仁化学成分比较研究[J]. 药物分析杂志, 40(1): 123–131.
王仁芳, 范令刚, 高文远, 等, 2010. 桃仁化学成分与药理活性研究进展[J]. 现代药物与临床, 25(6): 426–429.
颜永刚, 雷国莲, 刘静, 等, 2011. 中药桃仁的研究概况[J]. 时珍国医国药, 22(9): 2262–2264.

颜永刚, 裴瑾, 杨新杰, 等, 2011. 中药桃仁的品种、品质与药效相关性分析研究[J]. 成都医学院学报, 6(4): 296-298+302.
赵永见, 牛凯, 唐德志, 等, 2015. 桃仁药理作用研究近况[J]. 辽宁中医杂志, 42(4): 888-890.

花

果实

64 山杏

Armeniaca sibirica (L.) Lam., Encycl. Meth. Bot. 1: 3. 1783.

自然分布

分布于黑龙江、吉林、辽宁、河北、内蒙古、山西、甘肃等地；生于海拔700~2000m干燥向阳山坡、丘陵草原或落叶乔灌木林。蒙古和俄罗斯也有分布。

迁地栽培形态特征

灌木或小乔木。

茎 树皮暗灰色；小枝无毛，灰褐色或淡红褐色，1年生枝灰褐色至红褐色。

叶 卵形或近圆形，先端长渐尖至尾尖，基部圆形至近心形，边缘有细钝锯齿，两面无毛，稀下面脉腋间具短柔毛；叶柄无毛。

花 单生，先于叶开放；花梗长1~2mm；萼筒钟形，萼片长圆状椭圆形，花后反折；花瓣近圆形或倒卵形，白色或粉红色；雄蕊几与花瓣近等长；子房被短柔毛。

果 扁球形，黄色，被短柔毛；果肉薄而干燥，成熟时沿腹缝线开裂；核扁球形，两侧扁，基部一侧偏斜，腹面宽而锐利。

分类鉴定形态特征

灌木或小乔木，高2~5m。1年生枝条灰褐色至红褐色。叶片卵形或近圆形，先端长渐尖至尾尖，边缘具细钝锯齿，两面无毛，稀下面脉腋间具短柔毛。果实黄色，成熟时开裂；核基部不对称；果梗短或近无梗。

引种信息

北京药用植物园　20世纪60年代从北京引种苗，长势良好。

辽宁省经济作物研究所药用植物园　2007年从辽宁彰武引种苗，长势良好。

内蒙古医科大学药用植物园　引种信息不详，生长速度中等，长势良好。

物候

北京药用植物园　3月底开始萌芽期，4月底展叶盛期，先花后叶，3月中旬开花始期，3月底开花盛期，6月初果实成熟，10月中旬开始落叶。

辽宁省经济作物研究所药用植物园　3月末萌动期，4月下旬至5月上旬展叶期，4月中旬开花始期，4月中旬开花盛期，4月下旬开花末期，4月下旬至7月中旬结果期，9月下旬变色期，10月上旬开始落叶。

内蒙古医科大学药用植物园　4月下旬萌动期，5上旬展叶期，4月中、下旬开花期，5月上旬至7月下旬结果期，9月下旬至10月中旬变色期，10月下旬至11月上旬落叶期。

迁地栽培要点

适应性强，喜光，耐旱，耐寒。繁殖以播种为主。病害有褐腐病、疮痂病、细菌性穿孔病发生；

虫害主要见蚜虫和介壳虫危害。

药用部位和主要药用功能

入药部位 种仁。

主要药用功能 苦，微温；有小毒。具降气止咳平喘、润肠通便的功效。用于咳嗽气喘、胸满痰多、肠燥便秘等症。

化学成分 含脂肪油、酚酸、苦杏仁苷、苦杏仁酶、苦杏仁苷酶、樱叶酶、多种维生素及矿物质元素等成分。

药理作用 ①镇咳、平喘、祛痰作用：苦杏仁苷分解物氢氰酸具有显著的镇咳、平喘、祛痰作用。②抗炎镇痛作用：所含蛋白质KR-A和KR-B有明显抗炎镇痛作用。③调节免疫功能：苦杏仁苷可提升巨噬细胞活性，增强免疫功能；也可抑制免疫细胞增殖，发挥免疫抑制作用。④抗氧化作用：所含酚酸类成分能有效清除自由基。⑤抗肿瘤作用：苦杏仁苷能促进胰蛋白酶消化癌细胞被膜，使白细胞更易杀伤癌细胞。⑥对消化系统的作用：苦杏仁苷分解产物苯甲醛能抑制胃蛋白酶活性，对慢性胃炎、胃溃疡具有较好的抑制和治疗作用。⑦对泌尿系统的作用：苦杏仁苷具有显著的抗肾纤维化作用，能促使人肾纤维细胞凋亡。⑧对心血管疾病的作用：杏仁蛋白及其水解产物有明显的降血脂作用。

参考文献

时登龙，刘代缓，曹喆，等，2018. 苦杏仁药理作用及炮制工艺研究进展[J]. 亚太传统医药，14(12): 106–109.
王彬辉，章文红，张晓芬，等，2014. 苦杏仁苷提取工艺及药理作用研究新进展[J]. 中华中医药学刊，32(2): 381–384.
杨国辉，魏丽娟，王德功，等，2017. 中药苦杏仁的药理研究进展[J]. 中兽医学杂志，65(4): 75–76.

整株

65 杏

Armeniaca vulgaris Lam., Encycl. Meth. Bot. 1: 2. 1783.

自然分布

分布于全国各地，多数为栽培，少数地区逸为野生，在新疆伊犁一带野生成纯林或与新疆野苹果林混生，海拔可达3000m。世界各地都有栽培。

迁地栽培形态特征

落叶乔木。

茎 树皮灰褐色，纵裂；多年生枝浅褐色，皮孔大而横生，1年生枝浅红褐色，具多数小皮孔。

叶 宽卵形或圆卵形，先端急尖至短渐尖，基部圆形至近心形，边缘有圆钝锯齿，两面无毛或下面脉腋间具柔毛；叶柄无毛，基部常具腺体。

花 单生，先于叶开放；花梗短，被短柔毛；萼筒圆筒形，外面基部被短柔毛，萼片卵形至卵状长圆形，花后反折；花瓣圆形至倒卵形，白色或带红色；雄蕊约20~45，稍短于花瓣；子房被短柔毛，花柱稍长或几与雄蕊等长，下部具柔毛。

果 球形，黄色、黄色具红晕或白色，微被短柔毛；果肉多汁，成熟时不开裂；核卵形或椭圆形，两侧扁平，顶端圆钝，基部对称，腹棱较圆，常稍钝，背棱较直，腹面具龙骨状棱。

分类鉴定形态特征

乔木。1年生枝红褐色。叶片宽卵形或圆卵形，先端急尖至短渐尖，边缘具圆钝锯齿，两面无毛或下面脉腋间具柔毛。果实黄色、黄色具红晕或白色，多汁，成熟时不开裂，果梗短或近无梗；核基部常对称。

引种信息

北京药用植物园 20世纪60年代从北京引种苗，长势良好。

辽宁省经济作物研究所药用植物园 2007年从辽宁海城引种苗，长势良好。

物候

北京药用植物园 3月底开始萌芽期，5月初展叶盛期，3月上旬开花期，花落后展叶，6月初果实成熟，10月中旬开始落叶。

辽宁省经济作物研究所药用植物园 3月末萌动期，4月下旬至5月上旬展叶期，4月中旬开花始期，4月中旬开花盛期，4月下旬开花末期，4月下旬至6月上旬结果期，9月中旬变色期，10月初开始落叶。

迁地栽培要点

适应性强，喜光，耐旱，耐寒。繁殖以播种为主，播种时种子需湿沙层积催芽。病害主要有褐腐病、疮痂病、细菌性穿孔病；虫害主要有介壳虫和蚜虫。

药用部位和主要药用功能

入药部位 种仁。

主要药用功能 苦,微温。有小毒。具降气止咳平喘、润肠通便的功效。用于咳嗽气喘、胸满痰多、肠燥便秘等症。

化学成分 含脂肪油、杏仁苷、苦杏仁酶、苦杏仁苷酶、樱叶酶、雌酮等成分。

药理作用 ①止咳平喘作用:杏仁苷水解产生的氢氰酸和苯甲醛对呼吸中枢有抑制作用,能使呼吸加深,咳嗽减轻,痰易咳出。②对消化系统的作用:苦杏仁苷可以减少幽门结扎所致胃溃疡模型的溃疡面积。③对心血管的作用:苦杏仁苷能降低实验小鼠的血清总胆固醇、血清三酰甘油和低密度脂蛋白,增强巨噬细胞的吞噬作用,促进血管斑块部位细胞凋亡,减少斑块面积和斑块覆盖率。

参考文献

蔡莹,李运曼,钟流,2003. 苦杏仁苷对实验性胃溃疡的作用[J]. 中国药科大学学报, 34(3): 254–256.
李科友,史清华,朱海兰,等,2004. 苦杏仁化学成分的研究[J]. 西北林学院学报, 19(2): 124–126.
李露,戴婷,李小龙,等,2016. 苦杏仁苷药理作用的研究进展[J]. 吉林医药学院学报, 37(1): 63–66.
李寅超,郭琰,张金艳,2012. 苦杏仁和桔梗平喘作用的配伍研究[J]. 中药药理与临床, 28(2): 111–114.
聂鲁,丁永萍,程春萍,等,2012. 苦杏仁苷的研究进展[J]. 阴山学刊:自然科学版, 26(4): 27–30.
王志强,2011. 杏仁的现代药理与临床新用[J]. 中国保健营养·临床医学学刊, (9).

66 榆叶梅

Amygdalus triloba (Lindl.) Ricker, Proc. Biol. Soc. Wash. 30: 18. 1917.

自然分布

分布于黑龙江、吉林、辽宁、内蒙古、河北、山西、陕西、甘肃、山东、江西、江苏、浙江等地；生于低至中海拔的坡地、沟旁、林下或林缘中。全国各地公园内多有栽植。俄罗斯和中亚地区也有分布。

迁地栽培形态特征

落叶灌木，稀小乔木。

茎 枝条开展；小枝灰色，1年生枝灰褐色；冬芽短小。

叶 簇生或互生。叶片宽椭圆形至倒卵形，先端短渐尖，常3裂，基部宽楔形，上面具疏柔毛或无毛，下面被短柔毛，边缘具粗锯齿或重锯齿；叶柄被短柔毛。

花 1~2朵，先于叶开放；花梗长4~8mm；萼筒宽钟形，无毛或幼时微具毛，萼片卵形或卵状披针形，无毛；花瓣近圆形或宽倒卵形，先端圆钝，有时微凹，粉红色；雄蕊25~30，短于花瓣；子房密被短柔毛，花柱稍长于雄蕊。

果 近球形，顶端具短小尖头，红色，外被短柔毛；果梗长5~10mm；果肉薄，成熟时开裂；核近球形，两侧几不压扁，顶端圆钝，表面具不整齐的网纹。

分类鉴定形态特征

灌木，稀小乔木。枝无刺。叶片宽椭圆形至倒卵形，被短柔毛，先端常3裂，边缘具粗锯齿或重锯齿。萼筒宽钟形；花梗长4~8mm。果实成熟时干燥无汁，开裂；核近球形，两端圆钝，表面具网状浅沟纹。

引种信息

北京药用植物园 1992年从北京引种苗，长势良好。

内蒙古医科大学药用植物园 引种信息不详，引入种苗，生长速度中等，长势良好。

中国药科大学药用植物园 2014年从安徽引种苗（引种号cpug2014092），长势良好。

物候

北京药用植物园 3月底开始萌芽期，4月底展叶盛期，3月下旬开花始期，3月底盛花期，花落后展叶，7月中旬果实成熟，10月中旬开始落叶。

内蒙古医科大学药用植物园 4月中旬至下旬萌动期，4月下旬至5上旬展叶期，4月中旬至5月上旬开花期，5月中旬至7月中旬结果期，10月中旬变色期，10月下旬至11月上旬落叶期。

中国药科大学药用植物园 3月上旬进入萌动期，4月中旬展叶期，4~5月开花期，5~7月结果期。

迁地栽培要点

喜光，稍耐阴，耐寒，耐旱，不耐涝。繁殖以嫁接、压条、播种为主。病害主要有黑斑病和叶斑病；虫害主要有蚜虫、红蜘蛛和介壳虫。

药用部位和主要药用功能

入药部位 种仁。

主要药用功能 辛，苦，甘，平。具润肠通便、下气利水的功效。用于津枯肠燥、食积气滞、腹胀便秘、水肿、小便不利等症。

化学成分 含黄酮、脂肪酸、多糖、氰苷、水溶性蛋白等类成分。

药理作用 ①通便利水作用：所含郁李仁苷A具有致泻、镇静、利尿的作用。②止咳平喘作用：所含苦杏仁苷对呼吸系统有抑制作用，能使呼吸加深，咳嗽减轻。

参考文献

刘星劼，张永清，李佳，2017. 中药郁李仁本草考证及化学成分研究[J]. 辽宁中医药大学学报，19(12): 59–162.
田硕，武晏屹，白明，等，2018. 郁李仁现代研究进展[J]. 中医学报，33(11): 2182–2183, 2190.
元艺兰，2007. 郁李仁的药理作用与临床应用[J]. 现代医药卫生，23(13): 1987–1988.

67
珍珠梅

Sorbaria sorbifolia (L.) A. Br., Aschers. Fl. Brandenb. 177. 1864.

整株

自然分布

分布于辽宁、吉林、黑龙江和内蒙古等地；生于海拔250～1500m山坡疏林中。俄罗斯、朝鲜、日本和蒙古也有分布。

迁地栽培形态特征

落叶灌木。

🟠**茎** 枝条开展，小枝圆柱形，稍屈曲；冬芽卵形，先端圆钝，紫褐色。

🟠**叶** 羽状复叶，小叶11～17，叶轴微被短柔毛；小叶对生，披针形至卵状披针形，先端渐尖，基部近圆形或宽楔形，边缘有尖锐重锯齿，具侧脉12～16对，小叶无柄或近于无柄；托叶叶质，卵状披针形至三角状披针形，边缘有不规则锯齿或全缘。

🟠**花** 顶生大型密集圆锥花序，分枝近于直立；苞片卵状披针形至线状披针形，先端长渐尖，全缘或有浅齿。花直径10～12mm；萼筒钟状；萼片三角状卵形，先端钝或急尖，约与萼筒等长；花瓣长圆形或倒卵形，白色；雄蕊40～50，长于花瓣1.5～2倍；心皮5，无毛或稍具柔毛。

🟠**果** 蓇葖果；长圆形，有顶生弯曲花柱，果梗直立；萼片宿存，反折。

分类鉴定形态特征

灌木。一回羽状复叶，有托叶。大型圆锥花序，具直立分枝；花白色，直径不超过2cm；雄蕊40~50，长于花瓣；心皮5，基部合生，花柱顶生。蓇葖果，开裂，果梗直立；种子无翅。

引种信息

北京药用植物园 1990年从陕西太白山引种苗，长势良好。

辽宁省经济作物研究所药用植物园 2015年从辽宁清原引种苗，长势良好。

内蒙古医科大学药用植物园 引种信息不详，引入种苗，生长速度中等，长势良好。

物候

北京药用植物园 2月底开始萌芽、展叶，4月下旬展叶盛期，6~7月开花期，9月底果始熟期，11月初开始落叶。

辽宁省经济作物研究所药用植物园 4月初萌动期，4月中旬至5月下旬展叶期，6月中旬开花始期，7月中旬开花盛期，7月下旬开花末期，7月下旬至9月下旬结果期，9月中旬变色期，9月下旬开始落叶。

内蒙古医科大学药用植物园 4月中旬至下旬萌动期，5月上旬展叶期，6月下旬至7月上旬开花期，7~9月结果期，10月中旬变色期，10月下旬至11月上旬落叶期。

迁地栽培要点

喜温暖、湿润环境，喜光，耐阴，耐寒，耐旱。繁殖以分株为主。病害主要有叶斑病、白粉病；虫害主要有刺蛾、红蜘蛛和介壳虫。

药用部位和主要药用功能

入药部位 茎。

主要药用功能 苦，寒。具活血祛瘀、消肿止痛的功效。用于骨折、跌打损伤、风湿性关节炎、关节扭伤红肿疼痛等症。

化学成分 含醇类、醛类、烷烃、芳烃、珍珠梅苷等成分。

药理作用 ①抗氧化作用：乙酸乙酯提取物能提高大鼠血清、肝匀浆SOD、GSH-PX活性、降低MDA含量，提高机体抗氧化能力。②抗肿瘤作用：水提取物通过抑制血管内皮生长因子（VEGF）基因表达，抑制癌细胞转移，抑制肿瘤生长。③对神经系统的作用：鲜花的挥发性物质对小鼠探索性、兴奋性运动性有抑制，并可抑制小鼠的学习记忆能力。

参考文献

陈凤娥, 2009. 珍珠梅研究进展[J]. 安徽农业科学杂志, 37(26): 12503–12505.
陈丽艳, 柳明洙, 郑寿焕, 等, 2005. 珍珠梅提取物对S180荷瘤小鼠肿瘤增长的抑制作用[J]. 延边大学学报, 28(4): 261–264.
高岩, 金幼菊, 邹祥旺, 等, 2005. 珍珠梅花挥发物对小鼠旷场行为及学习记忆能力的影响[J]. 北京林业大学学报, 27(3): 61–66.
张学武, 柳明洙, 孙权, 等, 2003. 珍珠梅提取物对肝脏前病变大鼠体内的自由基清除作用[J]. 延边大学医学学报, 26(1): 15.
张学武, 张学斌, 全吉淑, 等, 2003. 珍珠梅提取物对二乙基亚硝胺所致大鼠肝脏癌前病变的抑制作用及抗氧化活力的影响[J]. 肿瘤防治杂志, 10(11): 1137–1140.

68 山楂

Crataegus pinnatifida Bge. var. *pinnatifida*, Men. Div. Sav. Acad. Sci. St. Petersb. 2: 100. 1835.

整株

自然分布

分布于黑龙江、吉林、辽宁、内蒙古、河北、河南、山东、山西、陕西、江苏等地；生于海拔100~1500m山坡林边或灌木丛。朝鲜和俄罗斯西伯利亚也有分布。

迁地栽培形态特征

落叶小乔木。

🟠 **茎** 树皮粗糙，具刺；小枝圆柱形，疏生皮孔；冬芽三角卵形。

🟠 **叶** 叶片宽卵形或三角状卵形，先端短渐尖，基部截形至宽楔形，两侧各有3~5羽状深裂片，裂片卵状披针形或带形，下面沿叶脉有疏生短柔毛或在脉腋有髯毛，侧脉6~10对，有的达到裂片先端，有的达到裂片分裂处；叶柄无毛；托叶草质，镰形，边缘有锯齿。

🟠 **花** 伞房花序具多花，总花梗和花梗被柔毛，花后脱落；苞片膜质，线状披针形。萼筒钟状，萼片三角卵形至披针形，全缘，约与萼筒等长；花瓣倒卵形或近圆形，白色；雄蕊20，短于花瓣；花柱3~5，基部被柔毛，柱头头状。

🟠 **果** 近球形或梨形，直径1~1.5cm，深红色，有浅色斑点；小核3~5，外面稍具棱，内面两侧平滑；萼片落后先端留一圆形深洼。

分类鉴定形态特征

落叶小乔木，具刺；叶片羽状深裂，裂片3~5对，基部截形或宽楔形，中脉或侧脉有短柔毛，侧脉伸到裂片先端和裂片分裂处。果实球形，红色，直径1~1.5cm，小核3~5，内面两侧平滑。

引种信息

北京药用植物园 1995年从北京引种苗，长势良好。

贵阳药用植物园 2015年从贵州桐梓黄连乡引种苗，长势良好。

辽宁省经济作物研究所药用植物园 2007年从辽宁海城引种苗，长势良好。

内蒙古医科大学药用植物园 引种信息不详，引入种苗，生长速度中等，长势良好。

物候

北京药用植物园 3月初开始萌芽、展叶，4月中旬展叶盛期，4月中旬至5月初开花期，9月上旬果始熟期，10月底开始落叶。

贵阳药用植物园 4月上旬至中旬开花，5月中旬花末期，4月中旬幼果初现，9月下旬逐渐果熟，10月中旬开始脱落，10月下旬至11月下旬叶变色期，11月下旬开始落叶。

辽宁省经济作物研究所药用植物园 3月末萌动期，4月下旬至5月上旬展叶期，5月上旬开花始期，5月中旬开花盛期，5月下旬开花末期，5月下旬至9月下旬结果期，10月上旬变色期，10月中旬开始落叶。

内蒙古医科大学药用植物园 4月上旬萌动期，4月中旬展叶期，5月上旬开花期，5月下旬至9月下旬结果期，10月上旬变色期，10月中旬落叶期。

迁地栽培要点

适应性强，喜凉爽、湿润的环境，耐寒又耐高温，喜光也能耐阴。繁殖以播种、扦插、嫁接为主。病害主要有白粉病；虫害有红蜘蛛、介壳虫、蚜虫等。

药用部位和主要药用功能

入药部位 果实和叶。

主要药用功能 果实：酸，甘，微温；具消食健胃、行气散瘀、化浊降脂的功效；用于肉食积滞，胃脘胀满、泻痢腹痛、瘀血经闭、产后瘀阻、心腹刺痛、胸痹心痛、疝气疼痛、高脂血症等症。叶：酸，平；具活血化瘀、理气通脉、化浊降脂的功效；用于气滞血瘀、胸痹心痛、胸闷憋气、心悸健忘、眩晕耳鸣、高血脂症等症。

化学成分 主要含黄酮及有机酸类成分，另尚含多种微量元素、氨基酸及磷脂、维生素C、核黄素等。

药理作用 ①助消化作用：能刺激胃黏膜，促进胃液和消化酶的分泌，提高胃蛋白酶活性，促进消化；所含脂肪酶能分解脂肪，促进胰液分泌，增加胰淀粉酶、胰脂肪酶活性。②抗氧化作用：黄酮类物质有明显的抗氧化作用，对羟自由基和超氧阴离子有清除和抑制作用；山楂醇提物有抗氧化损伤作用。③降血糖作用：山楂酸可对抗肾上腺素、葡萄糖引起的血糖升高，对抗肾上腺素引起的肝糖原降解，增加葡萄糖致高血糖小鼠肝糖原含量。④改善心脏功能作用：山楂可扩张冠脉，增加冠脉流量，降低血压，抗心肌缺血，改善心功能。⑤抗肿瘤作用：所含黄酮体外对人肝癌HepG2细胞和人肠癌Caco-2细胞生长有抑制作用。

参考文献

楼陆军, 罗洁霞, 高云, 2014. 山楂的化学成分和药理作用研究概述[J]. 中国药业, 23(3): 92-94.

吴土杰, 李秋津, 肖学风, 等, 2010. 山楂化学成分及药理作用的研究[J]. 药物评价研究, 33(4): 316-319.

晏仁义, 魏洁麟, 杨滨, 2013. 山楂化学成分研究[J]. 时珍国医国药, 24(5): 1066-1068.

花

果实

69
山里红

Crataegus pinnatifida Bge. var. *major* N. H. Br., Gard. Chron. n. ser. 26: 621. f. 121. 1886.

自然分布

分布于北京、天津、河北、山西、辽宁、吉林、黑龙江、江苏、山东、河南、陕西、甘肃等地。人工栽培居多。

迁地栽培形态特征

落叶小乔木。

🟠 **茎** 树皮粗糙，暗灰色或灰褐色；有刺或无；小枝圆柱形，当年生枝紫褐色，疏生皮孔；冬芽三角状卵形。

🟠 **叶** 叶片宽卵形或三角状卵形，先端短渐尖，基部截形至宽楔形，通常两侧各有3~5裂片，侧脉6~10对，有的达到裂片先端，有的达到裂片分裂处；叶柄无毛；托叶草质，镰形，边缘有锯齿。

🟠 **花** 伞房花序具多花；苞片膜质，线状披针形，早落；萼筒钟状，萼片三角卵形至披针形，约与萼筒等长；花瓣倒卵形或近圆形，白色；雄蕊20，短于花瓣；花柱3~5，基部被柔毛，柱头头状。

🟠 **果** 近球形或梨形，果形较大，直径可达2.5cm，深亮红色，有浅色斑点；小核3~5，外面稍具棱，内面两侧平滑；萼片脱落很迟，先端留一圆形深洼。

分类鉴定形态特征

落叶小乔木。叶片大，羽裂，有裂片3~5对，侧脉伸到裂片先端或分裂处，叶基部截形或宽楔形，中脉或侧脉有短柔毛。果形较大，直径可达2.5cm，深亮红色；小核3~5，小核内面两侧平滑。

引种信息

北京药用植物园 20世纪50年代从北京引种苗，长势良好。

黑龙江中医药大学药用植物园 2013年自黑龙江五常购买种苗，长势良好。

中国药科大学药用植物园 2016年购买苗木（引种号cpug2016011），长势良好。

物候

北京药用植物园 3月底开始萌芽、展叶，4月中旬展叶盛期，4月底开花始期，5月初末花期，9月上旬果实成熟，10月下旬开始落叶。

黑龙江中医药大学药用植物园 4月下旬萌动，4月下旬展叶期，5月中旬始花，5月下旬盛花，6月上旬末花，8月下旬果熟，10月下旬进入休眠期。

中国药科大学药用植物园 8月进入萌动期，4月展叶期，5~6月开花期，9~10月结果期。

迁地栽培要点

适应性强，耐寒又耐高温，喜光也能耐阴。繁殖以扦插、嫁接为主，一般用山楂为砧木。蚜虫危害严重，病害主要为白粉病。

药用部位和主要药用功能

入药部位　果实和叶。

主要药用功能　果实：酸，甘，微温；具消食健胃、行气散瘀、化浊降脂的功效；用于肉食积滞，胃脘胀满、泻痢腹痛、瘀血经闭、产后瘀阻、心腹刺痛、胸痹心痛、疝气疼痛、高血脂等症。叶：酸，平；具活血化瘀、理气通脉、化浊降脂的功效；用于气滞血瘀、胸痹心痛、胸闷憋气、心悸健忘、眩晕耳鸣、高血脂等症。

化学成分　主要含黄酮类，另有有机酸、微量元素、氨基酸、黄烷及其聚合物等成分。

药理作用　①对消化系统的作用：山楂可增加胃消化酶的分泌，增强酶的活性，促进消化。②对心脏系统的作用：总黄酮有扩张冠状动脉及舒张血管，兴奋中枢神经系统的作用；三萜酸类成分能增加冠状动脉血流量，提高心肌对强心苷敏感性，抗心室、心房颤动和阵发性心律失常；浸膏、水提物和黄酮类成分对蟾蜍在体、离体、正常及疲劳心脏均有一定程度的强心作用。③降血脂作用：提取物对不同动物各种高脂模型均有降脂作用。

参考文献

李贵海, 孙敬勇, 张希林, 等, 2002. 山楂降血脂有效成分的实验研究[J]. 中草药, 32(1): 50–52.
聂国钦, 2001. 山楂概述[J]. 海峡药学, 13(增刊): 77–79.
孙翠玉, 2001. 山楂的研究进展[J]. 基层中药杂志, 15(5): 53–54.
王云彩, 袁秉祥, 李发正, 1992. 沙棘总黄酮和山楂总黄酮及其混合液对大鼠高血脂的影响[J]. 中国药理学通报, 8(2): 85
詹珍珍, 段时振, 李杰, 2012. 中药山楂的化学成分与药理作用研究概况[J]. 湖北中医杂志, 34(12): 77–79.

果实

花

整株

树皮

70
沙棘

Hippophae rhamnoides Linn. subsp. *sinensis* Rousi, Ann. Bot. Fennici 8: 212. fig. 22. 1971.

自然分布

分布于河北、内蒙古、山西、陕西、甘肃、青海、四川等地；生于海拔800~3600m的向阳山嵴、谷地、干涸河床地或山坡，多砾石土壤、砂质土壤或黄土壤。

迁地栽培形态特征

落叶灌木，高2~3m。

茎 棘刺较多，顶生或侧生；嫩枝褐绿色，密被银白色而带褐色鳞片或有时具白色星状柔毛，老枝灰黑色，粗糙。

叶 单叶近对生，纸质，狭披针形或矩圆状披针形，长40~50mm，宽约6mm，两端钝形或基部近圆形，基部最宽，上面绿色，下面银白色或淡白色；叶柄极短。

花 单性花，雌雄异株。雄花生于早落苞片腋内，花萼2裂，雄蕊4，花丝短，花药矩圆形。雌花单生叶腋，具短梗，花萼囊状，顶端2齿裂，子房上位，1心皮，1室，1胚珠，花柱短，微伸出花外。

果 坚果；为肉质化的萼管包围，核果状，卵球形，直径4~6mm，橙黄色或橘红色；果梗长约1.5mm；种子小，阔椭圆形，黑色，具光泽。

分类鉴形态定特征

灌木或小乔木，具顶生和腋生棘刺。叶近对生，狭披针形或矩圆状披针形，长30mm以上；叶片上面具银白色鳞片或星状毛，下面无毛，密被银白色或淡褐色鳞片。果实卵球形，多浆汁。种子阔椭圆形，种皮黑色，具光泽。

引种信息

北京药用植物园 20世纪90年代从新疆引种苗，长势良好。

辽宁省经济作物研究所药用植物园 2014年从辽宁阜新引种苗，长势良好。

物候

北京药用植物园 3月中旬萌芽期，3月下旬进入展叶期，4月下旬展叶盛期，4月下旬雄花始期，未见雌花和果。10月初开始落叶。

辽宁省经济作物研究所药用植物园 3月末萌动期，4月上旬至中旬展叶期，5月初开花始期，5月中旬开花盛期，5月下旬开花末期，5月下旬至10月下旬结果期，10月下旬变色期，10月下旬开始落叶。

迁地栽培要点

喜光，耐寒，耐酷热，耐风沙，极耐干旱，耐贫瘠，忌涝。繁殖以扦插和分株为主。病虫害少见。

药用部位和主要药用功能

入药部位　果实。

主要药用功能　酸，涩，温。具健脾消食、止咳祛痰、活血散瘀的功效。用于脾虚食少、食积腹痛、咳嗽痰多、胸痹心痛、瘀血经闭、跌扑瘀肿等症。

化学成分　主要含黄酮类、多糖类、多酚类、三萜及甾体类化合物。

药理作用　①保护心血管作用：沙棘各组分可降低胆固醇和甘油三酯，促进脂质代谢，清除自由基，达到预防和治疗心脑血管疾病的目的。②增强免疫力作用：沙棘果油对炎症模型小鼠有明显的抗炎作用，能促进小鼠的巨噬细胞吞噬功能。沙棘对红细胞系统、粒细胞系统及血小板系统均有促进造血活性作用，并有增强血液免疫、抗辐射和抑制白血病细胞的功能。③抗癌抑瘤作用：沙棘叶提取物和沙棘果油腹腔注射或灌胃对3种不同类型的移植性肿瘤S180肉瘤、B16黑色素瘤、P388淋巴细胞白血病有明显的抑制作用。④保护肝脏作用：沙棘果油对四氯化碳所致肝损伤小鼠的丙二醛（MDA）和SGPT增高有明显的抑制作用，并能抑制扑热息痛所致肝损伤的MDA增高。

参考文献

刘勇，廉永善，王颖莉，等，2014. 沙棘研究开发评述及其重要意义[J]. 中国中药杂志，39(9): 1547–1551.
彭成，2011. 中华地道药材[M]. 北京：中国中医药出版社：3254–3265.
钱学射，金敬红，2015. 沙棘的药用研究与开发[J]. 中国野生植物资源，34(6): 68–72.
王宏昊，孙欣，花圣卓，等，2012. 我国沙棘药用历史记载及药品开发现状[J]. 国际沙棘研究与开发，10(4): 25–28.
周秋丽，2012. 现代中药基础研究与临床[M]. 天津：科技翻译出版社：641–643.

71 胡颓子

Elaeagnus pungens Thunb., Fl. Jap. 68. 1784.

自然分布

分布于江苏、浙江、福建、安徽、江西、湖北、湖南、贵州、广东、广西等地；生于海拔1000m以下向阳山坡或路旁。日本也有分布。

迁地栽培形态特征

常绿直立灌木，高3～4m。

茎 具刺，刺顶生或腋生，深褐色；幼枝微扁棱形，密被锈色鳞片，老枝鳞片脱落，黑色，具光泽。

叶 革质，椭圆形或阔椭圆形，稀矩圆形，两端钝形或基部圆形，边缘微反卷或皱波状，上面幼时具银白色和少数褐色鳞片，成熟后脱落，具光泽，下面密被银白色和少数褐色鳞片，侧脉7～9对，与中脉开展成50°～60°的角；叶柄深褐色。

花 白色或淡白色，下垂，密被鳞片，1～3花生于叶腋锈色短小枝上；花梗长约4mm；萼筒漏斗状圆筒形，裂片三角形，内面疏生白色星状短柔毛；花丝极短，花药矩圆形；花柱直立，无毛，超过雄蕊。

果 椭圆形，长12～14mm，幼时被褐色鳞片，成熟时红色；果梗长约5mm。

分类鉴定形态特征

常绿直立灌木，稀蔓状，具刺。叶片厚革质，椭圆形至阔椭圆形，稀矩圆形，两端钝形或基部圆形，侧脉7～9对，与中脉开展成50°～60°的角。1～3花簇生于叶腋短小枝上，呈伞形总状花序；花萼筒漏斗形，花萼裂片基部不收缩或微收缩，通常比萼筒短；花柱无毛。

引种信息

成都中医药大学药用植物园 2013年从四川峨眉山引种苗，长势良好。

海军军医大学药用植物园 引种信息不详（登录号XX000213），长势良好。

中国药科大学药用植物园 2013年购买种苗（引种号cpug2013011），长势良好。

物候

成都中医药大学药用植物园 9月中旬开花始期，10月末开花盛期，11月中旬开花末期，11月末幼果初现，3月中旬果实成熟，4月中旬果实脱落，并开始落叶。

海军军医大学药用植物园 5月底展叶期，11月中旬开花期，11月下旬至翌年1月上旬结果期。

中国药科大学药用植物园 9～12月开花期，4～6月结果期。

迁地栽培要点

耐旱、耐寒、耐阴，忌暴晒。繁殖以播种、扦插为主。病虫害少见。

药用部位和主要药用功能

入药部位 果实、根和叶。

主要药用功能 苦，酸，平。具有收敛止泻、健脾消食、止咳平喘、止血等功效。用于泄泻、痢疾、食欲不振、咳嗽气喘、崩漏、痔疮下血等症。

化学成分 含黄酮、挥发油、生物碱、萜类、有机酸、甾体及鞣质等成分。

药理作用 ①降血糖、降血脂、抗脂质氧化作用：动物实验发现果实具有抑制高脂血症大鼠血清胆固醇、甘油三酯、低密度脂蛋白的升高，降低丙二醛、活性氧，增强超氧化物歧化酶、过氧化氢酶、谷胱甘肽过氧化物活力的作用，可使糖尿病小鼠空腹血糖降低。②抗炎镇痛作用：果实水提取液和醇提液对炎症小鼠的足肿胀有明显的抑制作用，其抗炎成分可能是有机酸中的咖啡酸衍生物。③平喘作用：胡颓子叶注射剂喷雾法可直接用于慢性喘息性气管炎患者。④免疫及抗癌作用：所含熊果酸能促进脾细胞增殖反应，对脾细胞IL-2、IFN-Y的产生有显著促进作用。

参考文献

陈新，2001. 川渝地区胡颓子属药用植物资源研究[J]. 成都中医药大学, 24(2): 40–42.

李玉山，2006. 长叶胡颓子多糖对TN BS诱导大鼠结肠炎作用的研究[J]. 四川中医, 24(5): 24–25.

李玉山，李田，谭志鑫，等，2005. 长叶胡颓子将血糖、血脂及抗脂质过氧化作用的研究[J]. 安徽医药, 9(7): 489–491.

陆俊，王珺，成策，等，2015. 胡颓子属植物化学成分与药理活性研究进展[J]. 中药材, 38(4): 855–861.

伍杨，邓明会，林平，2006. 胡颓子熊果酸对大鼠免疫功能的影响[J]. 四川中医, 24(3): 35–36.

肖本见，谭志鑫，李玉山，2005. 富硒长叶胡颓子根皮抗炎镇痛作用的试验研究[J]. 时珍国医国药, 16(4): 315–316.

72
桑

Morus alba L., Sp. Pl. ed 1: 986. 1753.

整株

自然分布

原产于我国中部和北部,现全国各地都有栽培。

迁地栽培形态特征

乔木或灌木。

茎 树皮厚,灰色,具不规则浅纵裂;小枝有细毛。冬芽红褐色,卵形,芽鳞覆瓦状排列。

叶 卵形或长卵形,先端急尖、渐尖或圆钝,基部圆形至浅心形,边缘锯齿粗钝,表面无毛,背面沿脉有疏毛,脉腋有簇毛;叶柄具柔毛;托叶披针形,早落。

花 单性,与叶同时生出。雄花序下垂,密被白色柔毛,花被片宽椭圆形,淡绿色,花药2室,纵裂。雌花花被片倒卵形,顶端圆钝,外面和边缘被毛,无花柱,柱头2裂,内面有乳头状突起。

果 聚花果;卵状椭圆形,长1~2.5cm,成熟时红色、暗紫色或白色。

分类鉴定形态特征

叶背脉腋具毛。雌花无花柱,或具极短的花柱;柱头内侧具乳头状突起。聚花果短,一般不超过2.5cm。

引种信息

北京药用植物园 20世纪50年代从重庆南川引种苗,长势良好。

成都中医药大学药用植物园 2013年从四川峨眉山引种苗,长势良好。

海军军医大学药用植物园 引种信息不详(登录号XX000467),长势良好。

贵阳药用植物园 引种信息不详,生长速度快,长势良好。

辽宁省经济作物研究所药用植物园 2015年从辽宁清原引种苗,长势良好。

物候

北京药用植物园 3月下旬开始萌芽期,4月底展叶盛期,4月开花期,5月中旬果始熟期,10月底开始落叶。

成都中医药大学药用植物园 3月上旬芽膨大期,3月下旬芽开放期,4月初进入展叶期,4月底展叶盛期,5月下旬幼果初现,5月下旬生理落果,6月上旬果实成熟,6月下旬果实脱落,9月底叶变色始期,12月下旬叶变色末期,12月初落叶始期,12月底落叶末期。

海军军医大学药用植物园 4月中旬进入展叶期,4月下旬进入开花期,4月中旬至5月底结果期,11月中旬开始变色,12月上旬至翌年1月上旬落叶期。

贵阳药用植物园 3月初展叶盛期,3月下旬始花,3月下旬盛花,4月初末花,4月下旬果熟,12月下旬开始落叶。

辽宁省经济作物研究所药用植物园 4月上旬萌动期,4月下旬至5月下旬展叶期,4月下旬开花始期,5月初开花盛期,5月上旬开花末期,5月上旬至6月中旬结果期,9月中旬变色期,10月上旬开始落叶。

迁地栽培要点

喜光,耐干旱。繁殖以播种或扦插为主。病害主要有白粉病;虫害主要有桑粉虱和桑白盾蚧。

药用部位和主要药用功能

入药部位 根皮、枝、叶和果穗(桑葚)。

主要药用功能 根皮:甘,寒;具泻肺平喘、利水消肿的功效;用于肺热咳嗽、水肿胀满尿少、面目肌肤浮肿等症。嫩枝：微苦，平；具祛风湿、利关节的功效；用于肩臂关节酸痛麻木等症。叶：甘、苦，寒；具疏风清热、清肝明目的功效；用于风热感冒、肺热燥咳、头晕头痛、目赤昏花等症。果穗：甘、酸，寒；具补血滋阴、生津润燥的功效；用于眩晕耳鸣、心悸失眠、须发早白、津伤口渴、内热消渴、生津润燥等症。

化学成分 桑叶含多糖、黄酮、生物碱、植物甾醇、挥发油等成分。鲜桑葚含糖、游离酸、藜芦醇、黄酮、多糖等成分。

药理作用 ①降血糖作用：桑叶多糖能够显著降低糖尿病小鼠的血糖。②抗菌作用：桑叶醇提物在体外可显著抑制大肠埃希菌、枯草芽孢杆菌的生长。③抗肿瘤作用：桑叶提取液可使乳腺肿瘤细胞的细胞凋亡因子表达量升高；桑葚花色苷提取物可显著降低乳腺癌细胞线粒体膜电位，促发细胞凋亡。④抗氧化作用：桑叶提取物能够去除机体产生的DPPH自由基和ABTS自由基；桑葚中的多酚、黄酮以及多糖也具有抗氧化功能。⑤美白作用：桑叶提取物可抑制机体黑色素产生，具有一定的美白效果。⑥免疫调节作用：桑椹提取液能够提高阴虚小鼠的淋巴细胞增殖能力、IL-2活性和NK细胞杀伤率，增强小鼠的免疫功能。

参考文献

陈晨, 马雯芳, 2020. 桑葚化学成分与药理作用研究进展[J]. 心理月刊, 15(08): 232–233.

迟晓喆, 曹光群, 2012. 桑叶总黄酮的提取及其抑菌活性研究[J]. 32(2): 163–166.

黄安民, 杨斯佳, 虞璐琳, 等, 2017. 桑叶活性成分的研究进展[J]. 临床医药文献电子杂志, 4(82): 16226–16227.

李智辉, 2010. 桑叶的药用价值及临床运用. 亚太传统医药, 6(8): 161–162.

沈维治, 廖森泰, 林光月, 等, 2015. 桑叶多酚单体化合物的抗氧化活性及其协同作用[J]. 蚕业科学, 41(2): 342–348.

孙乐, 张小东, 郭迎迎, 2016. 桑葚的化学成分和药理作用研究进展[J]. 人参研究, 28(2): 49–54.

王世宽, 张代芳, 陈欲云, 2016. 桑叶多糖提取及抑菌实验研究[J]. 四川理工学院学报(自然版), 29(6): 1–5.

MUHAMMAD ALI KHAN, AZIZ ABDUR RAHMAN, SHAFIQUL ISLAM, et al, 2013. A comparative study on the antioxidant activity of methanolic extracts from different parts of *Morus alba* L.(Moraceae)[J]. Research Article., 6: 1~9.

叶

花

果实

73 构树

Broussonetia papyifera (Linnaeus) L'Hertitier ex Ventenat, Tableau Regn. Veget. 3: 458. 1799.

自然分布

分布于我国南北各地。印度、缅甸、泰国、越南、马来西亚、日本和朝鲜也有分布。

迁地栽培形态特征

落叶乔木。

茎 树皮暗灰色；小枝密生柔毛。

叶 螺旋状排列，广卵形至长椭圆状卵形，先端渐尖，基部心形，不分裂或3~5裂，表面疏生糙毛，背面密被茸毛，基生叶脉三出；叶柄密被糙毛；托叶大，卵形。

花 雌雄异株。雄花序为柔荑花序，苞片披针形，花被4裂，裂片三角状卵形，雄蕊4，花药近球形。雌花序球形头状，苞片棍棒状，花被管状，顶端与花柱紧贴，子房卵圆形，柱头线形，被毛。

果 聚花果；成熟时橙红色，肉质；瘦果具柄，表面有小瘤，外果皮壳质。

分类鉴定形态特征

高大乔木。叶螺旋状排列，广卵形至长椭圆状卵形，背面密被细茸毛，不裂或3~5裂；叶柄长2cm以上；托叶卵形，狭渐尖。雌雄异株；花柱单生；聚花果直径1cm以上；瘦果有与之等长的柄，表面具小瘤，外果皮壳质，背面在基部龙骨双层，子叶扁平。

引种信息

　　北京药用植物园　20世纪60年代从广西、北京引种苗，长势良好。
　　成都中医药大学药用植物园　2013年从四川峨眉山引种苗，长势良好。
　　重庆药用植物园　1974年从四川南川金佛山大河坝引种苗，长势良好。
　　广西药用植物园　1995年从广西邕宁引苗（登录号95017），长势良好。
　　贵阳药用植物园　2013年从贵州平塘掌布乡引种苗，长势良好。
　　海南兴隆南药园　1995年从海南乐东尖峰岭引种苗（引种号0812），长势良好。
　　华中药用植物园　1999年从湖北恩施引种苗（登录号10805497），长势良好。
　　云南西双版纳南药园　引种信息不详，长势良好。

物候

　　北京药用植物园　3月下旬开始萌芽期，5月初展叶盛期，4~5月开花期，9月初果始熟期，9月底开始落叶。
　　成都中医药大学药用植物园　4月下旬开花始期，5月上旬花盛，5月下旬花末，5月中旬幼果初现，7月中旬果实成熟，7月下旬果实脱落，7月上旬进入叶变色期，7月中旬进入落叶期。
　　重庆药用植物园　3月上旬萌芽，3月中旬展叶，花果未见，11月下旬落叶。
　　广西药用植物园　3月萌动期，3~4月展叶期，4~6月开花期，5~9月结果期，11月至翌年1月变色期，11月至翌年1月落叶期。
　　贵阳药用植物园　3月下旬开始展叶，4月进入展叶盛期，3月中旬至下旬开花期，3月下旬幼果初现，7月上旬逐渐果熟，7月中旬开始脱落，7月下旬叶变色，9月上旬开始落叶。
　　海南兴隆南药园　3~4月展叶期，3~5月开花期，6~7月结果期，翌年1~2月黄枯期。
　　华中药用植物园　4月上旬开始萌动，4月中旬开始展叶，4月下旬展叶盛期，5月上旬始花，5月中旬盛花，5月下旬末花，11月中旬落叶进入休眠。
　　云南西双版纳南药园　3~4月萌动期，4~7月展叶期，4月初至6月中旬开花期，6~8月结果期，11~12月变色期，12月至翌年2月落叶期。

迁地栽培要点

　　喜光，适应性强，耐干旱。繁殖以无性繁殖为主。病害主要有烟煤病；虫害主要有天牛和金龟子。

药用部位和主要药用功能

　　入药部位　果实。
　　主要药用功能　甘，寒。具补肾清肝、明目、利尿的功效。用于肝肾不足、腰膝酸软、虚痨骨蒸、头晕目昏、目生翳膜、水肿胀满等症。
　　化学成分　含氨基酸、生物碱、多糖、矿物质、红色素、脂肪酸等成分。
　　药理作用　①抗菌作用：对多杀性巴氏杆菌、金黄色葡萄球菌、沙门氏菌等有抑菌作用。②降压作用：叶醇提物对麻醉犬、羊具有降压作用。③增强免疫：可以提高血虚小鼠的白细胞、红细胞、血红蛋白数量。④抗肿瘤作用：总黄酮能调节HepG2的p53的表达，诱发下游基因Bax、Bcl-2的表达，诱导HepG2凋亡。

参考文献

林梦, 李梦琳, 毕福广, 等, 2013. 构树叶抗氧化活性研究[J]. 食品科技, 38(4): 270–273.
刘晓军, 刘铀, 陈绍红, 等, 2013. 构树叶提取物抑菌活性的初步观察[J]. 中国实验方剂学杂志, 19(19): 283–286.
秦超燕, 宁带连, 2019. 构树化学成分及药理作用研究进展[J]. 世界最新医学信息文摘, 19(96): 66–67.

邵金华, 唐满生, 左海莲, 2011. 微波法提取楮实子多糖的工艺研究[J]. 氨基酸和生物资源, 33(4): 52-54+66.
熊山, 叶祖光, 2009. 楮实子化学成分及药理作用研究进展[J]. 中国中医药信息杂志, 16(5): 102-103.
TU Y, DIAO Q Y, ZHANG R, et al, 2009. Analysis on the feed nutritive value of hybrid *Broussonetia papyrifera* leaf[J]. Pratacultural Science, 26(6): 136-139.

果实

果实

74 胡桃

Juglans regia L., Sp. Pl. 997. 1753.

自然分布

分布于华北、西北、西南、华中、华南和华东等地区；生于海拔400~1800m之山坡及丘陵地带。中亚、西亚、南亚和欧洲也有分布。常见栽培于我国平原及丘陵地区。

迁地栽培形态特征

乔木，高达20~25m。

茎 树冠广阔；树皮灰白色而纵向浅裂；小枝无毛，具光泽，被盾状着生的腺体。

叶 奇数羽状复叶；小叶通常5~9枚，椭圆状卵形至长椭圆形，顶端钝圆或急尖、短渐尖，基部歪斜、近于圆形，边缘全缘；侧生小叶具极短的小叶柄或近无柄，顶生小叶小叶柄长。

花 雄性柔荑花序下垂；雌性穗状花序通常具1~3雌花。雄花的苞片、小苞片及花被片均被腺毛；雄蕊6~30枚，花药黄色，无毛。雌花的总苞被极短腺毛，柱头浅绿色。

果 果序短，具1~3果实；果实近于球状。

分类鉴定形态特征

叶通常具5~9枚小叶，小叶片全缘，椭圆状卵形或长椭圆形，顶端钝圆或急尖，侧脉11~15对，除下面侧脉腋内具簇毛外其余近于无毛。花药无毛；雌花序具1~3雌花。

引种信息

北京药用植物园 20世纪60年代从北京引种苗，长势良好。

贵阳药用植物园 2015年从贵州贵定引种苗，长势良好。

华中药用植物园 1999年从湖北恩施引种苗（登录号10805405），长势良好。

辽宁省经济作物研究所药用植物园 2014年从辽宁桓仁引种苗，长势良好。

物候

北京药用植物园 4月上旬萌芽期，4月下旬展叶盛期，4月中旬开花始期，4月底开花末期，8月初果实成熟期，10月初开始落叶。

贵阳药用植物园 3月上旬开始展叶，4月上旬进入展叶盛期，3月下旬花现，4月上旬花末期，4月上旬幼果初现，9月上旬逐渐果熟，9月下旬开始脱落，9月中旬进入叶变色期，9月下旬开始落叶。

华中药用植物园 3月下旬开始萌动展叶，4月上旬展叶盛期，5月上旬始花，5月中旬盛花，5月下旬末花，9月下旬果实成熟，10月下旬进入休眠。

辽宁省经济作物研究所药用植物园 3月末萌动期，4月下旬至5月上旬展叶期，5月上旬开花始期，5月中旬开花盛期，5月下旬开花末期，5月下旬至9月下旬结果期，9月中旬变色期，9月下旬开始落叶。

迁地栽培要点

喜光，较耐干冷。繁殖以播种和嫁接为主。

药用部位和主要药用功能

入药部位　叶、外果皮、种仁和种隔。

主要药用功能　种子（种仁）：甘，温；具补肾、温肺、润肠的功效；用于肾阳不足、腰膝酸软、阳痿遗精、虚寒喘嗽、肠燥便秘等症。分心木（种隔）：具补肾涩精的功效；适用于肾虚遗精、滑精、遗尿等症。青龙衣（外果皮）：具消肿、止痒的功效；适用于慢性气管炎，外用于头癣、牛皮癣、痈肿等症。叶：具解毒、消肿的功效；适用于象皮肿、白带过多、疥癣等症。

化学成分　含黄酮类、醌类、鞣质、甾类、萜类等成分。

药理作用　①降血糖作用：动物实验发现胡桃叶能降低血糖和糖化血红蛋白，并能促进胰岛素的分泌；胡桃分心木及根乙醇提取物也具有降血糖的作用。②抗菌作用：叶的水提物对炭疽杆菌、白喉杆菌有显著的杀菌作用；茎皮的醚提取物对革兰氏阳性菌、革兰氏阴性菌及致病性酵母有抑制作用。③镇痛作用：叶的乙醇和水提取物均有止痛活性，且对大肠无毒；未成熟的果实具有与咖啡相似的镇痛作用。④其他作用：另还具有清除氧自由基、杀虫及保护心血管等作用。

参考文献

陈铮, 2013. 食用核桃可降低糖尿病风险[J]. 中国食品学报, 13(4): 251.

杜旭, 李玉文, 倪雁, 等, 2000. 中药青核桃镇痛作用研究与展望[J]. 中国中药杂志, 25(1): 7–10.

李福双, 申健, 谭桂山, 2007. 胡桃属植物化学成分及药理作用研究进展[J]. 中成药杂志, 29(10): 1490–1495.

王双, 黄胜阳, 2017. 胡桃化学成分及降血糖作用研究进展[J]. 智慧健康, 3(6): 27–29.

HOSSEINI S, HUSEINI H F, LARIJANI B, et al, 2014. The hypoglycemic effect of *Juglans regia* leaves aqueous extract in diabetic patients: A first human trial[J]. DARU Journal of Pharmaceutical Sciences, 22(1): 19–23.

75 栝楼

Trichosanthes kirilowii Maxim., Prim. Fl. Amur. 482. 1859.

整株

自然分布

分布于辽宁、华北、华东、中南、陕西、甘肃、四川、贵州和云南等地；生于海拔200～1800m的山坡林下、灌丛、草地和村旁田边。朝鲜、日本、越南和老挝也有分布。属传统中药天花粉和栝楼的原植物，广为栽培。

迁地栽培形态特征

攀缘藤本，长达10m。

- **根** 块根圆柱状，粗大肥厚，富含淀粉，淡黄褐色。
- **茎** 多分枝，具纵棱及槽，被白色伸展柔毛。
- **叶** 叶片纸质，轮廓近圆形，常3～5浅裂至中裂，裂片菱状倒卵形、长圆形，先端钝，急尖，边缘常再浅裂，叶基心形，弯缺深2～4cm，基出掌状脉5条；叶柄长可达10cm，具纵条纹，被长柔毛。卷须3～7歧，被柔毛。

花 雌雄异株。雄花多组成总状花序或单生；花萼筒筒状，顶端扩大，被短柔毛，裂片披针形，全缘；花冠白色，裂片倒卵形，顶端中央具1绿色尖头，两侧具丝状流苏，被柔毛；花药靠合，花丝分离，粗壮，被长柔毛。雌花单生；花萼筒圆筒形，裂片和花冠同雄花；子房椭圆形，绿色，柱头3。

果 果梗长而粗壮；果实椭圆形或圆形，成熟时黄褐色或橙黄色。种子卵状椭圆形，压扁，淡黄褐色，近边缘处具棱线。

分类鉴定形态特征

多年生攀缘藤本。具块根。单叶，表面通常平滑，叶片纸质，近圆形，通常3～5浅裂至中裂；雌雄异株；雄花常排列成总状花序；苞片大，长15～25mm，宽10～20mm；花大，径3cm以上，花萼筒状，裂片披针形，花冠白色。果实球形或椭圆形。种子棱线近边缘。

引种信息

北京药用植物园　20世纪70年代从陕西引入种苗，长势良好。
海军军医大学药用植物园　引种信息不详（登录号XX000315），长势良好。
广西药用植物园　2002年从广西玉林引种子（登录号02530），长势好。
贵阳药用植物园　2008年从贵州乌当下坝引种苗，长势良好。
中国药科大学药用植物园　2009年从江苏南京燕子矶地区引种子（引种号cpug2009013），长势良好。

物候

北京药用植物园　4月底萌芽期，5月初进入展叶期，6月初展叶盛期，6月初至8月底开花期，10月中旬果实全熟期，9月底开始黄枯。
海军军医大学药用植物园　5月底展叶期，8月中旬至9月底开花期，10月中旬至11月中旬结果期，11月下旬至12月上旬变色期，12月中旬至翌年1月上旬落叶期。
广西药用植物园　3月萌动期，3～5月展叶期，5～9月开花期，7～10月结果期，11～12月黄枯期。
贵阳药用植物园　5月初萌动期，6月展叶期，7月中旬至8月下旬开花期，10月初进入黄枯期，10底倒苗。
中国药科大学药用植物园　3月上旬进入萌动期，3月下旬展叶期，5～8月开花期，8～10月结果期，11月下旬至12月下旬黄枯期。

迁地栽培要点

喜温暖潮湿气候。较耐寒。繁殖以播种、分株为主。常见虫害主要有栝楼透翅蛾、瓜蚜等；病害少见。

药用部位和主要药用功能

入药部位　根、果实、果皮和种子。
主要药用功能　根（天花粉）：甘，微苦，微寒；具清热泻火、生津止渴、消肿排脓的功效；用于热病烦渴、肺热燥咳、内热消渴、疮疡肿毒等症。种子（瓜蒌子）：甘，寒；具润肺化痰、滑肠通便的功效；用于燥咳痰黏、肠燥便秘等症。果皮（瓜蒌皮）：甘，寒；具清热化痰、利气宽胸的功效；用于痰热咳嗽、胸闷胁痛等症。
化学成分　含有黄酮类、氨基酸、萜类、甾醇类、蛋白质、多糖等成分。

药理作用 ①清热涤痰作用：栝楼皮总氨基酸有良好的祛痰作用，其中半胱氨酸可通过分解痰液黏蛋白稀释痰液；栝楼水煎液具有较好镇咳效果。②改善心血管功能的作用：栝楼皮水煎液和注射液能显著改善心肌缺血机体异常，可使心肌缺血率、心肌梗死率和多种心肌酶的活性显著降低，并能缩小心肌缺血面积。③泻下作用：栝楼子油有较强的泻下作用，适用于大便秘结。④降血糖作用：根中的棕榈酸具有降糖和改善糖尿病症状的作用。⑤抗肿瘤作用：栝楼皮5种不同极性的成分能明显抑制结肠癌细胞及乳腺癌细胞的增殖。⑥促进免疫作用：栝楼皮能显著增强巨噬细胞活性和T淋巴细胞的转化。⑦抗氧化作用：栝楼皮多糖和栝楼子多糖均具有清除DPPH自由基的能力，总还原能力和抗氧化作用较好。

参考文献

程倩, 稽乐乐, 韩雪娇, 等, 2017. 瓜蒌皮抗肿瘤活性成分的初步研究[J]. 淮阴工学院学报, 26(5): 36–40.
李文娟, 朱亮亮, 李从虎, 等, 2018. 瓜蒌籽油成分、提取方法及功能特性的研究进展[J]. 中国油脂, 43(5): 70–74.
阮耀, 岳兴如, 2004. 瓜蒌水煎剂的镇咳祛痰作用研究[J]. 国医论坛, 19(5): 48.
孙娟, 赵启韬, 黄臻辉, 等, 2013. 瓜蒌皮对急性心肌缺血大鼠的保护作用[J]. 中药药理与临床, 29(3): 114–116.
唐昀彤, 等, 2020. 基于栝楼不同药用部位化学成分和性效关系的质量标志物分析[J]. 中草药. 51(6): 1617–1627.
王国强, 2014. 全国中草药汇编(卷一、二、三、四)[M]. 3版. 北京：人民卫生出版社.
于丹, 张颖, 孟凡佳, 等, 2017. 瓜蒌不同部位中多糖类成分的分析及其抗氧化作用研究[J]. 黑龙江畜牧兽医, 60(23), 191–194.
张霄翔, 王艳苹, 王玉凤, 等, 2009. 瓜蒌皮对环磷酰胺致免疫功能低下小鼠免疫功能的影响[J]. 中国药房, 20(9), 648–650.

76 乌桕

Triadica sebifera (Linnaeus) Small, Florida Trees 59. 1913.

自然分布

分布于黄河以南各地，北达陕西和甘肃；生于旷野、塘边或疏林中。日本、越南和印度也有分布。欧洲、美洲和非洲有栽培。

迁地栽培形态特征

乔木，高可达15m。

茎 植株各部均无毛，具乳状汁液，树皮暗灰色，有纵裂纹。

叶 互生，纸质，叶片菱形、菱状卵形，长、宽近相等，顶端骤然紧缩具长短不等的尖头，基部阔楔形，全缘；中脉两面微凸起，侧脉纤细，斜上升；叶柄纤细，顶端具2腺体；托叶顶端钝，长约1mm。

花 花单性，雌雄同株，聚集成顶生总状花序，有时整个花序全为雄花。雄花：花梗纤细；苞片阔卵形，基部两侧各具一近肾形的腺体，每一苞片内具10~15朵花；小苞片3，不等大，边缘撕裂状；花萼杯状，3浅裂，裂片钝，具不规则的细齿；雄蕊2枚，伸出于花萼之外。雌花：花梗粗壮；苞片深3裂，裂片渐尖，基部两侧的腺体与雄花相同，每一苞片内仅1朵雌花；花萼3深裂，裂片顶端短尖至渐尖；子房卵球形，平滑，3室，花柱3，基部合生，柱头外卷。

果 蒴果梨状球形，成熟时黑色。分果爿脱落后中轴宿存，具3枚种子。种子扁球形，黑色，外被白色、蜡质的假种皮。

分类鉴定形态特征

叶菱形，长和宽近相等，全缘。花雌雄同序，间有整个花序只有雄花，种子被厚薄不等的白色蜡质层，无棕褐色斑纹。

引种信息

北京药用植物园 2014年从陕西太白引入种苗，生长速度慢，长势一般。

海军军医大学药用植物园 引种信息不详（登录号XX000554），长势良好。

广西药用植物园 1995年从广西南宁引苗（登录号95161），长势良好。

贵阳药用植物园 2013年从贵州平塘牙州镇引种苗，长势良好。

中国药科大学药用植物园 2013年从江苏南京引种苗（cpu2013001），长势良好。

物候

北京药用植物园 4月中旬开始萌芽期，5月底展叶盛期，6月中旬始花期，6月下旬末花，7月初见幼果，11月初开始落叶。

海军军医大学药用植物园 5月底展叶期，10月中旬开始黄枯，11月下旬变色期，12月上旬至翌年1月初落叶期。

广西药用植物园　2~3月萌动期，3~4月展叶期，4~7月开花期，6~11月结果期，11月至翌年1月变色期，11月至翌年1月落叶期。

贵阳药用植物园　3月中旬叶芽萌动，3月下旬开始展叶，4月上旬进入展叶盛期，6月上旬花现，6月中旬盛花期，下旬末花期，6月下旬至9月果期，10月上旬果脱落，10月上旬叶变色，11月上旬开始落叶。

中国药科大学药用植物园　4月中旬进入萌动期，4月下旬展叶期，4~8月开花期，10~11月结果期，10月变色期，11月落叶期。

迁地栽培要点

喜温暖、湿润、向阳的环境。北京地区可以正常越冬。繁殖以播种为主。

药用部位和主要药用功能

入药部位　根皮、树皮和叶。

主要药用功能　苦，微温。具利水消肿、解毒杀虫的功效。适用于血吸虫病、肝硬化腹水、大小便不利、毒蛇咬伤；外用于疔疮、鸡眼、乳腺炎、跌打损伤、湿疹、皮炎等症。

化学成分　主要含三萜、二萜、黄酮、香豆素、酚酸和甾体等成分。

药理作用　①体外抑菌作用，乌桕叶中的酚酸类物质和黄酮类物质是其抑制大肠杆菌和金黄色葡萄球菌的主要活性物质；乌桕的水提液和醇提液对西瓜枯萎病菌的菌丝生长有明显的抑制作用。②抗炎作用：叶提取物对多种致炎剂引起的小鼠耳肿胀、大鼠足趾肿胀具有良好的预防作用。③抗病毒作用：乌桕所含12-O-十六酰基佛波醇-13-乙酸酯和6-O-没食子酰基-D-葡萄糖具有抗病毒活性。④杀虫作用：乌桕皮的乙醇提取物可杀死锈同心舟蛾幼虫；乌桕叶提取物可杀死蔬菜、果树的蚜虫和金花虫等。

参考文献

陈利军,尹健,熊建伟,等,2006. 7种药用植物提取物抑菌活性测定[J]. 安徽农业科学, 34(21): 55-62.
霍光华,高荫榆,陈明辉,2005. 乌桕叶抑菌活性功能成分的研究[J]. 食品与发酵工业, 31(3): 52-56.
郎天琼,罗国勇,杨武德,2018. 民族药乌桕氯仿部位的化学成分研究[J]. 中国民族民间医药, 27(20): 28-30.
彭小列,易能,程天印,2008. 乌桕的药用成分与药理作用研究进展[J]. 中国野生植物, 27(3): 1-2, 11.
张君,2015. 乌桕属植物化学成分及其生物活性研究进展[J]. 中国药物经济学, 10(2): 18-19.

叶

花

果实

77 狼毒大戟

Euphorbia fischeriana Steud., Nomencl. Bot. ed 2, 611. 1840.

自然分布

分布于黑龙江、吉林、辽宁、内蒙古和山东等地；生于海拔100~600m的草原、干燥丘陵坡地、多石砾干山坡及阳坡疏林下。

迁地栽培形态特征

多年生草本。

根 根圆柱状，肉质，常分枝，直径可达8cm。

茎 单一不分枝，高15~45cm。

叶 互生，茎下部叶鳞片状，呈卵状长圆形，较小，向上逐渐过渡到正常茎生叶；茎生叶长圆形，先端圆，基部近平截；无叶柄；总苞叶同茎生叶，常5枚；伞幅5；次级总苞叶常3枚，卵形；苞叶2枚，三角状卵形，先端尖，基部近平截。

花 花序单生二歧分枝的顶端，无柄；总苞钟状，具白色柔毛，边缘4裂，裂片圆形；腺体4，半圆形。雄花多枚，伸出总苞之外；雌花1枚；子房密被白色长柔毛；花柱3，中部以下合生；柱头不分裂，中部微凹。

果 蒴果卵球状，被白色长柔毛；果柄长达5mm；花柱宿存；成熟时分裂为3个分果爿。种子扁球状，直径约4mm，灰褐色，腹面条纹不清；种阜无柄。

分类鉴定形态特征

多年生草本，高50cm以下，基部不木质化；根人参状，肉质粗壮。叶常互生，基部楔形或圆形，边缘无毛。复花序二歧或多歧分枝，花序基部无柄；总苞的腺体无附属物，腺体半圆形，常4枚，侧生于总苞边缘；子房不伸出或伸出总苞之外，密被白色柔毛无瘤状物；蒴果平滑无瘤，幼果被白色柔毛。

引种信息

北京药用植物园 2013年从内蒙古引入种苗，长势良好。

辽宁省经济作物研究所药用植物园 2013年从辽宁清原引种苗，长势良好。

物候

北京药用植物园 3月初开始萌动期，展叶，叶片由紫变绿，4月上旬展叶盛期，3月底至4月初开花期，5月上旬果熟，6月中旬开始黄枯。

辽宁省经济作物研究所药用植物园 4月初至上旬萌动期，4月中旬至下旬展叶期，4月上中旬开花始期，4月中旬开花盛期，5月下旬开花末期，4月下旬至5月末果实发育期，7月上旬至中旬黄枯期。

迁地栽培要点

喜阳性、干旱环境,怕涝,耐寒。繁殖方式以播种为主,秋季或春季播种均可。虫害少见;荫蔽处生长的植株有病害发生。

药用部位和主要药用功能

入药部位 根。

主要药用功能 辛,平;有毒。具散结、杀虫的功效。用于淋巴结核、皮癣等症。还可灭蛆。

化学成分 含有萜类、鞣质、苯乙酮类、植物甾醇类、挥发油、糖类等成分。

药理作用 ①抗肿瘤作用:从狼毒大戟中分离的化合物对人肝癌细胞和大细胞肺癌细胞的增殖具有抑制作用。②抗结核作用:其石油醚提取物有抑制结核杆菌生长的作用,存在良好的抗结核病功能。③增强免疫作用:狼毒大戟多糖能通过促进机体脾淋巴细胞增殖及细胞因子分泌,从而增强免疫力。④抗白血病作用:能抑制机体白血病外周血白细胞增殖,诱导外周血淋巴细胞凋亡,并抑制肿瘤细胞的基因表达。⑤抗菌作用:对大肠杆菌、沙门氏杆菌、绿脓杆菌、变形杆菌、金黄色葡萄球菌都具有一定的抑制作用。⑥抗氧化作用:狼毒大戟提取液能提高机体血清中的SOD、GSH-PX和CAT活力值,从而提高抗氧化能力。

参考文献

陈伟光, 2005, 中药及有效成分抗结核的研究进展[J]. 时珍国医国药, 16(10): 998–999.
韩德军, 等, 2018, 狼毒大戟多糖对小鼠脾淋巴细胞增殖及细胞因子分泌的影响[J]. 中国医学创新, 15(24): 26–28.
胡蓉蓉, 2011. 狼毒大戟提取液对荷$H_{(22)}$小鼠的抑瘤作用及抗氧化能力的影响[D]. 滨州: 滨州医学院.
马玉坤, 等, 2020, 狼毒大戟抗肿瘤活性成分[J]. 中国实验方剂学杂志, 26(7): 156–164.
史影雪, 等, 2020, 狼毒大戟化学成分研究[J]. 中草药, 51(8): 2107–2111.

果实

果实

78 大戟

Euphorbia pekinensis Rupr., Prim. Fl. Amur. 239. 1859.

自然分布

分布于除台湾和西藏外的全国各地，北方尤为普遍；生于山坡、灌丛、路旁、荒地、草丛、林缘和疏林内。朝鲜和日本也有分布。

迁地栽培形态特征

多年生草本。

根 根圆柱状，长20~30cm。直径6~14mm，分枝或不分枝。

茎 单生或自基部多分枝，每个分枝上部又4~5分枝，高可达120cm，被柔毛或无毛。

叶 互生，椭圆形，全缘；主脉明显，侧脉羽状；总苞叶4~7枚，长椭圆形，先端尖，基部近平截；伞幅4~7；苞叶2枚，近圆形，先端具短尖头，基部平截或近平截。

花 花序单生于二歧分枝顶端，无柄；总苞杯状，边缘4裂，裂片半圆形，边缘具不明显的缘毛；腺体4，半圆形或肾状圆形。雄花多数，伸出总苞之外；雌花1枚，具较长的子房柄，子房幼时被较密的瘤状突起，花柱3，分离，柱头2裂。

果 蒴果；球状，被瘤状突起，成熟时分裂为3个分果爿。种子长球状，暗褐色，腹面具浅色条纹；种阜近盾状，无柄。

分类鉴定形态特征

多年生草本，基部不木质化。根圆柱状或人参状，肉质化，直径小于2cm。叶不早落；多互生；全缘。总苞杯状，腺体无附属物，片状，4枚，圆形或半圆形，无角，侧生于总苞边缘，花柱3，分离。子房和蒴果均密被瘤状突起。种子暗褐色，腹面具浅色条纹。

引种信息

北京药用植物园 20世纪70年代从北京引种苗，长势良好。

中国药科大学药用植物园 2012年从江苏南京燕子矶地区引种子（引种号cpug2012009），长势良好。

物候

北京药用植物园 3月中旬开始萌动期，3月下旬展叶，叶片由紫红变绿，5月底展叶盛期，6月初至8月上旬开花期，8月上旬果熟，9月底开始叶片变红。

中国药科大学药用植物园 2月上旬进入萌动期，2月中旬至下旬展叶期，5~8月开花期，6~9月结果期，9月上旬至12月上旬黄枯期。

迁地栽培要点

喜阳，耐旱，耐寒。繁殖方式主要以分株和播种为主。病虫害少见。

药用部位和主要药用功能

入药部位 根。

主要药用功能 苦，寒；有毒。具泻水逐饮、消肿散结的功效。用于水肿胀满、胸腹积水、痰饮积聚、气逆咳喘、二便不利、痈肿疮毒、瘰疬痰核；外用于疔疮疖肿等症。

化学成分 含有萜类、鞣质、黄酮类、酚酸类等成分。

药理作用 ①抗癌作用：所含丹酚酸B可抑制人头颈部鳞癌细胞AGZY-973的生长和增殖，所含二萜类成分可抑制癌细胞DNA合成，对人肝癌细胞增殖有明显的抑制作用。②泻下作用：通过促进肠道蠕动，使肠内容物向下推进，增加对其水分吸收，减少其停留时间，起到泄水逐饮的作用。③抗炎作用：可使管壁细胞膜通透性降低，导致白细胞总数增加的同时减少渗出液，从而达到抗炎效果。

参考文献

陈飞燕, 等, 2016. 京大戟中二萜类化合物pekinenal对肝癌细胞增殖、周期和凋亡的影响[J]. 中国药理学通报, 32(4): 519–524.

耿婷, 丁安伟, 张丽, 2008. 大戟属植物的研究进展[J]. 中华中医药学刊, 26(11): 2433–2436.

刘淑岚, 等, 2019. 京大戟的化学成分和药理作用研究概述[J]. 中国现代中药, 21(1): 129–138.

左风, 1998. 大戟提取物的抗炎作用[J]. 国际中医中药杂志, 20(3): 39–40.

整株

79 算盘子

Glochidion puberum (L.) Hutch., Sarg. Pl. Wilson. 2: 518. 1916.

自然分布

分布于陕西、甘肃、江苏、安徽、浙江、江西、福建、台湾、河南、湖北、湖南、广东、海南、广西、四川、贵州、云南和西藏等地；生于海拔300~2200m山坡、溪旁灌木丛中或林缘。

迁地栽培形态特征

直立灌木，高1~5m。

🟠 茎 　上多分枝；小枝灰褐色。

🟠 叶 　叶片纸质或近革质，长圆形，顶端钝或短渐尖，基部楔形，上面灰绿色，仅中脉被疏短柔毛或几无毛，下面粉绿色，被毛。

🟠 花 　雌雄同株或异株，2~5朵簇生于叶腋内，雄花束常着生于小枝下部，雌花束则在上部，或有时雌花和雄花同生于一叶腋内。雄花：花梗长4~15mm；萼片6；雄蕊3，合生呈圆柱状。雌花：花梗长约1mm；萼片6，较雄花短而厚；子房圆球状，5~10室，每室有2颗胚珠，花柱合生呈环状，长宽与子房几相等，与子房接连处缢缩。

🟠 果 　蒴果扁球状，直径约10mm，边缘有8~10条纵沟，成熟时带红色，顶端具有环状而稍伸长的宿存花柱。种子近肾形，具三棱，朱红色。

分类鉴定形态特征

灌木。茎上多分枝；小枝灰褐色。叶片宽约2cm；基部楔形；叶片和蒴果被短柔毛或短绒毛。萼片内面无毛，雌雄花萼片狭长圆形或长圆状倒卵形；花柱合生呈环状，长宽与子房几相等，雄蕊3枚；蒴果扁球状，边缘具8~10条纵沟。

引种信息

北京药用植物园　2015年从湖北宜昌引种苗，生长速度快，长势良好。

海军军医大学药用植物园　引种信息不详（登录号XX000511），长势良好。

广西药用植物园　1995年从广西南宁四塘林场引苗（登录号95135），长势良好。

贵阳药用植物园　引种信息不详，生长速度快，长势良好。

中国药科大学药用植物园　2009年从江苏南京燕子矶地区引种苗（引种号cpug2009016），长势良好。

物候

北京药用植物园　4月上旬开始萌芽期，5月底展叶盛期，8月初始花期，10月下旬末花，未见果实，11月底开始落叶。

海军军医大学药用植物园　5月底展叶期，6月中旬至7月中旬结果期，11月中旬开始黄枯，11月底变色期，12月上旬开始落叶。

广西药用植物园　2～3月萌动期，3～4月展叶期，4～9月开花期，5～10月结果期，11～12月变色期，11～12月落叶期。

贵阳药用植物园　3月中下旬进入萌动期，3月底开始展叶，5月初展叶盛期，5月中旬始花、盛花，6月初末花，7月上旬果熟，10～11月落叶期，随后进入休眠期。

中国药科大学药用植物园　4～8月开花期，7～11月结果期。

迁地栽培要点

喜阳，北京地区可以正常越冬。繁殖以分株和播种为主。病虫害少见。

药用部位和主要药用功能

入药部位　根、叶和果实。

主要药用功能　微苦，涩，寒。具清热解毒、止泻利湿、祛风活络的功效。适用于感冒发热、咽喉痛、急性胃肠炎、消化不良、痢疾、白带、痛经、风湿性关节炎、跌打损伤等症。

化学成分　含有生物碱类、三萜类、黄酮类、甾体类、环丁烯内脂类、木脂素类、酚酸类等成分。

药理作用　可以显著降低溃疡性结肠炎大鼠肿瘤坏死因子α和白细胞介素–6的水平，具有一定治疗结肠炎的作用。

参考文献

高雅，蒀博婷，曹后康，等，2018. 基于氧化应激和TLR-4/NF-κB通路研究算盘子根总黄酮保肝作用及其机制[J]. 中药药理与临床，34(4): 74–77.

黄爱军，2010. 算盘子提取物抗炎镇痛作用的实验研究[J]. 湖北民族学院学报(医学版)，27(4): 17–19.

刘宁，2011. 算盘子属植物的化学成分和药理活性研究进展以及艾胶算盘子的化学成分研究[D]. 兰州：西北师范大学.

张桢，刘光明，任艳丽，等，2008. 算盘子的化学成分研究. 天然产物研究与开发，20(3): 447–449.

LIU MIN, XIAO H T, HE H P, et al, 2008. A novel lignanoid and norbisabolane sesquiterpenoids from *Glochidion puberum*[J]. Chemistry of Natural Compounds, 44(5): 588–590

ZHANG ZHEN, GAO, FANG, et al, 2008. Two new triterpenoid saponins from *Glochidion puberum*[J]. Journal of Asian Natural Products Research, 10(11): 1029–1034

中国迁地栽培植物志·药用植物（一）·叶下珠科

整株

80 老鹳草

Geranium wilfordii Maxim., Bull. Acad. Sci. St. Petersb. 26: 453. 1880.

自然分布

分布于东北、华北、华东、华中及陕西、甘肃和四川等地区；生于海拔1800m以下的低山林下、草甸。俄罗斯远东、朝鲜和日本也有分布。

迁地栽培形态特征

多年生草本。

- **根** 根茎直生，粗壮；须根细长，纤维状。
- **茎** 直立，具棱槽，假二叉分枝，被倒向短柔毛。
- **叶** 基生和茎生，茎生叶对生；托叶卵状三角形或上部为狭披针形，基生叶和茎下部叶具长柄，茎上部叶柄渐短或近无柄；基生叶片圆肾形，5深裂，裂片倒卵状楔形，上部齿裂，茎生叶3裂，裂片长卵形或宽楔形，上部浅齿裂。
- **花** 花序腋生和顶生，稍长于叶，每梗具2花；苞片钻形；花梗在花期、果期通常直立。萼片长卵形或卵状椭圆形，先端具细尖头；花瓣白色或淡红色，倒卵形，与萼片近等长；花丝淡棕色，下部扩展，被缘毛；雌蕊被短糙状毛，花柱分枝紫红色。
- **果** 蒴果；具喙，果瓣成熟时由基部向上反卷，被短柔毛和长糙毛。

分类鉴定形态特征

多年生草本。茎生叶掌状3裂。花小，直径3~6mm；花瓣基部无斑眼，具紫色条纹。果瓣成熟时由基部向上反卷。

引种信息

北京药用植物园 20世纪70年从河北引种子，长势良好。
成都中医药大学药用植物园 2013年从四川峨眉山引种苗，长势良好。
广西药用植物园 2003年从广西那坡引种子（登录号03491），长势良好。
华中药用植物园 1999年从湖北恩施引种苗（登录号10804927），长势良好。

物候

北京药用植物园 4月初开始萌动期，5月上旬展叶盛期，5月初开花始期，6月初末花，6月底果实全熟期，9月中旬开始黄枯。
成都中医药大学药用植物园 3月初展叶，3月中旬开花，7月初2次开花，4月初结果，6月中旬果实全熟，11月变色，11月中旬植株开始枯萎。
广西药用植物园 2~3月萌动期，3~4月展叶期，5~10月开花期，6~11月结果期，11~12月黄枯期。

华中药用植物园　4月上旬开始萌动展叶，4月中旬展叶盛期，5月上旬始花，5月中旬盛花，5月下旬末花。

迁地栽培要点

喜阳光充足的环境。繁殖以播种为主。未见病虫危害。

药用部位和主要药用功能

入药部位　地上部分。

主要药用功能　辛、苦，平。具祛风湿、通经络、止泻痢的功效。用于风寒痹痛、麻木拘挛、筋骨酸痛、泄泻痢疾等症。

化学成分　主要含黄酮类、鞣质类、多酚类、有机酸、挥发油等成分。

药理作用　①抗氧化作用：所含老鹳草素及鞣质具有较强的抗过氧化及氧化作用。②抗肿瘤作用：提取物能提高直肠癌患者的生存概率，改善患者的体力状况，抑制肿瘤细胞转移。③降糖作用：提取物可降低糖尿病大鼠的血糖浓度。

参考文献

程小伟, 2014. 老鹳草化学成分及其生物活性研究[D]. 西安：陕西科技大学.
何文涛, 金哲雄, 王宝庆, 2011. 老鹳草的研究进展[J]. 航空航天医学杂志, 22(10): 1200–1202.
黄媛华, 黄国栋, 黄敏, 等, 2009. 老鹳草提取物治疗低位直肠癌的临床观察及机理探讨[J]. 中成药, 31(8): 1161–1164.
王志刚, 李青, 王斌, 等, 2008. 中药老鹳草的成分和药理学研究进展[J]. 中兽医学杂志, 56(4): 44–48.

81 千屈菜

Lythrum salicaria L., Sp. Pl. ed. 1. 446. 1753.

自然分布

分布于全国各地；生于河岸、湖畔、溪沟边和潮湿草地。亚洲、欧洲、非洲的阿尔及利亚、北美和澳大利亚东南部也有分布。

迁地栽培形态特征

多年生草本。

根 根茎横卧，粗壮。

茎 直立，多分枝，枝通常具4棱，高约120cm，全株略被粗毛或密被茸毛。

叶 对生或三叶轮生，披针形或阔披针形，顶端钝或短尖，基部圆形或心形，有时略抱茎，全缘，无柄。

花 小聚伞花序簇生，花枝全形似大型穗状花序；苞片阔披针形至三角状卵形。萼筒有纵棱12条，裂片6，三角形；附属体针状，直立；花瓣6，红紫色或淡紫色，倒披针状长椭圆形，着生于萼筒上部，有短爪，稍皱缩；雄蕊12，6长6短，伸出萼筒之外；子房2室，花柱长短不一。

果 蒴果；扁圆形。

分类鉴定形态特征

多年生草本；叶片基部圆形或近心形，无柄，略抱茎；花枝全形似大型穗状花序；花辐射对称，6基数，圆筒形萼筒直生，基部无距，花瓣明显；蒴果包藏于萼筒内。

引种信息

北京药用植物园 20世纪80年代从北京引种子，长势良好。

广西药用植物园 1998年从荷兰莱登大学引种子（登录号98183），长势一般。

中国药科大学药用植物园 2015年从陕西引根（引种号cpug2015011），长势良好。

物候

北京药用植物园 4月中旬开始萌芽、展叶，5月上旬展叶盛期，5月中旬开花始期，8月上旬末花，8月上旬果始熟期，开始黄枯。

广西药用植物园 2~3月萌动期，3~5月展叶期，6~9月开花期，8~10月结果期，11月至翌年2月黄枯期。

中国药科大学药用植物园 9~10月开花期，9~10月结果期。

迁地栽培要点

喜强光，喜水湿，耐寒性强。繁殖以分株及播种为主。病虫害少见。

药用部位和主要药用功能

入药部位 地上部分。

主要药用功能 苦,寒。具清热解毒、凉血止血的功效。用于肠炎、便血、血崩、高烧、月经不调、腹泻、外伤出血等症。

化学成分 主要含黄酮类、糖苷类、醇类、酯类及桦木酸、熊果酸和齐墩果酸等成分。

药理作用 ①抗菌作用:甲醇提取物对大肠杆菌、白色念珠菌、金黄色葡萄球菌有抑制作用;乙醇提取物对单细胞增生李斯特菌,耐药性鲍氏不动杆菌和铜绿假单孢菌有潜在的抑制活性。②降糖作用:花和茎的乙醚提取物对兔具有降血糖有作用。③抗炎作用:80%甲醇提取物对大鼠肾脏上皮NRK-52E细胞的促炎作用有影响,能导致细胞因子诱导的中性粒细胞趋化因子(CINC-1)生成量显著减低。

参考文献

惠永正, 2011. 中药天然产物大全[M]. 上海: 上海科学技术出版社: 4679.
江波, 李明珠, 庹雪, 2015. 千屈菜的化学成分研究[J]. 中国药学杂志, 50(14): 1190–1195.
张晴, 刘芳, 2018. 千屈菜提取物药理作用的研究进展[J]. 华西药学杂志, 33(2): 219–223.
BRUN Y, WANG X P, WILLEMOT J, et al, 1998. Experimental study of antidiarrheal activity of Salicairine[J]. Fundam Clin Pharmacol, 12(1): 30–36.
M SUTOVSKÁ, CAPEK P, S FRAŇOVÁ, et al, 2012. Antitussive and bronchodilatory effects of *Lythrum salicaria* polysaccharide–polyphenolic conjugate[J]. International Journal of Biological Macromolecules, 51(5): 794–799.

82
石榴

Punica granatum L., Sp. Pl. 472. 1753.

自然分布

原产于巴尔干半岛至伊朗及其邻近地区。全国各地都有栽培。

迁地栽培形态特征

落叶灌木或乔木。

茎 枝顶常成尖锐长刺，幼枝具棱角，老枝近圆柱形。

叶 通常对生，纸质，矩圆状披针形，顶端短尖、钝尖或微凹，基部尖或稍钝；叶柄短。

花 花1~5朵生枝顶；萼筒红色或淡黄色，裂片略外展，卵状三角形，外面近顶端有1腺体，边缘有小乳突；花瓣红色、黄色或白色，顶端圆形；花丝无毛；花柱长超过雄蕊。

果 浆果；近球形。种子多数，钝角形，肉质外种皮供食用。

分类鉴定形态特征

落叶乔木或灌木。茎通常具内生韧皮部。单叶，无腺点。花两性；萼革质，萼管与子房贴生，裂片5~9；花瓣5~9，多皱褶；雄蕊生萼筒内壁上部，多数，药隔无腺体；子房下位，心皮多数，隔膜由轮列逐渐发育成叠生状，胚珠多数。浆果球形，顶端有宿存花萼裂片，果皮厚。种子多数，种皮外层多汁，内层骨质。

引种信息

北京药用植物园 1992年从北京市花木公司引种苗，长势良好。

成都中医药大学药用植物园 2013年从四川峨眉山引种苗，长势良好。

重庆药用植物园 1974年从四川米易引植株（引种号1974007），长势良好。

广西药用植物园 1997年从广西南宁喜阳引苗（登录号97139），长势良好。

贵阳药用植物园 引种信息不详，引种苗，生长速度快，长势良好。

云南西双版纳南药园 引种信息不详，长势良好。

物候

北京药用植物园 4月中旬开始萌芽期，5月中旬展叶盛期，5月中旬至6月中旬开花期，9月上旬果实成熟期，10月中旬开始落叶。

成都中医药大学药用植物园 3~4月期展叶，4~5月花果始期，6~8结果期，11~12月枯萎期。

重庆药用植物园 3月下旬萌芽，4月上旬展叶，5月下旬开花，8月下旬果实成熟，11月上旬落叶。

广西药用植物园 2月萌动期，2~3月展叶期，3~5月开花期，4~6月结果期，11月变色期，11~12月落叶期。

贵阳药用植物园 2月底进入萌芽期，3月中旬展叶期，3月下旬展叶盛期，4月中旬始花，5月初盛花，6月上旬末花，8月下旬果熟。

云南西双版纳南药园 11月萌动期，11月至翌年3月展叶期，3~5月第一次花期，9月至翌年3月第二次花期，4~9月结果期，9月变色期，11月落叶期。

迁地栽培要点

喜温暖、向阳的环境，耐旱，耐寒。繁殖以无性方式为主。病害主要有白腐病、黑痘病、炭疽病。虫害主要有刺蛾、蚜虫、蜡类、介壳虫、斜纹夜蛾等。

药用部位和主要药用功能

入药部位 根、叶、花、果和种子。

主要药用功能 果皮：酸、涩，温；具涩肠止泻、止血、驱虫的功效；用于久痢、久泻、便血、脱肛、崩漏、带下、虫积腹痛等症。根：苦、涩，温；具杀虫、涩肠、止泻的功效；用于蛔虫病、绦虫病、久泻久痢、带下病等症。叶：具收敛止泻、解毒杀虫的功效；用于跌打损伤、痘风疮、泻泄等症。花：酸、涩，平；具凉血、止血的功效；用于衄血、吐血、创伤出血、月经不调、崩漏、带下、中耳炎等症。

化学成分 含多酚、黄酮、生物碱、有机酸、甾类、挥发油等类成分。

药理作用 ①降糖作用：石榴籽油具降糖活性。②降压作用：石榴水提物中含有的大量鞣质具有降血压活性。③抗病毒作用：石榴花水提取物和醇提取物均可对流感病毒诱导的细胞毒产生抑制作用，具有明显的抑制流感病毒作用。④护肝作用：石榴多酚能明显降低急性肝损伤小鼠血清谷丙转氨酶、天门冬氨酸转氨酶活性，保护肝脏免受损伤；石榴皮鞣质能保护糖尿病大鼠的肝脏，降低高脂血症小鼠的肝脏指数。⑤抗疲劳作用：石榴籽油能提升小鼠抗氧化、抗疲劳能力。⑥驱虫作用：石榴碱对绦虫有杀灭活性。

参考文献

蔡霞, 刘悦, 张芳芳, 等, 2014. 石榴的化学成分与质量控制研究进展[J]. 世界科学技术-中医药现代化, 16(1): 123–129.

胡正梅, 马清河, 2015. 石榴的化学成分及药理活性研究进展[J]. 新疆中医药, 33(1): 74–77.

谢莉, 田莉, 2016. 石榴抗肿瘤有效成分的研究进展[J]. 中国实验方剂学杂志, 22(2): 211–215.

闫恒, 张辉, 2016. 石榴化学成分及其药理作用研究进展[J]. 中国处方药, 14(2): 18–19.

树皮　果实

83 七叶树

Aesculus chinensis Bunge, Enum. Pl. Chin. Bor. 10: 1833.

自然分布

野生分布于秦岭，栽培于河北南部、山西南部、河南北部和陕西南部等地区。

迁地栽培形态特征

落叶乔木。

🌿 **茎** 树皮深褐色或灰褐色，小枝圆柱形，黄褐色或灰褐色，有淡黄色皮孔。

🌿 **叶** 掌状复叶，由5~7小叶组成，叶柄有灰色微柔毛；小叶纸质，长圆状披针形至长圆状倒披针形，先端短锐尖，基部楔形或阔楔形，边缘有细锯齿，长8~16cm，宽3~5cm，侧脉13~17对，中央小叶叶柄长1~1.8cm，两侧小叶叶柄长5~10mm，有灰色微柔毛。

🌿 **花** 聚伞圆锥花序圆筒状，小花序由5~10朵花组成，平斜向伸展；花杂性，雄花与两性花同株。花萼管状钟形，不等5裂，边缘有短纤毛；花瓣4，白色，长圆状倒卵形至长圆状倒披针形，边缘有纤毛，基部爪状；雄蕊6，花丝线状；子房在雄花中不发育，在两性花中发育良好，卵圆形，花柱无毛。

🌿 **果** 球形或倒卵圆形，直径3~4cm，黄褐色，具密集斑点。种子1~2粒，近球形，栗褐色，种脐白色，约占种子体积的1/2。

分类鉴定形态特征

小叶近披针形或倒披针形，长8~16cm，宽3~5cm，侧脉13~17对，有显著小叶柄。聚伞圆锥花序筒状，基部直径通常4~5cm。蒴果球形或倒卵圆形，直径3~4cm，黄褐色，具密集斑点；种子近球形，栗褐色，种脐白色，约占种子体积的1/2。

引种信息

北京药用植物园 1996年从北京引种苗，长势良好。

贵阳药用植物园 2013年从贵州瓮安林场引活体植物，生长速度慢，长势良好。

中国药科大学药用植物园 2014年购买苗木（引种号cpug2014028），长势良好。

物候

北京药用植物园 3月底萌动期，4月上旬展叶盛期，5~6月开花，7月初果实成熟，10月底开始落叶。

贵阳药用植物园 2月底进入萌动期，3月初开始展叶，4月中旬展叶盛期，未见花，11月中下旬叶变色期，12月初落叶期，带叶芽休眠。

中国药科大学药用植物园 3月下旬进入萌动期，展叶期，4~5月开花期，10月结果期，10月中旬至下旬变色期，11月下旬至12月中旬落叶期。

迁地栽培要点

喜光，稍耐阴，耐寒，北京地区可正常越冬。繁殖以播种为主。未见病虫危害。

药用部位和主要药用功能

入药部位 种子。

主要药用功能 甘，温。具疏肝理气、和胃止痛的功效。用于肝胃气痛、胸腹胀闷、胃脘疼痛等症。

化学成分 含皂苷、类黄酮、香豆素、有机酸和甾醇等类成分，其中皂苷为七叶树的主要活性成分。

药理作用 ①抗炎作用：七叶皂苷钠对非感染性炎症具有抗炎作用，无免疫抑制，与甾体类药物相比具有明显的优越性。并可增加静脉张力、改善微循环、防止局部组织缺血。②抗氧化作用：七叶皂苷钠具有改善氧自由基导致的神经细胞损伤作用，七叶皂苷有抑制$TNF-\alpha$产生和释放、降低神经损伤的作用。③抗肿瘤作用：七叶皂苷钠对人鼻咽癌KB、小鼠肝癌H22和肉瘤S180细胞的增殖具有抑制作用；能够抑制急性髓性白血病细胞HL-60和慢性髓性白血病细胞K562的增殖，并诱导其凋亡；对小鼠急性淋巴白血病细胞L1210和人白血病Jurkat细胞的增殖有抑制作用。④胃肠调节作用：七叶皂苷钠具有抗分泌和抑制胃排空作用。

参考文献

刘丽娟, 周宏灏, 2010. 七叶皂苷的药理作用与临床应用[J]. 现代生物医学进展, 24(5): 957-960.
石召华, 张一娟, 关小羽, 等, 2013. 七叶树属植物研究进展[J]. 世界科学技术-中医药现代化, 15(2): 322-328.
万贵平, 张真真, 蔡雪婷, 等, 2012. 七叶皂苷钠抑制人白血病Jurkat细胞增殖的机制研究[J]. 中草药 (1): 114-118.
尉芹, 马希汉, 杨秀萍, 等, 2003. 娑罗子化学成分研究进展[J]. 西北林学院学报, 20(4): 131-134.
薛云丽, 孙启泉, 2012. 七叶树属药用植物化学成分、生物活性及临床应用研究进展[J]. 中草药, 43(11): 2305-2310.

整株

84 臭椿

Ailanthus altissima (Mill.) Swingle, Journ. Wash. Acad. Sci. 6: 459, 1916.

自然分布

分布于除黑龙江、吉林、青海和海南外的全国各地。世界各地都有栽培。

迁地栽培形态特征

落叶乔木。

🟠 茎 树皮平滑而有直纹；嫩枝有髓，幼时被黄色或黄褐色柔毛，后脱落。

🟠 叶 奇数羽状复叶，小叶13~27；小叶对生或近对生，纸质，卵状披针形，先端长渐尖，基部偏斜，截形或稍圆，两侧各具1或2个粗锯齿，齿背有腺体1个，叶揉碎后具臭味。

🟠 花 圆锥花序；花淡绿色，杂性。萼片5，覆瓦状排列；花瓣5，基部两侧被硬粗毛；雄蕊10；心皮5，花柱黏合，柱头5裂。

🟠 果 翅果；长椭圆形。种子位于翅的中间，扁圆形。

分类鉴定形态特征

幼嫩枝条被黄色或黄褐色柔毛，后脱落，无软刺。奇数羽状复叶，小叶13~27；小叶片全缘，基部每侧有1~2个粗锯齿，叶柄无刺；心皮5；翅果长椭圆形；种子位于翅的中间，扁圆形。

引种信息

北京药用植物园 20世纪80年代从北京引种苗，长势良好。

辽宁省经济作物研究所药用植物园 2013年从辽宁沈阳引种苗，长势良好。

物候

北京药用植物园 4月初萌芽期，4月上旬进入展叶期，5月初展叶盛期，5月中旬花期，9月下旬果实成熟，10月底果实脱落，9月中旬叶变色，9月下旬开始落叶，10月底进入休眠。

辽宁省经济作物研究所药用植物园 4月中旬萌动期，5月上旬至中旬展叶期，5月中旬开花始期，5月下旬开花盛期，6月上旬开花末期，6月上旬至7月下旬结果期，8月下旬变色期，9月上旬开始落叶。

迁地栽培要点

喜光，不耐阴，耐旱，耐高温，耐寒。繁殖以播种为主。有沟眶象和斑衣蜡蝉危害，沟眶象危害严重时可致整株死亡；病害未见。

药用部位和主要药用功能

入药部位 根皮和树干皮。

主要药用功能 苦，涩，寒。具清热燥湿、收涩止带、止泻、止血的功效。用于赤白带下、湿热泻痢、久泻久痢、便血、崩漏等症。

化学成分 主要含黄酮、生物碱、苦木苦味素、2,6-二甲氧基苯醌、吲哚生物碱等成分。

药理作用 ①抗病毒作用：所含生物碱对单纯性疱疹病毒（HSV-1）有较好的治疗作用。②抗肿瘤及抗疟作用：从臭椿中分离得到的6α-tigloyloxychaparri对人类鼻咽癌KB细胞具有体外抑制活性，同时具有抗疟活性。③抗阿米巴活性：苦木苦味素具有抗阿米巴活性，但其细胞毒性较高。

参考文献

高叶, 叶华, 赵益霞, 2015. 臭椿的研究综述[J]. 才智, 15(21): 368–369.
刘继梅, 张中伟, 姚佳, 等, 2013. 臭椿树枝化学成分研究[J]. 林产化学与工业, 33(4): 121–127.
谭庆伟, 吴祖建, 欧阳明安, 2008. 臭椿化学成分及生物活性研究进展[J]. 天然产物研究与开发, 20(4): 748–755.
OHMOTO T, KOIKE K, 1988. Antiherpes activity of Simaroubaceae alkaloids in vitro. Shoyakuigaku[J]. Zasshi, 42(2): 160–162.
OKUNADE A L, BIKOFF R E, CASPER S J, et al, 2003. Antiplasmodial activity of extracts and quassinoids isolated from seedlings of Ailanthus altissima (Simaroubaceae) [J]. Phytother Res, 17(6): 675–677.

整株

85 木槿

Hibiscus syriacus L., Sp. Pl. 695, 1753.

整株

自然分布

分布于台湾、福建、广东、广西、云南、贵州、四川、湖南、湖北、安徽、江西、浙江、江苏、山东、河北、河南、陕西等地。全国各地都有栽培。

迁地栽培形态特征

落叶灌木，高3~4m。

🟠茎 小枝密被黄色星状茸毛。

🟠叶 叶菱形至三角状卵形，3裂或不裂，先端钝，基部楔形，边缘具不整齐齿缺；叶柄被星状柔毛；托叶线形。

🟠花 花单生于枝端叶腋间，各部位被星状茸毛；小苞片6~8，线形；花萼钟形，裂片5，三角形；花冠钟形，淡紫色，花瓣倒卵形；雄蕊柱长约3cm；花柱分枝5。

🟠果 蒴果卵圆形，密被黄色星状茸毛，具短喙。种子肾形，背部被长柔毛。

分类鉴定形态特征

直立灌木。叶坚纸质，菱形至三角状卵形，基部楔形，边缘具不整齐齿缺，有3基脉。花单生于叶腋，直立，花梗被星状柔毛；总苞分离，仅基部合生，小苞片线形，宽0.5~2mm；花柱分枝平滑无毛；雄蕊柱不伸出花外。

引种信息

北京药用植物园 20世纪80年代从北京引种苗，生长速度快，长势良好。

成都中医药大学药用植物园 2013年从四川峨眉山引种苗，长势良好。

重庆药用植物园 2014年从重庆南川三泉镇引植株（引种号2014024），长势良好。

广西药用植物园 2003年从广西金秀引苗（登录号03556），长势良好。

贵阳药用植物园 2013年从贵州余庆龙溪镇引种苗，长势良好。

中国药科大学药用植物园 2014年购买种苗（引种号cpug2014005），长势良好。

物候

北京药用植物园 4月初萌芽期，4月中旬进入展叶期，6月初开花始期，9月中旬开花末期，10月中旬开始落叶，部分年份偶见结果。

成都中医药大学药用植物园 3月中旬萌芽期，4月初展叶始期，6月中旬开花始期，6月底花盛，8月下旬末花，未见果，10月上旬叶始变色，11月底叶全变黄，10月下旬始落叶，12月中旬落叶末期。

重庆药用植物园 3月上旬萌芽，3月中旬展叶，7月中旬开花，9月下旬果实成熟。

广西药用植物园 3月萌动期，3~5月展叶期，7~10月开花期，未见结果，11~12月变色期，12月至翌年1月落叶期。

贵阳药用植物园 3月上旬开始展叶，7月中旬花现，多次开花，未见果实，9月下旬至10月下旬叶变色，11月上旬开始落叶。

中国药科大学药用植物园 3月下旬进入萌动期，4月上旬展叶期，7~10月开花期。

迁地栽培要点

喜光和温暖潮润的气候。耐热，耐寒，北京地区可以正常越冬。繁殖以扦插为主。常见病害主要有炭疽病、叶枯病、白粉病等；虫害主要有红蜘蛛、蚜虫、蓑蛾、夜蛾、天牛等。

药用部位和主要药用功能

入药部位 叶和花。

主要药用功能 叶：苦，寒；具清热的功效。花：甘，平；具清热凉血、利湿、解毒消肿的功效；用于痢疾、痔疮出血、白带等症；外用于痔疮痈肿、烫伤等症。

化学成分　木槿叶中含有丰富的异牡荆素、槲皮素、黄酮类、叶黄素等化学成分。木槿花富含多糖类、蛋白质、氨基酸、有机酸、花青素、黄酮类、皂苷类等成分。

药理作用　①抗菌作用：木槿根皮，茎皮的乙醇提取液能够抑制细菌，从木槿皮中分离得到的化合物具有抑制真菌增殖的作用。②抗氧化活性：木槿皮提取物有抗氧化作用，叶中含的总黄酮具有抗氧化活性，花具有清除自由基、抗氧化能力。③抗癌作用：木槿生物活性物质的抗癌作用主要表现在抑制肿瘤细胞的活性，以及对部分癌细胞的细胞毒性。④其他作用：花提取液具有促凝血、增强HacaT细胞株细胞迁移与增值能力、促进愈伤恢复等作用；皮乙醇提取物具有预防皮肤成斑作用，可抑制酪氨酸酶蛋白质生成及上皮黑色素细胞数增加。

参考文献

曹际云，孙文玉，2018. 木槿叶中叶黄素的提取研究[J]. 食品工业, 39(12): 1–5.
陈磊，孙崇鲁，2016. 木槿叶总黄酮提取工艺及其抗氧化活性研究[J]. 中医药导报, 22(17): 49–52.
金友权，张四杰，钱正，等，2019. 木槿花多糖的组成分析及抗氧化活性研究[J]. 中国中药杂志, 44(9): 1822–1828.
景立新，林柏全，战伟，等，2008. 木槿花中营养成分分析[J]. 中国卫生检验杂志, 18(9): 1871–1872.
张文彦，王晓红，李安平，等，2017. 木槿功能性营养成分与生物活性研究进展[J]. 食品与机械, 33(2): 216–219.

86 柽柳

Tamarix chinensis Lour., Fl. Cochinch. 1: 152. Pl. 24. 1790.

自然分布

分布于辽宁、河北、河南、山东、江苏、安徽等地；生于河流冲积平原、海滨、滩头、潮湿盐碱地和沙荒地。日本、美国也有栽培。栽培于我国东部至西南部各地。

迁地栽培形态特征

乔木或灌木，高3~6（~8）m。

茎 老枝直立，暗褐红色，光亮；幼枝稠密细弱，常开展而下垂，红紫色或暗紫红色，有光泽；嫩枝繁密纤细，悬垂。

叶 鲜绿色；长圆状披针形、长卵形、卵状披针形或钻形。

花 每年开花2~3次。春季开花时，总状花序侧生于去年生木质化的小枝上，小枝下倾；夏、秋季开花时，总状花序较春生者细，生于当年生幼枝顶端，组成顶生大圆锥花序，疏松而通常下弯。

果 蒴果；圆锥形。

分类鉴定形态特征

叶半抱茎成鞘状。幼嫩枝条柔弱细长，开展而下垂。花全为5数，春季开花后，夏、秋季又开花1~2次；总状花序多单生；轴和花梗柔软下垂，花梗较萼长；花瓣几直伸或略开展，先端外弯，结果时宿存，包于蒴果基部。

引种信息

北京药用植物园 1992年从北京引种苗，生长速度快，长势良好。

成都中医药大学药用植物园 2013年从四川峨眉山引种苗，长势良好。

贵阳药用植物园 2009年从贵州花溪农学院试验场引枝条，生长速度快，长势良好。

辽宁省经济作物研究所药用植物园 2015年从辽宁阜新引种子，长势良好。

中国药科大学药用植物园 2014年从四川引种苗（引种号cpug2014013），长势良好。

物候

北京药用植物园 3月初萌芽期，4月底展叶盛期，4月至9月中旬开花期，5~9月飞絮，9月底开始落叶。

成都中医药大学药用植物园 2月中旬萌芽期，3月中旬展叶期，3月底开花始期，4月中旬开花盛期，4月底末花，9月下旬再次开花，10月上旬叶始黄枯。

贵阳药用植物园 2月下旬萌芽期，3月上旬展叶期，3月下旬展叶盛期，4月初始花，4月上旬盛花，4月中旬末花，8月中旬二次开花，未见结果，10月下旬进入叶变色期，12月下旬进入落叶期。

辽宁省经济作物研究所药用植物园 4月中旬萌动期，4月下旬至5月初展叶期，5月上旬开花始期，

5月下旬开花盛期，6月下旬开花末期，6月末至8月上旬结果期，10月上旬变色期，10月中旬开始落叶。

中国药科大学药用植物园　3月中旬萌动期，3月下旬展叶期，4~9月开花期，5~9月结果期，11月中旬变色期，12月上旬落叶期。

迁地栽培要点

喜阳，北京地区可以正常越冬。繁殖方式主要有扦插、播种、压条和分株。

药用部位和主要药用功能

入药部位　枝、叶。

主要药用功能　甘、辛，平。具发表透疹、祛风除湿的功效。用于感冒、麻疹不透、风湿关节痛等症。

化学成分　含有黄酮类、槲皮素类、酚酸类等成分。

药理作用　①抗微生物作用：对枯草芽孢杆菌、粪肠球菌、大肠埃希菌、金黄色葡萄球菌及铜绿假单胞菌均有较强抑制作用。②抑酶作用：其活性成分异阿魏酸对血管紧张素Ⅰ转换酶活性起抑制作用。③抗炎镇痛作用：提取物具有良好的抗炎镇痛作用。④护肝作用：对酒精性肝损伤具有保护作用。⑤内生菌活性：从来源于柽柳的内生链霉菌CLR304发酵液中分离鉴定得到具有抗耐甲氧西林金黄色葡萄球菌（MRSA）活性的次级代谢产物维吉尼霉素M1。

参考文献

常星, 崔维恒, 张俊柯, 等, 2011. 内蒙古产柽柳和多枝柽柳 α-葡萄糖苷酶抑制活性[J]. 天然产物研究与开发, 23(1): 146-148.
崔颖, 孙超, 任书玉, 等, 2017. 蒙药柽柳属植物化学成分、药理作用研究现状[J]. 内蒙古医科大学学报, 39(4): 362-365.
刘少伟, 李舟, 胡辛欣, 等, 2015. 柽柳内生链霉菌clr304抗MRSA次级代谢产物304A的研究[J]. 中国医药生物技术, 10(6): 168-172.
张钰, 2017. 柽柳提取物对小鼠酒精性肝损伤的保护作用及其作用机制研究[D]. 济南：济南大学.

花

花蕾

245

87 金荞麦

Fagopyrum dibotrys (D. Don) Hara, Fl. E. Him. 69. 1966.

自然分布

分布于陕西、华东、华中、华南及西南等地；生于海拔250～3200m山谷湿地、山坡灌丛。印度、尼泊尔、克什米尔地区、越南和泰国也有分布。

迁地栽培形态特征

多年生草本。

茎 根状茎木质化，黑褐色。茎直立，分枝，具纵棱。

叶 三角形，顶端渐尖，基部近戟形，边缘全缘；叶柄长可达10cm；托叶鞘筒状，膜质，褐色，偏斜，顶端截形，无缘毛。

花 花序伞房状，顶生或腋生；苞片卵状披针形，顶端尖，边缘膜质。花梗中部具关节，与苞片近等长；花被5深裂，白色，花被片长椭圆形，雄蕊8，比花被短，花柱3，柱头头状。

果 瘦果；宽卵形，具3锐棱，黑褐色，超出宿存花被2～3倍。

分类鉴定形态特征

多年生草本；茎直立；叶三角形，顶端渐尖，托叶鞘顶端截形。花序伞房状，顶生或腋生；花梗中部具关节，花被片5，柱头头状，花柱3；瘦果无翅，宽卵形，具3棱，明显比宿存花被长，花被片果时不增大。

引种信息

北京药用植物园 1975年从四川引种根状茎，长势良好。

成都中医药大学药用植物园 2013年从四川峨眉山引种苗，长势良好。

重庆药用植物园 2006年从重庆南川金佛山引植株（引种号2006007），长势良好。

广西药用植物园 1996年从广西武鸣引苗（登录号96120），长势良好。

贵阳药用植物园 2012年从贵州平塘掌布乡引种苗（GYZ2012），长势良好。

华中药用植物园 1999年从湖北恩施引种苗（登录号10804946），长势良好。

云南西双版纳南药园 引种信息不详，长势良好。

中国药科大学药用植物园 2015年从江苏南京燕子矶地区引根茎（引种号cpug2015020），长势良好。

物候

北京药用植物园 3月上旬开始萌芽，展叶，4月初展叶盛期，9月下旬至10月初开花始期，10月底末花，未见果实，11月初开始黄枯。

成都中医药大学药用植物园 3月初开始展叶，5月中旬开花，9月中旬花盛期，10月下旬花末期，11月植株枯萎。

重庆药用植物园 3月上旬萌芽，3月中旬展叶，7月上旬开花，9月下旬果实成熟，11月上旬倒苗。

广西药用植物园 2月萌动期，3月展叶期，3~11月开花期，5~11月结果期，12月至翌年2月黄枯期。

贵阳药用植物园 2月中旬叶芽萌动，3月下旬开始展叶，3月下旬展叶盛期，5月上旬至10月中旬开花，10月下旬开始黄枯。

华中药用植物园 3月下旬开始萌动展叶，3月下旬展叶盛期，9月中旬始花，9月下旬盛花，10月上旬末花，11月中旬果实成熟，11月中旬进入休眠。

云南西双版纳南药园 1~12月均有萌动期，1~12月均有展叶期，12月至翌年4月开花期。

中国药科大学药用植物园 3月下旬进入萌动期，3月下旬至4月上旬展叶期，7~9月开花期，8~10月结果期，8月上旬至11月中旬黄枯期。

迁地栽培要点

喜温暖，耐旱，耐寒，北京地区须覆盖越冬。繁殖以根茎和扦插为主。未见病虫危害。

药用部位和主要药用功能

入药部位 根茎。

主要药用功能 微辛，涩，凉。具清热解毒、排脓祛瘀的功效。用于肺痈吐脓、肺热喘咳、乳蛾肿痛等症。

化学成分 含鞣质、黄酮类、苷类、甾体类、萜类、挥发油、有机酸等成分，活性成分主要为原花色素苷类缩合型单宁混合物。

药理作用 ①抗菌消炎作用：对金黄色葡萄球菌，肺炎链球菌，大肠杆菌，绿脓杆菌均有抑制作用，对肺部细菌感染具有很好的疗效。②抗氧化作用：金荞麦类黄酮提取物对超氧阴离子和羟基自由基有清除作用。③抗肿瘤作用：可抑制肿瘤细胞的增长和转移，加快肿瘤细胞的凋亡。

参考文献

阮洪生, 季涛, 吉薇薇, 等, 2017. 金荞麦黄酮对2型糖尿病小鼠糖脂代谢及氧化应激的影响[J]. 中药药理与临床, 33(5): 75-78.
王璐瑷, 黄娟, 陈庆富, 等, 2019. 金荞麦的研究进展[J/OL]. 中药材 (9): 2206-2208.
王盼, 王毅红, 方玉梅, 2017. 金荞麦总黄酮提取物抗氧化作用研究[J]. 安徽农学通报, 23(8): 23-24.
杨玺文, 张燕, 等, 2019. 药用植物金荞麦研究进展[J]. 中国现代中药, 21(6): 837-846.

幼叶

叶

花蕾

花

88 羊蹄

Rumex japonicus Houtt., Nat. Hist. 2 (8): 394. 1777.

自然分布

分布于东北、华北、陕西、华东、华中、华南及四川和贵州等地；生于海拔30～3400m的路旁、河滩、沟边湿地。朝鲜、日本和俄罗斯（远东）也有分布。

迁地栽培形态特征

多年生草本。

茎 直立，上部分枝，具沟槽。

叶 基生叶长圆形或披针状长圆形，长可达25cm，顶端急尖，基部圆形或心形，边缘微波状；茎上部叶狭长圆形；具柄；托叶鞘膜质，易破裂。

花 花序圆锥状，花两性，多花轮生。花梗细长，中下部具关节；花被片6，淡绿色，外花被片椭圆形，内花被片果时增大，宽心形，顶端渐尖，基部心形，网脉明显，边缘具不整齐的小齿，全部具小瘤，小瘤长卵形。

果 瘦果；宽卵形，具3锐棱，两端尖，暗褐色。

分类鉴定形态特征

多年生草本。基生叶长圆形或披针状长圆形，宽3～10cm，基部圆形或心形。花两性；内花被片果时宽心形，顶端渐尖，基部心形，全部具小瘤，边缘具不整齐的小齿，齿长0.5mm以下。

引种信息

北京药用植物园 20世纪80年代从北京引种子，长势良好。

黑龙江中医药大学药用植物园 2006年引植株，引种地不详，长势良好。

物候

北京药用植物园 3月下旬开始萌芽，4月初展叶盛期，5月中旬开花始期，5月底末花，7月上旬果熟期，7月底开始黄枯。

黑龙江中医药大学药用植物园 4月下旬萌动，4月下旬展叶期，5月中旬始花，5月下旬盛花，6月上旬末花，8月上旬果熟，9月下旬进入休眠期。

迁地栽培要点

喜凉爽、湿润环境，较耐寒。繁殖以播种为主。叶甲危害严重，未见病害。

药用部位和主要药用功能

入药部位 根。

主要药用功能 苦,酸,寒;有小毒。具清热解毒、止血、通便、杀虫的功效。用于鼻出血、功能性子宫出血、血小板减少性紫癜、慢性肝炎、肛门周围炎、大便秘结、痔疮、黄水疮、皮癣、疖肿等症。

化学成分 主要含大黄素、大黄素甲醚、大黄酚、酸模素、脂肪酸及鞣质等成分。

药理作用 ①抗菌作用:对金黄色葡萄球菌、表皮金黄色葡萄球菌、乙型溶血性链球菌、白喉杆菌、枯草芽孢杆菌、大肠杆菌、炭疽杆菌、痢疾志贺氏菌、霍乱弧菌有抑制作用。②抗氧化作用:醇提物能够有效清除DPPH和NO自由基,乙酸乙酯部位具有抑制酪氨酸酶作用,大黄素和大黄酸具有抗氧化作用。③抗癌作用:乙醇提取物对白血病患者的血细胞呼吸链中的脱氢酶有抑制作用,大黄素甲醚-8-O-β-吡喃葡萄糖苷对肝癌、宫颈癌、口腔鳞癌和肺癌A549的生长、侵袭及转移具有抑制作用,羊蹄素和大黄素对人体肿瘤细胞显示细胞毒效应。

参考文献

方芳, 李艳, 鞠小红, 等, 2012. 羊蹄根对免疫性血小板减少性紫癜模型小鼠免疫功能的影响[J]. 中华中医药杂志, 27(8): 2164–2166.
王俊桐, 王雪钰, 刘金薇, 等, 2018. 羊蹄的化学成分及药理作用研究进展[J]. 长春中医药大学学报, 34(5): 1025–1027.
王雷, 张名利, 姜云飞, 等, 2015. 中药羊蹄化学成分及其生物活性研究[J]. 世界最新医学信息文摘(电子版), 15(12): 70–71.
周雄, 宣利江, 2006. 中药羊蹄的化学成分及药理作用研究概况[J]. 浙江中医杂志, 41(3): 180–182.
LOPAMUDRA GHOSH, JIAUR RAHAMAN GAYEN, SANGHAMITRA SINHA, et al, 2010. Antibacterial efficacy of *Rumex nepalensis* Spreng. roots[J]. Phytotherapy research ptr, 17(5): 558–559.

整株　花序　果实　果实

89 何首乌

Fallopia multiflora (Thunb.) Harald., Symb. Bot. Upsl. 22(2): 77. 1978.

自然分布

分布于陕西、甘肃、青海、华东、华中、华南、四川、重庆、云南及贵州等地；生于海拔200～3000m山谷灌丛，山坡林下，沟边石隙。日本也有分布。栽培于广东、广西、河南和贵州等地。

迁地栽培形态特征

多年生草质藤本。

根 块根肥厚，黑褐色。

茎 缠绕，多分枝，具纵棱，下部木质化。

叶 卵形或长卵形，顶端渐尖，基部心形，边缘全缘；叶柄长1.5cm以上；托叶鞘膜质，偏斜，无毛。

🌸 花序圆锥状，顶生或腋生，分枝开展；苞片三角状卵形，每苞内具2~4花。花梗细弱，下部具关节；花被5深裂，白色，花被片椭圆形，大小不相等，外面3片较大，背部具翅，果时增大；雄蕊8，花丝下部较宽；花柱3，极短，柱头头状。

🟠果 瘦果；卵形，具3棱，黑褐色，包于宿存花被内。

分类鉴定特征形状

多年生草质藤本。块根肥厚，黑褐色。叶单生，叶片下面无小突起。花序圆锥状；花被片外面3片背部具翅，果时增大。

引种信息

北京药用植物园 20世纪70年代从浙江杭州引种苗，长势良好。
重庆药用植物园 1973年从重庆南川三泉镇引植株（引种号1973002），长势良好。
广西药用植物园 1995年从广西天等引苗（登录号95333），长势良好。
贵阳药用植物园 引种信息不详，引入种苗，生长速度快，长势良好。
海南兴隆南药园 1970年从广西药用植物园引种苗（引种号0235），长势良好。
中国药科大学药用植物园 2009年从江苏南京燕子矶引根（引种号cpug2009028），长势良好。

物候

北京药用植物园 3月上旬萌芽并很快展叶，9月初展叶盛期，9月下旬至10月初开花始期，10月中旬末花，11月下旬果实全熟期，11月中旬开始黄枯。
重庆药用植物园 3月中旬萌芽，3月下旬展叶，8月中旬开花，10月中旬果实成熟，11月上旬落叶。
广西药用植物园 1~2月萌动期，2~3月展叶期，7~10月开花期，9~11月结果期，11~12月黄枯期。
贵阳药用植物园 3月上旬进入萌动期，3月中旬展叶期，3月下旬展叶盛期，9月中旬始花，10月初盛花，10月底末花，11月下旬果熟，12月中旬开始黄枯。
海南兴隆南药园 常绿，8~10月开花期，10~12月结果期。
中国药科大学药用植物园 3月上旬进入萌动期，3月下旬至4月上旬展叶期，8~9月开花期，9~10月结果期，12月上旬至中旬黄枯期。

迁地栽培要点

喜阴，忌涝。北京地区可以正常越冬。繁殖以分株、扦插、播种为主。

药用部位和主要药用功能

入药部位 块根和藤茎。
主要药用功能 块根：苦，甘，涩，微温；具解毒、消痈、截疟、润肠通便的功效；用于疮痈、瘰疬、风疹瘙痒、久疟体虚、肠燥便秘等症。藤茎：甘，平；具养血安神、祛风通络的功效，内服用于失眠多梦、血虚身痛、风湿痹痛等症；外用于皮肤瘙痒症。
化学成分 主要含二苯乙烯苷、蒽醌、黄酮类、磷脂类、酚类和苯丙素类等成分。
药理作用 ①抗氧化作用：二苯乙烯苷具有极强的抗氧化性，可对自由基进行有效清除。②抗衰老作用：二苯乙烯苷对缺糖诱发的细胞凋亡有遏制作用，可使缺氧诱发的细胞凋亡数量明显降低。③改善记忆作用：二苯乙烯苷可有效遏制海马AChE活性升高，对记忆力减退症状起到有效改善作用。④镇痛作用：二苯乙烯苷可有效降低机体的骨癌痛。⑤增强免疫作用：何首乌能使老龄机体溶血素抗体产生水平明显增加，T、B 淋巴细胞的转化增殖活性增强，腹腔巨噬细胞吞噬功能增强。

参考文献

陈冰冰, 姜爱玲, 张岩, 2016. 何首乌有效成分二苯乙烯苷的药理活性研究进展[J]. 中国临床药理学与治疗学, 21(6): 710–715.
李亦晗, 王跃飞, 朱彦, 2016. 何首乌二苯乙烯苷抗衰老研究进展[J]. 中国中药杂志, 41(2): 182–185.
王浩, 杨建, 周良云, 等, 2019. 何首乌化学成分与药理作用研究进展[J]. 中国实验方剂学杂志, 25(13): 192–205.
徐泽鹤, 易佳佳, 2013. 何首乌有效成分二苯乙烯苷对神经细胞保护作用的机制[J]. 亚太传统医药, 9(7): 61–62.
张翼, 等, 2019. 何首乌有效成分对大鼠骨癌痛的镇痛效果[J]. 中国癌症防治杂志, 11(2): 138–142.

90 虎杖

Reynoutria japonica Houtt., Nat. Hist. 2(8): 640, T. 51, f. 1. 1777.

自然分布

分布于陕西、甘肃、华东、华中、华南、四川、云南及贵州等地区；生于海拔140~2000m山坡灌丛、山谷、路旁或田边湿地。朝鲜和日本也有分布。

迁地栽培形态特征

多年生草本。

🟠 **茎** 根状茎粗壮，横走。茎直立，粗壮，空心，具明显的纵棱，散生红色或紫红色斑点。

🟠 **叶** 宽卵形或卵状椭圆形，近革质，顶端渐尖，基部宽楔形，截形或近圆形，边缘全缘；叶柄长1~2cm；托叶鞘膜质，偏斜，常破裂，早落。

🟠 **花** 花单性，雌雄异株；花序圆锥状，腋生；苞片漏斗状，顶端渐尖，无缘毛；花梗中下部具关节；花被5深裂，淡绿色，雄花花被片具绿色中脉，无翅，雄蕊8；雌花花被片外面3片背部具翅，果时增大，花柱3，柱头流苏状。

🟠 **果** 瘦果；卵形，具3棱，黑褐色，包于宿存花被内。

分类鉴定形态特征

多年生草本，根状茎粗壮，横走。茎直立，粗壮，空心。花序圆锥状，腋生；花单性，雌雄异株，花被片5，柱头流苏状，瘦果无翅。

引种信息

北京药用植物园 20世纪70年代从江西庐山引种苗，长势良好。

成都中医药大学药用植物园 2013年从四川峨眉山引种苗，长势良好。

重庆药用植物园 2014年从重庆南川金佛山引植株（引种号2014005），长势良好。

广西药用植物园 2014年从广西桂林灵川七分山引苗（登录号00190），长势良好。

贵阳药用植物园 2014年从贵州罗甸董当乡引种苗，长势较差。

华中药用植物园 1999年从湖北恩施引种苗（登录号10805668），长势良好。

辽宁省经济作物研究所药用植物园 2014年从辽宁沈阳引种子，长势良好。

新疆药用植物园 2017年从北京药用植物园引根茎（xjyq-bj003），长势良好。

云南西双版纳南药园 2014年从重庆市药物种植研究所引种苗，长势一般。

中国药科大学药用植物园 2009年从江苏南京燕子矶地区引根茎（引种号cpug2009029），长势良好。

物候

北京药用植物园 3月中旬开始萌芽，4月上旬开始展叶，4月中旬展叶盛期，8月底开花始期，9月上旬末花，10月初开始黄枯。

成都中医药大学药用植物园 3~5月展叶期，5~9月开花期，9~10月结果期，10~11月黄枯期。
重庆药用植物园 4月中旬萌芽，4月下旬展叶，7月中旬开花，10月中旬果实成熟，11月上旬倒苗。
广西药用植物园 1月萌动期，1~3月展叶期，8~10月开花期，9~10月结果期，10~12月黄枯期。
贵阳药用植物园 3月上旬开始展叶，4月上旬展叶盛期，8月中旬至9月中旬开花。
华中药用植物园 3月下旬开始萌动，4月上旬开始展叶，4月中旬展叶盛期，7月中旬始花，8月下旬盛花，9月上旬末花，8月下旬开始黄枯。
辽宁省经济作物研究所药用植物园 4月下旬萌动期，5月上旬至6月初展叶期，9月上旬开花始期，9月中旬开花盛期，9月下旬开花末期，9月下旬至10月下旬果实发育期，10月上旬至下旬黄枯期。
新疆药用植物园 4月初萌动出土，4月中下旬展叶盛期，5~8月营养生长期，10月中旬叶片陆续黄枯脱落。
云南西双版纳南药园 1~12月均有萌动期，1~12月均有展叶期，无花，果。
中国药科大学药用植物园 3月中旬进入萌动期，3月下旬展叶期，8~9月开花期，9~10月结果期，9月上旬至10月中旬黄枯期。

迁地栽培要点

喜温暖、湿润环境，北京地区可正常越冬。繁殖以播种、分株为主。病害主要为斑枯病，虫害未见。

药用部位和主要药用功能

入药部位 根和根茎。

主要药用功能 微苦，微寒。具利湿退黄、清热解毒、散瘀止痛、止咳化痰的功效。用于湿热黄疸、淋浊、带下、风湿痹痛、痈肿疮毒、水火烫伤、经闭、跌打损伤、肺热咳嗽等症。

化学成分 主要含有酚酸类、醌类及黄酮类化合物、槲皮苷、槲皮素、虎杖苷、白藜芦等成分。

药理作用 ①抗氧化作用：所含蒽醌类化合物具有良好的抗脂质过氧化作用。②抗炎作用：槲皮苷能够干预外源性内皮细胞炎症反应。③抗癌作用：槲皮苷能够诱导胃癌细胞凋亡，有抗癌活性。④降压作用：可通过抗氧化应激，抑制ACE活性，改善血管内皮功能等途径降低高血压个体血压。⑤护肝降脂作用：槲皮素可降低机体血清丙氨酸氨基转移酶、天门冬氨酸氨基转移酶、甘油三酯、总胆固醇及低密度脂蛋白水平，具有保护糖尿病机体肝脏和调节血脂的作用。

参考文献

陈龙云，柳叶，2018. 槲皮苷通过抑制PI3K/AKT信号通路诱导胃癌SGC7901细胞凋亡 [J]. 中国病理生理杂志，34(11): 1976–1980.
马培，2013. 虎杖生药学研究 [D]. 北京：协和医学院/中国医学科学院.
王欣，等，2019. 虎杖叶的化学成分、药理活性、临床应用及质量控制研究进展[J]. 亚太传统医药，15(10): 196–200.
朱芳娟，李敏，杨铭，等，2018. 槲皮素及其衍生物对补体旁路激活致内皮细胞炎症反应的干预作用[J]. 中国药理学通报，34(11): 1539–1543.

叶 茎 花 果实

整株

雄株

91 拳参

Polygonum bistorta L., Sp. Pl. 360. 1753.

自然分布

分布于东北、华北、陕西、宁夏、甘肃、山东、河南、江苏、浙江、江西、湖南、湖北、安徽等地；生于海拔800～3000m山坡草地、山顶草甸。日本、蒙古、哈萨克斯坦、俄罗斯（西伯利亚）及欧洲也有分布。

迁地栽培形态特征

多年生草本。

茎 根状茎肥厚，弯曲，黑褐色。茎直立，不分枝，通常2～3条自根状茎发出。

叶 基生叶宽披针形或狭卵形，纸质，顶端渐尖或急尖，基部截形或近心形，沿叶柄下延成翅，边缘外卷，微呈波状，叶柄长10cm以上；茎生叶披针形或线形，无柄，托叶筒状，膜质，顶端偏斜，开裂至中部，无缘毛。

花 总状花序呈穗状，顶生，紧密；苞片卵形，顶端渐尖，膜质；花梗细弱，比苞片长；花被5深裂，白色或淡红色，花被片椭圆形；雄蕊8；花柱3，柱头头状。

果 瘦果；椭圆形，两端尖，褐色，稍长于宿存的花被。

分类鉴定形态特征

多年生草本。根状茎粗壮，弯曲，木质；茎不分枝。叶纸质，基生叶宽披针形或狭卵形，基部截形或近心形，沿叶柄下延成翅；茎生叶不抱茎；托叶鞘下部绿色，上部褐色，顶端偏斜，开裂至中部，无缘毛。总状花序穗状，花序长8cm以下，直径1.2cm以下，不生珠芽；花被淡红色或白色，长3mm以下；花柱3，离生。

引种信息

北京药用植物园　2014年从河北小五台山引种苗，长势良好。

贵阳药用植物园　2013年从贵州龙里洗马镇革苏山引种苗，长势良好。

华中药用植物园　1999年从湖北恩施引种子（登录号10805375），长势良好。

物候

北京药用植物园　3月中旬开始萌芽，4月下旬展叶盛期，5月初开花始期，9月上旬末花，9月初开始黄枯。

贵阳药用植物园　3月初萌动期，3月下旬展叶期，4月中旬开花始期，7月中旬结果始期，10月底进入黄枯期

华中药用植物园　3月上旬开始萌动展叶，3月中旬展叶盛期，5月上旬始花，5月中旬盛花，5月下旬末花，6月下旬果实成熟，10月下旬进入休眠。

迁地栽培要点

喜阳，耐干旱，耐寒。繁殖以播种和分株为主。病虫危害少见。

药用部位和主要药用功能

入药部位 根茎。

主要药用功能 苦，涩，微寒。具清热解毒、消肿、止血的功效。用于赤痢热泻、肺热咳嗽、痈肿瘰疬、口舌生疮、血热吐衄、痔疮出血、蛇虫咬伤等症。

化学成分 主要含绿原酸、丁二酸、没食子酸、槲皮素、槲皮素-O-β-D吡喃葡萄苷、儿茶素、鞣质以及一些酮类化合物。

药理作用 ①抗菌作用：提取物对金黄色葡萄球菌、大肠杆菌、枯草芽孢杆菌、变形杆菌、产气杆菌、绿脓杆菌和肺炎链球菌均有一定的抑菌活性。②镇痛作用：水提取物能显著减少醋酸（H+）引起的腹腔深部疼痛刺激，提高热板致痛小鼠痛阈值，提高点刺激致痛小鼠的镇痛率。③中枢抑制作用：正丁醇提取物可抑制小鼠自发活动，增强戊巴比妥钠的中枢神经抑制作用。④对循环系统的作用：正丁醇提取物可降低豚鼠立体右心房的收缩幅度、速度及舒张速度，对家兔主动脉条的收缩有双重效应，对大鼠心肌缺血再灌注损伤有保护作用。⑤免疫增强作用：提取液能够增加正常小鼠免疫器官的胸腺指数和脾脏指数，增强小鼠单核巨噬细胞的吞噬能力，促进T淋巴细胞增殖，提高血清溶血素水平及血清IL-2水平，对正常小鼠的免疫功能具有增强作用。

参考文献

李珂珂, 王青青, 2011. 拳参提取物对小鼠免疫功能的影响[J]. 时珍国医国药 (9): 126–128.
刘春棋, 王小丽, 曾靖, 2006. 拳参提取物抑菌活性的初步研究[J]. 赣南医学院学报, 28(4): 489–490.
刘晓秋, 陈发奎, 吴立军, 等, 2004. 拳参的化学成分[J]. 沈阳药科大学学报, 21(3): 187–189.
曾靖, 单热爱, 钟声, 等, 2005. 拳参水提取物镇痛作用的实验观察[J]. 中国组织工程研究, 9(6): 80–81.
张齐雄, 曹蓓, 2012. 中药拳参生物活性研究进展[J]. 亚太传统医药, 8(7): 201–202.

整株

花

果实

259

92 火炭母

Polygonum chinense L., Sp. Pl. 363. 1753.

自然分布

分布于陕西、甘肃、华东、华中、华南和西南等地；生于海拔30~2400m山谷湿地，山坡草地。日本、菲律宾、马来西亚和印度也有分布。

迁地栽培形态特征

多年生草本。

茎 根状茎粗壮。茎直立，具纵棱，多分枝，斜上。

叶 卵形或长卵形，顶端短渐尖，基部截形或宽心形，下部叶具叶柄，通常基部具叶耳，上部叶近无柄或抱茎；托叶鞘膜质，无毛，具脉纹，顶端偏斜，无缘毛。

花 花序头状，通常数个排成圆锥状，顶生或腋生；苞片宽卵形。花被5深裂，白色或淡红色，果时增大，呈肉质，蓝黑色。

果 瘦果；宽卵形，具3棱，黑色，包于宿存的花被内。

分类鉴定形态特征

多年生草本；茎、枝光滑；叶卵形或长卵形，两面无毛，托叶鞘无毛，顶端偏斜，无缘毛；花序头状，通常数个排成圆锥状，顶生或腋生；花被果时增大，呈肉质。

引种信息

北京药用植物园 1998年从江苏南京引种苗，长势良好。

成都中医药大学药用植物园 2013年从四川峨眉山引种苗，长势良好。

重庆药用植物园 2014年从重庆南川金佛山引植株（引种号2014017），长势良好。

广西药用植物园 2002年从广西南宁引苗（登录号02003），长势良好。

贵阳药用植物园 2013年从贵州威宁引种苗，生长速度快，长势良好。

海南兴隆南药园 1996年从海南万宁引种苗（引种号0232），长势良好。

华中药用植物园 1999年从湖北恩施引种子（登录号10805371），长势良好。

中国药科大学药用植物园 2009年从江苏南京燕子矶地区引根（引种号cpug2009030），长势良好。

物候

北京药用植物园 3月底开始萌芽，4月初展叶期，4月中旬展叶盛期，9月偶见花，果实未见，10月初开始黄枯。

成都中医药大学药用植物园 3月初开始展叶，5月中旬开花，9月再次开花，11月初叶变色，12月初黄枯。

重庆药用植物园 3月上旬萌芽，3月中旬展叶，7月上旬开花，9月下旬果实成熟，11月上旬倒苗。

广西药用植物园 2~3月萌动期，3~4月展叶期，6~11月开花期，9~12月结果期，1~2月枯黄期。

贵阳药用植物园 3月底进入萌动期，3月下旬展叶期，4月初展叶盛期，8月中旬始花，9月下旬盛花，11月下旬末花，12月上旬果熟，11月中旬开始黄枯。

海南兴隆南药园 常绿，全年展叶，8~12月开花期，10月至翌年2月结果期。

华中药用植物园 3月中旬开始萌动展叶，3月下旬展叶盛期，6月上旬始花，6月中旬盛花，6月下旬末花，8月下旬果实成熟，10月下旬进入休眠。

中国药科大学药用植物园 7~9月开花期，8~10月结果期。

迁地栽培要点

喜阴，北京地区越冬需覆盖。繁殖以分株为主。病虫害少见。

药用部位和主要药用功能

入药部位 全株。

主要药用功能 微酸，微涩，寒。具清热解毒、利湿消滞、凉血止痒、明目退翳的功效；用于肠炎、痢疾、肝炎、消化不良、感冒、扁桃体炎、咽喉炎、白喉、百日咳、角膜云翳、乳腺炎、霉菌性阴道炎、白带、小儿脓疱疮、湿疹、毒蛇咬伤等症。

化学成分 主要含有黄酮、酚酸、鞣质、挥发油、甾体及其他成分。

药理作用 ①对肝脏的作用：对肝癌细胞具明显抑制作用，对急性肝损伤大鼠的肝脏具有保护作用。②抗腹泻作用：乙醇提取物正丁醇部位和剩余水部位有显著的抗腹泻作用。③抗病毒作用：有抗乙型肝炎病毒作用，对EB病毒有抑制及细胞毒作用。④镇痛作用：能减少醋酸所致小鼠的扭体反应次数，提高热刺激所致小鼠疼痛的痛阈值，对外周性疼痛和中枢性疼痛具有镇痛作用。⑤抗菌作用：叶和茎提取液具有抑菌活性。

参考文献

蔡家驹，曾聪彦，梅全喜，2014. 火炭母化学成分与药理作用研究进展[J]. 亚太传统医药，10(24): 32–34.
高雅，朱华，2012. 火炭母醇提物对大鼠急性肝损伤的保护作用研究[J]. 华西药学杂志，27(3): 283–284.
黄国霞，刘柳，汪青，等，2011. 火炭母有效成分的提取及抗氧化活性研究[J]. 湖北农业科学，50(12): 2490–2492.
林燕文，2011. 2种蓼科植物体外抑菌试验研究[J]. 微生物学杂志，34(3): 108–111.
欧阳蒲月，朱翠霞，陈功锡，等，2012. 火炭母提取物抑菌活性的初步研究[J]. 化学与生物工程，29(4): 37–40+44.

茎

叶

花

93 商陆

Phytolacca acinosa Roxb., Hort. Beng. 35. 1814, nom. nud. et Fl. Ind. 2: 458. 1832, descr.

自然分布

分布于除东北、内蒙古、青海、新疆外的全国各地；生于海拔500～3400m的沟谷、山坡林下或林缘路旁。

迁地栽培形态特征

多年生草本。

根 粗壮肥大，倒圆锥形，外皮淡黄色或灰褐色。

茎 直立，圆柱形，有纵沟，绿色或红紫色。

叶 薄纸质，椭圆形、长椭圆形或披针状椭圆形，顶端急尖或渐尖，基部楔形，渐狭；叶柄粗壮，基部稍扁宽。

花 总状花序顶生或与叶对生，直立，密生多花。花两性；花被片5，白色、粉色、黄绿色，椭圆形、卵形或长圆形，顶端圆钝，大小相等，花后常反折；雄蕊8～10，与花被片近等长，花丝白色，花药椭圆形，粉红色；心皮通常为8，分离。

果 果序直立；浆果；扁球形，熟时黑色。种子肾形，黑色。

分类鉴定形态特征

多年生草本。根粗壮肥大，倒圆锥形。花序粗壮，花多而密；花被片白色、粉色、黄绿色，花后反折；雄蕊8～10，花药粉红色；心皮通常为8，心皮分离。果序直立；浆果扁球形，熟时黑色。

引种信息

北京药用植物园 2015年从陕西引种子，长势良好。

华中药用植物园 1999年从湖北恩施引种苗（登录号10805675），长势良好。

物候

北京药用植物园 3月底开始萌芽，4月中旬展叶盛期，4月底开始花期，5月中旬末花期，6月初果始熟期，8月中旬开始黄枯。

华中药用植物园 3月中旬开始萌动，4月上旬开始展叶，4月中旬展叶盛期，5月上旬始花，5月中旬盛花，6月中旬末花，7月中旬果实成熟，10月中旬进入休眠。

迁地栽培要点

喜阴，耐寒不耐涝。以播种进行繁殖。病害主要有根腐病；虫害未见。

药用部位和主要药用功能

入药部位 根。

主要药用功能　苦，寒；有毒。具逐水消肿、通利二便、解毒散结的功效。内服用于水肿胀满、二便不通等症；外用于痈肿疮毒症。

化学成分　含三萜皂苷、黄酮、酚酸、甾醇及多糖等类成分。

药理作用　①免疫调节作用：多糖Ⅰ（PEP-I）能促进淋巴细胞增殖，产生白细胞介素2（IL-2）以及增强巨噬细胞的吞噬功能。②镇咳祛痰作用：总苷元具有极好的镇咳祛痰作用。③利尿作用：水提液可使离体蟾蜍肾尿流量增加，具有显著的利尿作用。④消炎抗菌作用：商陆皂苷甲对多种急性、慢性炎症模型有明显抑制作用。商陆对流感杆菌、肺炎双球菌、木霉、立枯丝核菌等多种细菌、真菌的生长有抑制作用。⑤抗病毒作用：抗病毒蛋白（PAP）对细胞蛋白质合成有抑制作用，具广谱抗病毒生物活性。

参考文献

黄国英, 刘星星, 2013. 中药商陆的药理及应用研究[J]. 中国实用医药, 8(15): 249-250.

贾金萍, 秦雪梅, 李青山, 2003. 商陆化学成分和药理作用的研究进展[J]. 山西医科大学学报, 45(1): 89-92.

李一飞, 姚广涛, 2011. 商陆药理作用及毒性研究进展[J]. 中国实验方剂学杂志, 17(13): 248-251.

王鹏程, 王秋红, 赵珊, 等, 2014. 商陆化学成分及药理作用和临床应用研究进展[J]. 中草药, 45(18): 2722-2731.

94 垂序商陆

Phytolacca americana L. Sp. Pl. 441. 1753.

自然分布

原产北美，引入栽培，1960年以后逸生遍及我国河北、陕西、山东、江苏、浙江、江西、福建、河南、湖北、广东、四川、云南等地。

迁地栽培形态特征

多年生高大草本。

根 粗壮肥大，倒圆锥形。

茎 直立，圆柱形，常带紫红色。

叶 椭圆状卵形或卵状披针形，顶端急尖，基部楔形。

花 总状花序顶生或侧生；花白色，微带红晕；花被片5，雄蕊、心皮及花柱通常均为10，心皮合生。果序下垂；浆果扁球形，熟时紫黑色；种子肾圆形。

分类鉴定形态特征

多年生高大草本。根粗壮肥大，倒圆锥形。花序较纤细，花较少而稀；心皮合生，雄蕊和心皮通常均为10。果序下垂，浆果扁球形。

引种信息

北京药用植物园　20世纪70年代从江苏南京引种子，长势良好。

重庆药用植物园　2014年从重庆南川金佛山引植株（引种号2014032），长势良好。

广西药用植物园　2004年从广西龙州引种子（登录号04868），长势良好。

贵阳药用植物园　2015年从贵州平塘掌布乡引种苗，长势良好。

华东药用植物园　2016年从浙江丽水莲都引种苗，长势良好。

华中药用植物园　1999年从湖北恩施引种苗（登录号10805674），长势良好。

云南西双版纳南药园　2017年从云南西双版纳州勐海格朗河乡引种苗，长势良好。

物候

北京药用植物园　3月中旬开始萌芽，4月中旬展叶盛期，4月底开始花期，7月上旬末花期，7月中旬果始熟期，8月中旬开始黄枯。

重庆药用植物园　3月上旬萌芽，3月中旬展叶，6月中旬开花，8月下旬果实成熟，10月下旬倒苗。

广西药用植物园　2~3月萌动期，3~4月展叶期，4~9月开花期，6~10月结果期，10~11月黄枯期。

贵阳药用植物园　4月中旬开始展叶，4月下旬展叶盛期，5月下旬开花，6月上旬花盛期，6月中旬花末期，7月中旬果实始熟，8月中旬果实全熟，9月下旬果实脱落，10月下旬开始黄枯，11月下旬普遍黄枯，12月上旬全部黄枯。

华东药用植物园 2月中旬开始萌动，2月下旬展叶盛期，5月上旬始花，6月上旬末花，9月下旬果实成熟，11月中旬枯萎。

华中药用植物园 4月上旬开始萌动展叶，5月上旬展叶盛期，7月上旬始花，7月中旬盛花，8月下旬末花，9月上旬果实成熟，10月下旬进入休眠。

云南西双版纳南药园 12月萌动期，12月至翌年4月展叶期，4～10月开花期，二次开花数少，4～11月结果期，11～12月初黄枯期。

迁地栽培要点

喜阴，耐寒，北京地区可正常越冬。繁殖以播种为主。病虫害少见。

药用部位和主要药用功能

入药部位 根。

主要药用功能 苦，寒；有毒。具逐水消肿、通利二便、解毒散结的功效。内服用于水肿胀满、二便不通等症；外用于痈肿疮毒等症。

化学成分和药理作用 垂序商陆（*P. americana*）在《中国药典》（2015版）与商陆（*P. acinosa*）收录为药材商陆的基原植物，二者化学成分及药理作用相近，详见商陆。

参考文献

黄国英，刘星星，2013. 中药商陆的药理及应用研究[J]. 中国实用医药，8(15): 249–250.
贾金萍，秦雪梅，李青山，2003. 商陆化学成分和药理作用的研究进展[J]. 山西医科大学学报，45(1): 89–92.
李一飞，姚广涛，2011. 商陆药理作用及毒性研究进展[J]. 中国实验方剂学杂志，17(13): 248–251.
王鹏程，王秋红，赵珊，等，2014. 商陆化学成分及药理作用和临床应用研究进展[J]. 中草药，45(18): 2722–2731.

95 山茱萸

Cornus officinalis Sieb. et Zucc., Fl. Jap. 1: 100. t. 50. 1835.

自然分布

分布于山西、陕西、甘肃、山东、江苏、浙江、安徽、江西、河南、湖南等地；生于海拔400～1500m林缘或森林。朝鲜和日本也有分布。

迁地栽培形态特征

落叶小乔木或灌木。

茎 树皮灰褐色；小枝细圆柱形，冬芽卵形至披针形，被黄褐色短柔毛。

叶 对生，纸质，卵状披针形或卵状椭圆形，先端渐尖，基部宽楔形或近于圆形，全缘，上面无毛，下面脉腋密生淡褐色丛毛；叶柄细圆柱形，稍被贴生疏柔毛。

花 伞形花序，总苞片4，卵形，厚纸质至革质；总花梗粗壮，微被灰色短柔毛。花小，两性，先叶开放；花萼裂片4，阔三角形，无毛；花瓣4，舌状披针形，黄色，向外反卷；雄蕊4，与花瓣互生；花盘垫状，无毛；子房下位，2室，花托倒卵形，花柱圆柱形，柱头截形；花梗纤细，密被疏柔毛。

果 核果；长椭圆形，长1.2～1.7cm，直径5～7mm，红色至紫红色；核骨质，狭椭圆形，长约12mm，有几条不整齐的肋纹。

分类鉴定形态特征

乔木或灌木。叶对生，叶脉羽状，叶片下面脉腋具淡褐色丛毛。伞形花序具芽鳞状总苞片4枚，总花梗短于2mm；花两性，花萼裂片宽三角形，子房2室。核果长椭圆形，长1cm以上。

引种信息

北京药用植物园 20世纪60年代从河南引种子，长势良好。

成都中医药大学药用植物园 2013年从四川峨眉山林下生境中引种苗，长势良好。

重庆药用植物园 1971年从四川江油太平镇引植株（引种号），长势良好。

华中药用植物园 1999年从湖北恩施引种苗（登录号10804939），长势良好。

中国药科大学药用植物园 2017年从福建引幼苗（引种号cpug2017021），长势良好。

物候

北京药用植物园 4月初开始萌芽、展叶，4月下旬展叶盛期，3月底开始花期，4月上旬末花期，10月底果始熟期，9月底开始落叶。

成都中医药大学药用植物园 3月底进入展叶始期，4月中旬展叶盛期，3月中旬始花，3月下旬盛花，3月底末花，8月中旬再次开花，4月中旬幼果初现，10月下旬果实成熟，11月进入叶变色始期，11月下旬叶变色末期且叶片开始脱落，12月底落叶末期。

重庆药用植物园 1月下旬开花，2月上旬萌芽，2月中旬展叶，9月下旬果实成熟，11月上旬落叶。

华中药用植物园 4月上旬开始萌动展叶，4月下旬展叶盛期，3月下旬始花，4月中旬末花，9月中旬果实成熟，11月上旬落叶进入休眠。

中国药科大学药用植物园 2月上旬进入萌动期，3月下旬至4月上旬展叶期，3~4月开花期，9~10月结果期，9月下旬至10月中旬变色期，10月上旬至11月中旬落叶期。

迁地栽培要点

喜光，较耐阴，北京地区可正常越冬。繁殖方式主要为播种、压条或扦插。病虫害少见。

药用部位和主要药用功能

入药部位 果皮。

主要药用功能 酸，涩，微温。具补肝益肾、涩精固脱的功效。用于眩晕耳鸣、腰膝酸痛、阳痿遗精、遗尿尿频、崩漏带下、大汗虚脱、内热消渴等症。

化学成分 含环烯醚萜及其苷类、三萜、黄酮、鞣质、有机酸等成分。

药理作用 ①抗炎、抑菌作用：果核提取物和果肉对小鼠肉芽肿增生和大鼠二甲苯所致耳肿胀等炎症具有抑制作用；总皂苷对细菌，尤其是金黄色葡萄球菌的抑制效果明显。②抗衰老作用：多糖可提高衰老小鼠血中超氧化物歧化酶、过氧化氢酶及谷胱甘肽过氧化物酶的活力，降低血浆、脑匀浆及肝匀浆中的脂质过氧化物水平。③降血糖作用：总萜对糖尿病模型动物有良好的降血糖作用。④抗心律失常作用：提取液可延长心肌动作电位、增大静息电位绝对值和降低窦房结自律性，起到抗心律失常的作用。

参考文献

冀麟麟, 王欣, 钟祥健, 等, 2019. 山茱萸的化学成分及其抗氧化活性[J]. 现代食品科技, 35(5): 137–143+36.
李慧敏, 康杰芳, 2012. 山茱萸降血糖作用研究进展[J]. 中药材, 35(9): 1527–1530.
潘小华, 赵池, 叶小兰, 2009. 山茱萸的药理作用研究进展[J]. 中国药房, 20(30): 2398–2400.
叶贤胜, 赫军, 张佳琳, 等, 2016. 山茱萸的化学成分研究[J]. 中国中药杂志, 41(24): 4605–4609.

树皮

叶

花

果实

96 中华猕猴桃

Actinidia chinensis Planch. var. *chinensis* Li, Journ. Arn. Arb., 33: 49-50. 1952.

自然分布

分布于陕西、湖北、湖南、河南、安徽、江苏、浙江、江西、福建、广东和广西等地；生于海拔200~600m低山区的山林。

迁地栽培形态特征

落叶木质藤本。

🟠**茎** 幼枝被铁锈色刺毛，老时秃净；花枝被灰白色茸毛，早落；髓白色至淡褐色，片层状。

🟠**叶** 纸质，倒阔卵形，顶端平截中间凹或急尖，边缘具脉出直伸小齿；幼时两面被毛，老叶仅叶背有毛，侧脉5~8对，常在中部以上分歧成叉状；叶柄长约3cm，被灰白色茸毛。

🟠**花** 聚伞花序1~3花；苞片小，卵形或钻形，被黄褐色茸毛。花直径约4cm；萼片5，阔卵形至卵状长圆形，两面密被黄褐色茸毛；花瓣5，阔倒卵形，有短距；雄蕊多数，花丝狭条形，花药黄色；子房球形，被茸毛，花柱狭条形。

🟠**果** 近球形或倒卵形，黄褐色，被茸毛，成熟时不秃净；宿存萼片反折。

分类鉴定形态特征

植物体毛被发达，毛多柔软。叶倒卵形，基部钝形或截形，侧脉直线形，上段常分叉，老叶仅背部被毛，全部为分枝的星状毛。花序1回分歧，1~3花；花萼被黄褐色茸毛；果实柱状圆球形或倒卵形，被黄褐色茸毛，直径3cm以上。

引种信息

北京药用植物园 20世纪80年代从北京引种苗，长势良好。

成都中医药大学药用植物园 2013年从四川峨眉山引种苗，长势良好。

华中药用植物园 1999年从湖北恩施引种苗（登录号10805474），长势良好。

物候

北京药用植物园 3月底开始萌芽、展叶，4月中旬展叶盛期，5月初开花始期，5月中旬末花，10月中旬果实成熟，10月底开始落叶。

成都中医药大学药用植物园 3~5月展叶期，10~11月枯萎期。

华中药用植物园 3月下旬开始萌动，4月上旬开始展叶，6月上旬始花，6月中旬盛花，6月下旬末花，9月中旬果实成熟。

迁地栽培要点

喜半阴，忌涝。北京地区可以正常越冬。繁殖主要为无性繁殖。

药用部位和主要药用功能

入药部位 果实、根及根皮。

主要药用功能 果实：酸、甘，寒；具解热、通淋、止渴、健脾、调中理气、生津润燥、解热除烦的功效；用于消化不良、食欲不振、呕吐、烧烫伤等症。根及根皮：苦、涩，寒，有小毒；具清热解毒、活血消肿、祛风利湿的功效；用于风湿关节痛、跌打损伤、丝虫病、肝炎、痢疾、淋巴结结核、痈肿肿毒、癌症等症。

化学成分 含黄酮类、三萜类、酚类、蒽醌类、甾体类和糖类等成分。

药理作用 ①抗肿瘤作用：根提取物对人胃癌细胞SGC-7901、人肺腺癌细胞A549、人结肠癌细胞RKO和人肝癌细胞HepG2具有显著的抑制作用。②增强机体免疫功能：根部含有的多糖（ACPS）可激活巨噬细胞，刺激T细胞产生白细胞介质1、白细胞介质2及干扰素，增强人体免疫力。③保护肝脏和抗氧化作用：所含积雪草酸能够保护肝脏细胞线粒体，清除超氧阴离子和羟基自由基，具有显著的保肝降酶活性。中华猕猴桃中含有大量的多酚类成分，具有明显的抗氧化活性。

参考文献

陈晓晓, 杨尚军, 白少岩, 2011. 中华猕猴桃根化学成分研究[J]. 中草药, 42(5): 841–843.
马凤爱, 吴德玲, 许凤清, 等, 2016. 中华猕猴桃果实化学成分的研究[J]. 中成药, 38(3): 591–593.
马思远, 黄初升, 刘红星, 等, 2016. 中华猕猴桃根化学成分及药理活性的研究进展[J]. 广西师范学院学报（自然科学版）, 33(4): 57–63.
王群, 李云秋, 2017. 中华猕猴桃根化学成分抗肿瘤作用的研究进展[J]. 华夏医学, 30(1): 145–148.
王鑫杰, 缪浏萍, 吴彤, 等, 2012. 中华猕猴桃根化学成分与药理活性研究进展[J]. 中草药, 43(6): 1233–1240.

97
杜仲

Eucommia ulmoides Oliver, Hooker's Icon. Pl. 20: t. 1950.

自然分布

分布于陕西、甘肃、河南、湖北、四川、云南、贵州、湖南及浙江等地；生于海拔300～500m的低山、谷地或低坡的疏林中。世界各地都有栽培。

迁地栽培形态特征

落叶乔木，高达20m。

茎 树皮灰褐色，粗糙，内含橡胶，折断拉开有多数细丝。芽体卵圆形，红褐色，有鳞片6～8片，边缘有微毛。

叶 椭圆形、卵形或矩圆形，薄革质，老叶略有皱纹；基部圆形或阔楔形，先端渐尖；上面暗绿色，下面淡绿；边缘有锯齿；叶柄长1～2cm，上面有槽，被散生长毛。

花 生于当年枝基部。雄花无花被；花梗长约3mm；苞片倒卵状匙形，顶端圆形，边缘有睫毛，早落；雄蕊长约1cm，无毛，花粉囊细长，无退化雌蕊。雌花单生，苞片倒卵形，花梗长8mm，子房无毛，1室，扁而长，先端2裂，子房柄极短。

🍎 **果** 翅果扁平，长椭圆形，先端2裂，基部楔形，周围具薄翅，中央稍突起，子房柄长2~3mm，与果梗相接处有关节。

分类鉴定形态特征

树皮、叶片及果实折断拉开有多数细丝。单叶互生，老叶略有皱纹，具羽状脉，边缘有锯齿，具柄，无托叶。花雌雄异株，无花被，先叶开放，或与新叶同时从鳞芽长出；雄花簇生，雄蕊5~10个，线形，花丝极短，花药4室，纵裂；雌花单生于小枝下部，子房1室，由合生心皮组成，有子房柄，扁平，顶端2裂，胚珠2个，并立、倒生、下垂。果为不开裂，扁平，长椭圆形的翅果，果皮薄革质。种子1，胚乳丰富，胚直立，与胚乳同长；子叶肉质，扁平；外种皮膜质。

引种信息

北京药用植物园 20世纪70年代从浙江引种子，长势良好。

重庆药用植物园 1954年从四川南川德隆乡引植株（引种号1954001），长势良好。

海军军医大学药用植物园 2008年从浙江建德（登录号20080127）引植物，长势良好。

广西药用植物园 2012年从广西凤山引苗（登录号120950），长势较差。

贵阳药用植物园 2013年从贵州台江南宫镇引种苗，长势良好。

华中药用植物园 1999年从湖北恩施引种苗（登录号10805187），长势良好。

辽宁省经济作物研究所药用植物园 2014年从辽宁沈阳引种苗，长势良好。

中国药科大学药用植物园 2014年购买种苗（引种号cpug2013022），长势良好。

物候

北京药用植物园 3月初萌芽期，3月中旬进入展叶期，4月中旬展叶盛期，3月下旬开花始期，4月初开花末期，10月中旬果实全熟期，10月中旬开始落叶，11月底进入休眠。

重庆药用植物园 3月下旬萌芽，4月初展叶，5月中旬开花，9月上旬果实成熟，11月上旬落叶。

海军军医大学药用植物园 5月底展叶期，10月中旬至11月中旬变色期，12月上旬至翌年1月初落叶期。

广西药用植物园 1月萌动期，2~3月展叶期，未见开花，10~12月变色期，11月至翌年1月落叶期。

贵阳药用植物园 3月上旬叶芽萌动，3月下旬开始展叶，4月上旬展叶盛期，4月下旬花现，5月上旬花盛期，5月中旬花末期，5月下旬幼果初现，10月上旬逐渐果熟，11月中旬开始脱落，10月中旬叶变色，11月上旬开始落叶。

辽宁省经济作物研究所药用植物园 4月中下旬萌动期，5月中旬至6月中旬展叶期，10月上旬变色期，10月中旬开始落叶，未开花。

中国药科大学药用植物园 雄株3月上旬至中旬、雌株3月中旬至下旬进入萌动期，4月上旬至中旬展叶期，雄株3月中旬至4月下旬、雌株4月开花期，9~10月结果期，9月上旬至10月下旬变色期，9月中旬至11月下旬落叶期。

迁地栽培要点

喜温暖湿润、阳光充足环境，较耐寒，北京地区可以正常越冬。繁殖方式主要为播种繁殖。病虫害未见。

药用部位和主要药用功能

入药部位 树皮和叶。

主要药用功能 树皮：甘，温；具补肝肾、强筋骨、安胎的功效；用于肝肾不足、腰膝酸痛、筋骨无力、头晕目眩、妊娠漏血、胎动不安等症。叶：辛，微温；具补肝肾、强筋骨的功效；用于肝肾不足、头晕目眩、腰膝酸痛、筋骨痿软等症。

化学成分 含有木脂素类、环烯醚萜类、黄酮类、苯丙素类、甾醇类、三萜类、多糖类等化学成分，抗真菌蛋白等有机化合物，及钙、铁等无机元素。

药理作用 ①降压作用：通过诱导血管内皮产生舒血管物质NO、内皮依赖性超极化因子（EDFH）而达到降压的功效。②增强免疫力作用：杜仲叶浸提物制剂对小鼠的非特异性免疫功能、细胞免疫功能和体液免疫功能都有显著促进作用。③调节血脂作用：杜仲叶黄酮具有较好的调血脂、降血糖作用。④保肝利胆、利尿作用：具有显著的抗免疫性肝损伤和抗肝纤维化作用，对四氯化碳所致的肝损伤具有保护作用。所含成分绿原酸有利胆作用，能增加胆汁和胃液分泌；桃叶珊瑚苷有利尿作用。⑤神经细胞保护作用：通过部分抑制乙酰胆碱酯酶（AchE）活性，起到神经保护作用。⑥调节骨代谢作用：可促进骨细胞增殖，抗骨质疏松。⑦补肾、护肾及安胎作用：可改善肾阳虚症状，减少流产次数，起到安胎的作用。

参考文献

冯晗，周宏灏，欧阳冬生，2015. 杜仲的化学成分及药理作用研究进展[J]. 中国临床药理学与治疗学，20(6): 713–720.
李欣，刘严，朱文学，等，2012. 杜仲的化学成分及药理作用研究进展[J]. 食品工业科技，33(10): 378–382.
彭红梅，李小姝，2013. 杜仲的药理研究现状及应用展望[J]. 中医学报，28(1): 72–73.
王娟娟，秦雪梅，高晓霞，等，2017，杜冠华. 杜仲化学成分、药理活性和质量控制现状研究进展[J]. 中草药，48(15): 3228–3237

果实

98 鸡矢藤

Paederia foetida L., Syst. Nat., ed. 12. 2: 189; Mant. Pl. 1: 52. 1767.

自然分布

分布于陕西、甘肃、山东、江苏、安徽、江西、浙江、福建、台湾、河南、湖南、广东、香港、海南、广西、四川、贵州、云南等地；生于海拔200～2000m的山坡、林地和灌丛。朝鲜、日本、印度、缅甸、泰国、越南、老挝、柬埔寨、马来西亚和印度尼西亚也有分布。

迁地栽培形态特征

多年生草质藤本。

茎 无毛或近无毛。

叶 对生，纸质或近革质，卵形或卵状长圆形，顶端急尖或渐尖，基部截平，圆形或心形，两面无毛或近无毛；叶柄长1.5～7cm；托叶长3～5mm，无毛。

花 聚伞花序腋生和顶生，扩展，末次分枝上着生的花常呈蝎尾状排列；小苞片披针形；花具短梗或无。萼管陀螺形，萼檐裂片5；花冠浅紫色，外面被粉末状柔毛，里面被茸毛，顶部5裂，裂片顶端急尖而直。

果 果球形，成熟时近黄色，平滑，具宿存萼檐裂片和花盘；小坚果无翅，浅黑色。

分类鉴定特征形状

花序疏散或扩展，末次分枝上的花呈蝎尾状排列。果球形，小坚果无翅。

引种信息

北京药用植物园 1992年从江西引种子，长势良好。

广西药用植物园 2007年从广西南宁市引种子（登录号071262），长势良好。

贵阳药用植物园 2014年从贵州贵定引种苗，长势良好。

海南兴隆南药园 1995年从海南万宁兴隆区引种苗（引种号1161），长势良好。

华中药用植物园 1999年从湖北恩施引种苗（登录号10805451），长势良好。

物候

北京药用植物园 3月中旬开始萌芽、展叶，5月上旬展叶盛期，8月上旬至9月上旬花期，10月底果始熟期，并开始黄枯。

广西药用植物园 3～4月萌动期，4～5月展叶期，6～10月开花期，9～12月结果期，12月至翌年1月黄枯期。

贵阳药用植物园 3月中旬叶芽萌动，3月下旬开始展叶，4月上旬展叶盛期，6月下旬开花，7月上旬花盛期，7月中旬花末期，8月下旬果实始熟，9月下旬果实全熟，10月上旬果实脱落，10月下旬开始黄枯，11月上旬普遍黄枯，12月上旬全部黄枯。

海南兴隆南药园 常绿，全年展叶期，4~7月开花期，9~11月结果期。

华中药用植物园 4月上旬开始萌动，4月下旬开始展叶，5月上旬展叶盛期，8月上旬始花，8月中旬盛花，9月下旬末花，10月中旬果实成熟。

迁地栽培要点

喜温暖、湿润的环境，耐寒，北京地区可正常越冬。繁殖以播种、分株为主。未见病虫危害。

药用部位和主要药用功能

入药部位 全株。

主要药用功能 甘、酸，平。具祛风利湿、消食化积、止咳、止痛的功效。用于黄疸型肝炎、痢疾、肝胆、肠胃绞痛、风湿筋骨痛、跌打损伤、外伤性疼痛、腹泻、肺痨咯血、顿咳、消化不良、小儿疳积、支气管炎、放射性引起的白细胞减少、农药中毒等症；外用于皮炎、湿疹、疮疡肿毒等症。

化学成分 含环烯醚萜苷、黄酮、甾醇、三萜、烷烃、脂肪醇、脂肪酸和挥发油等成分及二甲硫和二甲二硫等含硫有机物。

药理作用 ①抗炎、镇痛作用：通过调节核因子-κB信号通路发挥抗炎作用；可预防和缓解持续性自发痛。②对消化系统的作用：乙醇提取物可降低由硫酸钡、牛奶、顺铂引起的胃肠道蠕动加快，改善由吗啡引起的胃肠道蠕动减慢。③抑菌作用：所含环烯醚萜苷类成分有抑菌作用。④抗肿瘤作用：醇提物有较好的抗肿瘤活性，主要活性成分为环烯醚萜苷类化合物。

参考文献

蔡文娥, 杨斌, 2006. 中药调节核因子-κB信号转导通路的研究进展[J]. 时珍国医国药, 17(9): 1794-1796.
胡明勋, 马逾英, 蒋运斌, 等, 2017. 鸡矢藤的研究进展[J]. 中国药房, 28(16): 2277-2280.
王鑫杰, 缪刘萍, 周海凤, 等, 2012. 鸡矢藤的研究进展[J]. 世界临床药物, 33(5): 303-310.

99 罗布麻

Apocynum venetum L., Sp. Pl. ed. 1: 213. 1753.

整株、叶

自然分布

分布于新疆、青海、甘肃、陕西、山西、河南、河北、江苏、山东、辽宁及内蒙古等地；野生于盐碱荒地和沙漠边缘及河流两岸、冲积平原、河泊周围及戈壁荒滩上。欧洲及亚洲温带地区广泛分布。

迁地栽培形态特征

直立半灌木，株高1～1.5m。

🌿**茎** 具乳汁，枝条圆筒形，光滑无毛，紫红色或淡红色。

🍃**叶** 对生，仅在分枝处为近对生，叶片椭圆状披针形至卵圆状长圆形，顶端急尖至钝，具短尖头，基部急尖至钝，叶缘具细牙齿，两面无毛；叶柄间具腺体，老时脱落。

🌸**花** 圆锥状聚伞花序一至多歧，通常顶生，花梗被短柔毛；苞片膜质，披针形。花萼5深裂，裂片披针形或卵圆状披针形，两面被短柔毛，边缘膜质；花冠圆筒状钟形，紫红色或粉红色，两面密被颗粒状突起，花冠裂片基部向右覆盖与花冠筒几乎等长；雄蕊着生在花冠筒基部，与副花冠裂片互生；雌蕊花柱短，柱头基部盘状，2裂；子房由2枚离生心皮所组成，被白色茸毛，每心皮有胚珠多数；花盘环状，肉质，顶端不规则5裂，基部合生，环绕子房，着生在花托上。

🍊**果** 蓇葖双生，平行或叉生，下垂，细圆筒形，外果皮棕色。种子多数，卵圆状长圆形，顶端有一簇白色绢质的种毛。

分类鉴定形态特征

直立半灌木。枝、叶对生。花冠圆筒状钟形，裂片通常向右覆盖，筒喉部有副花冠；雄蕊彼此互相黏合并黏生在柱头上，花药顶端内藏不伸出花冠筒喉部之外，花药箭头状，顶端渐尖，基部具耳；子房上位，有肉质花盘。蓇葖双生。种子顶端具长种毛。

引种信息

北京药用植物园 1999年从新疆引种苗，长势良好。

海军军医大学药用植物园 引种信息不详（登录号XX000349），长势良好。

黑龙江中医药大学药用植物园 2006年购买种子，长势良好。

新疆药用植物园 2017年从新疆阿勒泰罗布麻种植基地引种苗（xjyq-alt001），长势良好。

中国药科大学药用植物园 2013年购买种子（引种号cpug2013006），长势良好。

物候

北京药用植物园 3月底萌芽期，4月初进入展叶期，5月初展叶盛期，5月至8月中旬开花期，9月中旬果实全熟期，9月上旬开始黄枯。

海军军医大学药用植物园 5月底至7月中旬开花期，7月底至10月中旬结果期，11月中旬开始黄枯，11月下旬变色期，12月上旬至翌年1月上旬落叶期。

黑龙江中医药大学药用植物园 4月下旬萌动，5月上旬展叶期，5月中旬始花，5月下旬盛花，6月上旬末花，8月上旬果熟，9月下旬进入休眠期。

新疆药用植物园 4月初萌动出土，4月底至5月上旬展叶盛期，5月初陆续开花，盛花期在6月中下旬，7月中旬起果实陆续成熟，10月中旬起叶片陆续黄枯脱落。

中国药科大学药用植物园 3月中旬进入萌动期，4月中旬至5月上旬展叶期，6～8月开花期，9～10月结果期，10月中旬至11月中旬黄枯期。

迁地栽培要点

适应性强，耐旱、耐阴。繁殖可采用播种、分株和根茎繁殖。

药用部位和主要药用功能

入药部位 叶。

主要药用功能 甘，苦，寒。具平肝安神、清热利水的功效。用于肝阳眩晕、心悸失眠、浮肿尿少等症。

化学成分 含有黄酮类、多糖类等成分，主要活性成分为金丝桃苷、芦丁、异槲皮苷、紫云英苷及白麻苷等。

药理作用 ①降压作用：所含木樨草素、羟基二甲氧苯并吡喃酮、儿茶素和山萘酚可通过抑制炎症反应、改善血管内皮功能、影响血液流变学而对高血压起到治疗作用。②抗氧化作用：罗布麻茶具有良好的抗氧化活性，清除DPPH自由基、ABTS自由基以及羟基自由基的能力强于维生素C。③抗疲劳作用：罗布麻茶所含黄酮能有效延长机体的力竭时间，提高肝糖原储备量，降低血清尿素氮含量，增强体内抗氧化酶系活力，有良好的抗疲劳作用。④降血脂作用：罗布麻叶能有效改善高血脂机体的三酰甘油代谢，并能调节血脂，在一定程度上降低血脂和脂质过氧化物的水平。

参考文献

李珊, 王宁, 乔杨波, 等, 2019. 罗布麻茶黄酮的分离富集及其抗氧化、抗疲劳活性[J]. 食品工业科技, 40(23): 54−59+65.
裴媛, 王瑞, 周贺伟, 等, 2019. 罗布麻治疗高血压作用机制的网络药理学研究[J]. 中南药学, 17(11): 1997−2001.
张静, 任小利, 李希希, 等, 2019. HPLC测定罗布麻茶黄酮主要组成成分及其体外抗氧化特性研究[J]. 食品与机械, 35(9): 89−93.
张娟, 卿德刚, 孙宇, 等, 2020. 化学计量学辅助分析罗布麻中的黄酮类成分[J]. 西北药学杂志, 35(2): 173−177.

花蕾　花　果实

100 络石

Trachelospermum jasminoides (Lindl.) Lem., Jard, Fleur. 1: t. 61. 1851.

自然分布

分布于山东、安徽、江苏、浙江、福建、台湾、江西、河北、河南、湖北、湖南、广东、广西、云南、贵州、四川、陕西等地；生于山野、溪边、路旁、林缘或杂木林中，常缠绕于树或攀缘于墙壁、岩石。日本、朝鲜和越南也有分布。

迁地栽培形态特征

常绿木质藤本。

茎 具乳汁，赤褐色，圆柱形，有皮孔。

叶 革质或近革质，椭圆形，顶端锐尖至渐尖，基部渐狭至钝；叶柄短，叶柄内和叶腋外腺体钻形。

花 二歧聚伞花序腋生或顶生，花多朵组成圆锥状，花白色，芳香；总花梗长2~5cm；苞片及小苞片狭披针形。花萼5深裂，裂片线状披针形，顶部反卷，外面被有长柔毛及缘毛，基部具10枚鳞片状腺体；花冠筒圆筒形，中部膨大，外面无毛，内面在喉部及雄蕊着生处被短柔毛，花冠裂片无毛；雄蕊着生在花冠筒中部，腹部黏生在柱头上，花药箭头状，基部具耳，隐藏在花喉内；子房由2个离生心皮组成，每心皮有胚珠多数；花盘环状5裂，与子房等长。

果 蓇葖双生，叉开，无毛，线状披针形，向先端渐尖。种子多颗，褐色，线形，顶端具白色绢质种毛。

分类鉴定形态特征

茎和枝条常攀缘于树或岩石上，无气根。叶通常椭圆形或披针形，绿色。花蕾顶部钝；花萼裂片反卷；花冠筒中部膨大；雄蕊着生在冠筒中部，花药顶端隐藏在花喉内，不露出花喉外。蓇葖双生，叉开。

引种信息

北京药用植物园 2015年从安徽滁州南谯皇甫山引种苗，生长速度快，长势良好。

海军军医大学药用植物园 引种信息不详（登录号XX000354），长势良好。

广西药用植物园 2004年从广西南宁引种子（登录号04790），长势好。

中国药科大学药用植物园 2015年从江苏南京校内移栽种苗（引种号cpug2015009），长势良好。

物候

北京药用植物园 4月上旬萌芽期，7月上旬展叶盛期，未见花果。

海军军医大学药用植物园 5月底进入展叶期，12月上旬至翌年1月上旬黄枯期。

广西药用植物园 2~3月萌动期，3月展叶期，4~8月开花期，未见结果，10月至翌年2月黄枯期。

中国药科大学药用植物园 5~6月开花期，9~10月结果期。

迁地栽培要点

喜温暖环境，喜弱光，较耐干旱，北京地区越冬需覆盖。繁殖以压条为主。病虫害少见。

药用部位和主要药用功能

入药部位 全株。

主要药用功能 苦，微寒。具祛风通络、凉血消肿的功效。用于风湿热痹、筋脉拘挛、腰膝酸痛、喉痹、痈肿、跌扑损伤等症。

化学成分 含有黄酮类、三萜类、生物碱类、木质素（二苯丁酸内酯类）、紫罗兰酮衍生物等成分。

药理作用 ①镇痛作用：络石藤对机体疼痛扭体的抑制率在50%以上。②抗疲劳作用：络石藤三萜总皂苷对力竭游泳所致疲劳模型机体有不同程度的抗疲劳作用。③抗炎作用：复方络石藤治疗小儿急性扁桃体炎有显著的疗效，尤其对于细菌性感染者，其凉血消肿、清热解毒效果较好。④降血脂作用：络石藤提取物对高脂血症机体有一定的降脂作用。⑤抗氧化作用：络石藤可以提高机体的SOD和GSH-Px活性，降低MDA的水平，降低氧自由基反应，防止脂质过氧化，对机体起到保护作用。

参考文献

官清, 张珩, 2012. 祛风湿单味中药抗炎和镇痛作用分析[J]. 临床合理用药杂志, 5(19): 6–7.
李金生, 张茜, 张涛, 等, 2016. 中药络石藤的研究进展[J]. 河北中医药学报, 31(2): 55–58.
谭兴起, 郭良君, 孔飞飞, 等, 2011. 络石藤三萜总皂苷抗疲劳作用的实验研究[J]. 解放军药学学报, 27(2): 128–131.
徐梦丹, 王青青, 蒋翠花, 2014. 络石藤降血脂及抗氧化效果研究[J]. 药物生物技术, 21(2): 149–151.

101
合掌消

Cynanchum amplexicaule (Sieb. et Zucc.) Hemsl. var. *castaneum* Makino, Bot. Mag. Tokyo 23: 22. 1909.

自然分布

分布于黑龙江、辽宁、吉林、内蒙古、河北、河南、山东、陕西、江苏、江西、湖北、湖南和广西等地；生于海拔100~1000m的山坡草地或田边、湿草地及沙滩草丛中。朝鲜和日本也有分布。

迁地栽培形态特征

多年生草本，全株具白色乳液。

- **根** 根须状。
- **茎** 直立，少分枝，无毛。
- **叶** 薄纸质，无柄，倒卵状椭圆形，先端急尖，基部下延近抱茎。
- **花** 多歧聚伞花序顶生及腋生。花冠紫色，副花冠5裂，扁平；花粉块每室1个，下垂。
- **果** 蓇葖单生，刺刀形。

分类鉴定形态特征

直立植物。根部成丛须状。茎无毛。叶无柄，基部抱茎，倒卵状椭圆形。花紫色；花冠内面有毛，副花冠单轮，5裂，裂片厚肉质，与合蕊柱近等长。

引种信息

北京药用植物园 2013年从北京引种苗，长势良好。

辽宁省经济作物研究所药用植物园 2014年从辽宁新宾引种苗，长势良好。

物候

北京药用植物园 4月中旬开始萌动期、展叶，5月上旬展叶盛期，开花始期，7月底末花，10月上旬果实全熟期，10月初开始黄枯。

辽宁省经济作物研究所药用植物园 5月初至上旬萌动期，5月上旬至中旬展叶期，6月上旬开花始期，6月中旬开花盛期，7月上旬开花末期，7月上旬至9月中下旬果实发育期，9月中旬至月末黄枯期。

迁地栽培要点

喜阳，耐旱，耐寒。繁殖以播种为主。蚜虫危害严重，未见病害发生。

药用部位和主要药用功能

入药部位 根及全株。

主要药用功能 微苦，平。具清热、祛风湿、消肿解毒的功效。用于胃痛、泄泻、急性肝炎、风湿痛、偏头痛、便血、痈肿湿疹等症。

化学成分 主要含4-甲基苯甲酸、香草醛、香草酸、丁香醛、丁香酸、芥子酸、华北白前醇、琥珀酸、5-羟甲基糠醛、β-谷甾醇、胡萝卜苷等成分。

药理作用 ①抗氧化作用：所含苯丙素类化合物具有抗氧化活性。②抗癌作用：所含部分C21甾体类化合物对人急性早幼粒白血病细胞HL-60有抑制活性。

参考文献

陈欢, 姚遥, 乔莉, 等, 2008. 合掌消的化学成分[J]. 沈阳药科大学学报, 25(4): 286–289.
裴月湖, 陈欢, 陈刚, 等, 1990. 合掌消和昆明杯冠藤生物活性成分及化学成分的研究[J]. 沈阳药科大学中药学院, 1(12): 17.
邱声祥, 张壮鑫, 周俊, 1990. 合掌消的甾体成分[J]. 云南植物研究, 12(1): 107–109.

102 徐长卿

Cynanchum paniculatum (Bunge) Kitagawa, Journ. Jap. Bot. 16: 20. 1940.

自然分布

分布于辽宁、内蒙古、山西、河北、河南、陕西、甘肃、四川、贵州、云南、山东、安徽、江苏、浙江、江西、湖北、湖南、广东和广西等地；生长于向阳山坡及草丛中。日本和朝鲜也有分布。

迁地栽培形态特征

多年生直立草本。

🟠 根 须丛状。

🟠 茎 不分枝，稀从根部发生几条，无毛。

🟠 叶 对生，纸质，披针形至线形，长5～13cm，宽5～15mm，先端渐尖，无毛或具疏柔毛；叶柄长约3mm。

🟠 花 圆锥状聚伞花序。花萼内的腺体有或无；花冠黄绿色，裂片长达4mm；副花冠裂片5，肉质，顶端钝；花粉块每室1个，下垂；柱头五角形，顶端略为突起。

🟠 果 蓇葖单生，披针形，向端部渐尖。种子长圆形，种毛白色绢质。

分类鉴定形态特征

直立草本。根丛须状；茎无毛；叶对生，披针形至线形，向端部线形，长可达13cm；花冠黄绿色，内面无毛；副花冠单轮，无附属物，5裂，在合蕊柱较高处合生，高度不超过合蕊柱，弯缺处成5个兜状体，裂片肉质，通常与合蕊柱等长。

引种信息

北京药用植物园　2016年从山东引种苗，长势良好。

辽宁省经济作物研究所药用植物园　2014年从辽宁新宾引种苗，长势良好。

物候

北京药用植物园　4月底开始萌动期，5月中旬展叶盛期，6月初开花始期，8月底末花，未见果实，9月上旬开始黄枯。

辽宁省经济作物研究所药用植物园　4月下旬至月初萌动期，5月上旬至中旬展叶期，6月初开花始期，6月中旬开花盛期，6月下旬开花末期，6月下旬至7月中旬果实发育期，8月下旬至9月中旬黄枯期。

迁地栽培要点

喜阴，耐热，耐寒，忌涝。繁殖以播种为主。有蚜虫和萝藦叶甲危害，病害未见。

药用部位和主要药用功能

入药部位 根及根茎。

主要药用功能 辛,温。具祛风、化湿、止痛、止痒的功效。用于风湿痹痛、胃痛胀满、腰痛、牙痛、跌打伤痛等症;外用于风疹、湿疹等症。

化学成分 含苷元、黄酮、C21甾体、多糖、氨基酸、丹皮酚、异丹皮酚等成分。

药理作用 ①抗病毒作用:水提物在体外对乙肝病毒抗原分泌有抑制作用。②抗肿瘤作用:多糖对小鼠移植性腹水癌H22和EAC、实体瘤S180生长具有抑制作用。③抗炎、镇痛作用:提取液对眼镜蛇毒引起的大鼠足跖肿胀及棉球肉芽肿有抑制作用。④解毒作用:提取液对甲氨蝶呤(CTX)所致小鼠心脏毒性有明显减毒作用。

参考文献

窦静, 毕志明, 张永清, 等, 2006. 徐长卿中的C21甾体化合物[J]. 中国天然药物, 4(3): 192–194.
王本祥, 马金凯, 邓文龙, 等, 1997. 现代中药药理学[M]. 天津: 天津科学技术出版社: 459.
谢斌, 刘妮, 赵日方, 等, 2005. 徐长卿水提取物抗乙型肝炎病毒的体外实验研究[J]. 中国热带医学, 5(2): 196–197.
赵丽萍, 2011. 徐长卿研究进展[J]. 中国药业, 20(2): 79–80.

叶

花

花蕾

103 枸杞

Lycium chinense Miller, Card. Dict. ed. 8, no 5. 1768.

整株

自然分布

分布于我国东北、河北、山西、陕西、甘肃南部以及西南、华中、华南和华东等地区。生于山坡、荒地、盐碱地和路旁。

迁地栽培形态特征

多分枝灌木。

🟠 **茎** 枝条细弱，弓状弯曲或俯垂，小枝顶端锐尖成棘刺状，生叶和花的棘刺较长。

🟠 **叶** 纸质，单叶互生或2~4枚簇生，卵形、卵状菱形、长椭圆形、卵状披针形，顶端急尖，基部楔形；叶柄长0.4~1cm。

🟠 **花** 花梗向顶端渐增粗；花萼3中裂或4~5齿裂；花冠漏斗状，淡紫色，筒部向上骤然扩大，稍短于或近等于檐部裂片，5深裂，裂片卵形，顶端圆钝，平展或稍向外反曲，边缘有缘毛；雄蕊较花冠稍短，花丝在近基部处密生一圈绒毛并交织成椭圆状的毛丛；花柱稍伸出雄蕊，上端弓弯。

果 浆果；红色，卵状，顶端尖或钝。种子扁肾脏形，黄色。

分类鉴定形态特征

多分枝灌木。枝条上的棘刺常生叶和花。叶卵形、卵状菱形、长椭圆形、卵状披针形。花较大，花萼3中裂或4~5齿裂；花冠长9~12mm，花冠筒漏斗状，稍短于或近等于檐部裂片，花冠裂片边缘缘毛浓密；雄蕊稍短于花冠，花丝基部稍上处密生一圈茸毛。果实红色；种子长2.5~3mm。

引种信息

北京药用植物园 20世纪60年代从北京西北旺引种苗，长势良好。

成都中医药大学药用植物园 2013年从四川峨眉山引种苗，长势良好。

重庆药用植物园 2006年从重庆南川金佛山引植株（引种号2006010），长势良好。

广西药用植物园 1997年从广西南宁引苗（登录号97130），长势一般。

贵阳药用植物园 2013年从贵州余庆小腮镇桥底村河边引种苗（GYZ2013），生长速度中等，长势良好。

辽宁省经济作物研究所药用植物园 2015年从辽宁清原引种苗，长势良好。

中国药科大学药用植物园 2014年从浙江引种苗（引种号cpug2014093），长势良好。

物候

北京药用植物园 3月初开始萌芽、展叶，4月底展叶盛期，4月底始花期，9月上旬末花期，6月上旬果始熟期，10月初开始落叶。

成都中医药大学药用植物园 4月中旬进入展叶始期，6月下旬展叶盛期，6月底始花，7月上旬盛花，9月上旬末花，10月下旬果实始熟。

重庆药用植物园 3月下旬萌芽，4月上旬展叶，5月中旬开花，8月下旬果实成熟，11月上旬落叶。

广西药用植物园 1~2月萌动期，2~3月展叶期，4~6月开花期，6~9月结果期，10~12月黄枯期。

贵阳药用植物园 3月上旬展叶期，3月中旬展叶盛期，7月中旬始花，8月初盛花，9月中旬末花，9月中旬果熟。

辽宁省经济作物研究所药用植物园 4月初萌动期，4月中旬至5月中旬展叶期，5月末开花始期，6月中旬开花盛期，6月下旬开花末期，6月中旬至7月末结果期，10上旬变色期，10月中旬开始落叶。

中国药科大学药用植物园 3月上旬进入萌动期，3月下旬展叶期，6~11月开花期，6~11月结果期，6月中旬至7月上旬落叶期。

迁地栽培要点

喜冷凉气候，喜光，耐寒，耐旱。繁殖有播种、扦插、压条、分株等方式。病害主要有叶斑病；二十八星瓢虫和蚜虫危害严重，常在夏季使整株叶片全部脱落。

药用部位和主要药用功能

入药部位 果实和根皮。

主要药用功能 果实：甘、平；具滋补肝肾，益精明目的功效；用于虚劳精亏、腰膝酸痛、眩晕耳鸣、内热消渴、阳痿遗精、血虚萎黄、目昏不明等症。根皮：甘，寒；具凉血除蒸、润肺降火的功效；用于阴虚潮热、骨蒸盗汗、肺热咳嗽、咯血、衄血、内热消渴等症。

化学成分 含有机酸、生物碱、黄酮、色素及枸杞多糖等成分。

药理作用 ①抑菌作用：枸杞子提取物对金黄色葡萄球菌、表皮葡萄球菌、大肠埃希菌、铜绿假单胞菌、克柔假丝酵母菌、白色假丝酵母菌等耐药菌有明显的体外抑菌效果。②抗肿瘤作用：枸杞多糖能够使受损细胞恢复正常功能，具有明显的抗肿瘤作用。③增强免疫作用：枸杞多糖对机体非特异性免疫、细胞免疫、体液免疫均具有显著的调节作用。④抗衰老作用：枸杞多糖对成纤维细胞的衰老具有拮抗作用，能延迟细胞衰老和凋亡。⑤降血糖作用：枸杞多糖能明显改善糖尿病机体的胰岛素抵抗状态。⑥改善骨质疏松作用：枸杞多糖可以增加糖皮质激素致骨质疏松机体的骨密度、血清中的钙含量，提高碱性磷酸酶活性及钙的吸收率，减少钙的排泄。⑦抗辐射作用：枸杞多糖具有一定拮抗UVB损伤的作用，对UVB致人皮肤成纤维细胞的损伤具有一定保护作用。

参考文献

罗俊容,刘诗雨,佘赛澜,等,2017.枸杞多糖延缓细胞衰老作用研究[J].亚太传统医药,13(6): 3-4.

马锐,杨凤琴,刘俊文,等,2014.富硒枸杞子对临床常见分离耐药菌体外抑菌活性的研究[J].检验医学与临床,11(5): 580-528.

宋宪铭,贾宁,2011.枸杞多糖对小鼠免疫功能影响的研究[J].甘肃畜牧兽医,41(6): 5-7.

王小敏,赵丽坤,刘新霞,等,2011.枸杞多糖对糖皮质激素性骨质疏松大鼠钙吸收及生化指标的影响[J].中国预防医学杂志,12(12): 1004-1007.

张久旭,王晶娟,2017.枸杞化学成分研究进展[C]//中国商品学会.中国商品学会第五届全国中药商品学术大会论文集.北京:中国商品学会: 6.

104 挂金灯

Physalis alkekengi L. var. *francheti* (Mast.) Makino, Bot. Mag. Tokyo 22: 34. 1908.

自然分布

分布于除西藏外的全国各地；生于田野、沟边、山坡草地和林下。朝鲜和日本也有分布。

迁地栽培形态特征

多年生草本。

茎 基部略带木质，分枝稀疏或不分枝，茎节膨大。

叶 长卵形至阔卵形，有时菱状卵形，顶端渐尖，基部不对称狭楔形，下延至叶柄，全缘而波状或有粗牙齿，仅叶缘有短毛；叶柄长约1～3cm。

花 花梗开花时直立，后向下弯曲，近无毛或仅有稀疏柔毛；花萼阔钟状，萼齿三角形，萼齿密生毛，筒部毛被稀疏；花冠辐状，白色，裂片开展，顶端骤然狭窄成三角形尖头，外面有短柔毛，边缘有缘毛；雄蕊及花柱均较花冠为短。

果 果萼卵状，薄革质，网脉显著，橙红色，光滑无毛，顶端闭合，基部凹陷；浆果球状，橙红色；果梗无毛。种子肾脏形，淡黄色。

分类鉴定形态特征

多年生草本。茎较粗壮，茎节膨大。叶仅叶缘有短毛。花萼裂片密生毛，筒部毛被稀疏；花冠白色，辐状；花药黄色；花梗近无毛或仅有稀疏柔毛。果成熟时果萼橙红色，近革质，果萼光滑无毛，果梗无毛。

引种信息

北京药用植物园 20世纪60年代从山西五台山引种子，长势良好。

黑龙江中医药大学药用植物园 2017年自黑龙江黑河购买种子，长势良好。

内蒙古医科大学药用植物园 2013年引入种子，引种信息不详，生长速度中等，长势良好。

物候

北京药用植物园 4月中旬开始萌芽、展叶，5月中旬展叶盛期，5月初始花期，6月中旬末花期，8月上旬果始熟期，8月底开始黄枯。

黑龙江中医药大学药用植物园 5月上旬萌动，5月中旬展叶期，6月上旬始花，6月下旬盛花，7月初末花，9月上旬果熟，9月下旬进入休眠期。

内蒙古医科大学药用植物园 4月下旬萌动期，5月上旬至中旬展叶期，6月上旬至中旬开花期，7月中旬至9月下旬结果期，9月中旬至10月中旬黄枯期。

迁地栽培要点

喜阳光，耐寒，耐热。繁殖以根茎和播种为主。病害主要有叶斑病、根腐病；虫害主要有蚜虫、菜青虫、棉铃虫等。

药用部位和主要药用功能

  入药部位 宿萼、带果实的宿萼。

  主要药用功能 苦，寒。具清热解毒、利咽化痰、利尿通淋的功效。内服用于咽喉音哑、痰热咳嗽、小便不利、热淋涩痛等症。外用于天疱疮、湿疹的治疗。

  化学成分 含甾体类、甾醇类、生物碱类、氨基酸类等成分。

  药理作用 ①抗炎作用：提取物有显著的抗炎活性，主要活性成分为黄酮类和酸浆苦味素类化合物。②抗肿瘤作用：酸浆苦素B可抑制癌细胞增殖，通过影响线粒体的功能使癌细胞凋亡。③抑菌作用：提取物对金黄色葡萄球菌和大肠杆菌有较强的抑制作用，酸浆苦素能抑制并杀死耐药金黄色葡萄球菌和耐药大肠杆菌。④抗氧化作用：果实提取物对ABTS自由基有较强的清除能力，具有较好的体外抗氧化活性。⑤血管舒张作用：水提物具有非内皮依赖性血管舒张功能。⑥降血脂作用：可有效降低高脂饮食所致的高血脂机体血清胆固醇（TC）和低密度脂蛋白（LDL-C）含量。

参考文献

曹聪, 2017. 酸浆苦素B对人非小细胞肺癌A549细胞增殖与凋亡的影响及其机制探究[D]. 杭州：浙江大学.
陈雷, 何玉静, 宁立华, 等, 2012. 锦灯笼抗炎药效物质基础及其作用机制[C]//中国药学大会暨中国药师周论文集. 南京：中国药学会：1-7.
侯新影, 2017. 锦灯笼果实多糖通过小鼠树突状细胞表面TLR4增强免疫作用机制研究[D]. 长春：东北师范大学.
吴爽, 倪蕾, 张云杰, 等, 2019. 滕杨. 近十年锦灯笼研究进展[J/OL]. 中药材, 42(10): 1464-1469.
杨耀, 陈波, 梁凯伦, 等, 2017. 蒙花苷与木犀草素联用对离体血管的舒张作用及其机制研究[J]. 中国中药杂志, 42(7): 1370-1375.
张锐, 李庆超, 张翠丽, 等, 2013. 锦灯笼化学拆分组分的制备及抗菌作用研究[J]. 安徽中医学院学报, 32(5): 69-71.
宗颖, 王志颖, 孙佳明, 等, 2014. 锦灯笼果实提取工艺优选及抗氧化活性考察[J]. 中国实验方剂学杂志, 20(7): 15-18.

105 金钟花

Forsythia viridissima Lindl., Journ. Hort. Soc. London 1:226. 1846.

自然分布

分布于江苏、安徽、浙江、江西、福建、湖北、湖南、云南等地；生于海拔300~2600m山地、谷地或河谷边林缘、溪沟边或山坡路旁灌丛中。

迁地栽培形态特征

落叶灌木。

茎 主茎棕灰色，枝棕褐色或红棕色，小枝绿色或黄绿色，皮孔明显，节间具片状髓。

叶 叶片长椭圆形至披针形，先端锐尖，基部楔形，通常上半部具不规则锐锯齿或粗锯齿，两面无毛；叶柄长6~12mm。

花 通常单生或2~3朵着生于叶腋，先于叶开放；花梗长7mm以下。花萼长3.5~5mm，裂片卵形、宽卵形或宽长圆形，长4mm以下，具睫毛；花冠深黄色，长1.1~2.5cm，裂片狭长圆形至长圆形，内面基部具橘黄色条纹。

果 卵形或宽卵形，基部稍圆，先端喙状渐尖，具皮孔；果梗长7mm以下。

分类鉴定形态特征

节间具片状髓。叶片长椭圆形至披针形，或倒卵状长椭圆形，两面无毛；叶缘具锯齿。花萼裂片长在5mm以下。果实卵形或宽卵形，果梗长在7mm以下。

引种信息

北京药用植物园 2013年从辽宁引入种苗，长势良好。

华中药用植物园 1999年从湖北恩施引种苗（登录号10805086），长势良好。

中国药科大学药用植物园 2015年从浙江引种苗（引种号cpug2015001），长势良好。

物候

北京药用植物园 4月初开始萌芽，4月底展叶盛期，3月底至4月中旬开花期，10月中旬果实成熟，10月下旬开始落叶。

华中药用植物园 3月中旬开始萌动展叶，3月下旬展叶盛期，3月下旬始花，4月上旬盛花，4月中旬末花。

中国药科大学药用植物园 3~4月开花期，8~11月结果期。

迁地栽培要点

喜光，耐半阴，耐旱，忌涝，耐寒，北京地区可以正常越冬。以无性繁殖为主，也可播种繁殖。除蚜虫外未见病虫危害。

药用部位和主要药用功能

  入药部位 果实。

  主要药用功能 苦，温。具清热解毒、祛湿、泻火的功效。入酒可解痉通络、活血化瘀，缓解腰椎间盘突出症状。

  化学成分 含连翘苷、牛蒡苷等成分。

参考文献

江月锋, 2014. 一种腰椎间盘突出金钟花保健酒[P]. 中国专利: CN103720885A, 2014-04-16.
曲欢欢, 李白雪, 燕菲, 等, 2008. 不同采收期连翘、金钟花果实中连翘酯苷和连翘苷的含量测定[J]. 中国中医药信息杂志, 15(8): 47-49.

106 连翘

Forsythia suspensa (Thunb.) Vahl, Enum. pl. 1: 39. 1804.

花期

自然分布

分布于河北、山西、陕西、山东、安徽、河南、湖北、四川等地；生海拔250~2200m山坡灌丛、林下或山沟疏林中。

迁地栽培形态特征

落叶灌木。

🟧 **茎** 枝开展或下垂，淡黄褐色或浅棕色，小枝土黄色或灰褐色，疏生皮孔，节间中空，节部具实心髓。

🟧 **叶** 通常为单叶，或3裂至三出复叶，叶片卵形、宽卵形或椭圆状卵形至椭圆形，先端锐尖，基部圆形、宽楔形至楔形，叶缘除基部外具锐锯齿或粗锯齿，两面无毛；叶柄长0.8~1.5cm。

🟧 **花** 通常单生或2至数朵着生于叶腋，先于叶开放；花梗长5~6mm。花萼裂片长圆形或长圆状椭圆形，与花冠管近等长，长5mm以上；花冠黄色，裂片倒卵状长圆形或长圆形。

果 卵球形、卵状椭圆形或长椭圆形，先端喙状渐尖，表面疏生皮孔；果梗长0.7～1.5cm。

分类鉴定形态特征

节间中空。叶为单叶或3裂至三出复叶，叶缘具锯齿。花先于叶开放，花冠黄色，花萼裂片长5mm以上。果实卵球形、卵状椭圆形或长椭圆形，先端喙状渐尖，果梗长0.7mm以上。

引种信息

北京药用植物园 20世纪60年代从北京引种苗，长势良好。

黑龙江中医药大学药用植物园 2006年购买种子，长势良好。

华中药用植物园 1999年从湖北恩施引种苗（登录号10805119），长势良好。

辽宁省经济作物研究所药用植物园 2007年从辽宁新宾引种苗，长势良好。

内蒙古医科大学药用植物园 引种信息不详，引入种苗，生长速度中等，长势良好。

物候

北京药用植物园 3月底开始萌芽，4月初展叶盛期，3月底至4月中旬开花期，10月中旬果实成熟，10月中旬开始落叶。

黑龙江中医药大学药用植物园 4月下旬萌动，4月下旬展叶期，4月下旬盛花，10月中旬果熟，11月上旬进入休眠期。

华中药用植物园 3月下旬开始萌动展叶，4月上旬展叶盛期，3月下旬始花，4月上旬盛花，4月中旬末花。

辽宁省经济作物研究所药用植物园 3月下旬萌动期，4月下旬至5月下旬展叶期，4月上旬开花始期，4月中旬开花盛期，4月下旬开花末期，5月下旬至7月初结果期，9月中下旬变色期，9月下旬开始落叶。

内蒙古医科大学药用植物园 3月底萌动期，4月下旬至5月初展叶期，4月上旬开花期，6月中旬至9月上旬结果期，9月中旬至10月初变色期，10月中旬落叶期。

迁地栽培要点

喜光，耐干旱瘠薄，怕涝，耐寒。以无性繁殖为主，也可播种繁殖。除蚜虫外未见病虫危害。

药用部位和主要药用功能

入药部位 果实。

主要药用功能 苦，微寒。具清热解毒、消肿散结、疏散风热的功效。用于痈疽、瘰疬、乳痈、丹毒、风热感冒、温病初起、高热烦渴、神昏发斑、热淋涩痛等症。

化学成分 主要含连翘苷、连翘酯苷、苯乙酸及其苷类、萜类、木脂素类、黄酮类等成分。

药理作用 ①抗炎作用：连翘脂苷具有较强的抑菌、抗病毒及抑制磷酸二酯酶的功效。②抗氧化作用：连翘酯苷能够对活性氧起到清除的作用，对与自由基相关的炎症、肿瘤、衰老以及心血管疾病等有一定的辅助疗效。③抗肿瘤作用：从连翘中分离得到的化合物LQ-4对HeLa细胞增殖有抑制作用。④保肝作用：可使四氯化碳造成肝损伤大鼠的肝脏变性和坏死明显减轻，肝细胞内蓄积的肝糖元及核糖核酸含量大部分恢复或接近正常，血清谷丙转氨酶活力显著下降。⑤其他作用：还具有解热，抑制cAMP磷酸二酯酶等作用。

参考文献

冯治朋, 高秀强, 韩颜超, 等, 2018. 连翘的研究进展[J]. 现代农业科技, 47(12): 70–72, 74.

侯改霞,杨建雄,2010.连翘叶提取物对实验小鼠的降脂保肝作用研究[J].河南大学学报,40(5):504-506.
曲欢,李欣,蔡朋朋,等,2013.连翘抗肿瘤活性成分体外诱导HeLa细胞凋亡作用[J].中国公共卫生,29(3):397-399.
闫丽丽,姜颖,2011.连翘药材主要化学成分及药理作用研究综述[J].中国新技术新产品,19(11):11.
颜礼有,刘明娟,闫慧如,等,2015.连翘苷抗小鼠衰老作用的研究[J].中国药房,26(1):37-39.
张宁,2019.连翘主要有效成分的提取与药理作用[J].世界最新医学信息文摘,19(91):180,189.

107 迎春花

Jasminum nudiflorum Lindl., Journ. Hort. Soc. London 1: 153. 1846.

自然分布

分布于甘肃、陕西、四川、云南、西藏等地；生于海拔800~2000m山坡灌丛中。

迁地栽培形态特征

落叶灌木，直立或匍匐。

茎 枝条下垂。枝光滑无毛，小枝四棱形，棱上多少具狭翼。

叶 对生，三出复叶，小枝基部常具单叶；叶柄长0.3~1cm，具窄翼；小叶片卵形、长卵形或椭圆形，先端锐尖或钝，基部楔形，叶缘反卷，顶生小叶片较大，无柄或基部延伸成短柄，侧生小叶无柄；单叶为卵形或椭圆形，有时近圆形。

花 单生叶腋；苞片叶状；花梗长2~3mm。花萼裂片5~6枚，窄披针形，先端锐尖；花冠黄色，花冠管长0.8~2cm，直径2~2.5cm，向上渐大，裂片5~6枚，长圆形或椭圆形，长0.8~1.3cm，先端锐尖或圆钝。

分类鉴定形态特征

落叶灌木。小枝四棱形；叶为单叶或三出复叶，对生，叶柄无关节；花先叶开放，苞片叶状，花冠黄色，直径2~2.5cm，子房每室具胚珠2枚。

引种信息

北京药用植物园 20世纪70年代从北京引种苗，长势良好。

贵阳药用植物园 2014年从贵州紫云猫营镇引种苗，长势良好。

物候

北京药用植物园 3月中旬开始萌芽，4月上旬展叶盛期，3月初至4月初开花期，未见果实，10月上旬开始落叶。

贵阳药用植物园 2月下旬至3月下旬开花。

迁地栽培要点
喜光,耐干旱瘠薄,怕涝,耐寒,北京地区可以正常越冬。繁殖以扦插为主。病虫害少见。

药用部位和主要药用功能
入药部位 叶和花。

主要药用功能 叶:苦,平;具解毒消肿、止血、止痛的功效;用于肿毒恶疮、跌打损伤、创伤出血等症。花:甘、涩,平;具解毒、清热利尿的功效;用于发热头痛、小便涩痛等症。

化学成分 含裂环烯醚萜、黄酮、多糖、脂肪酸、挥发油和迎春花黄色素等成分。

药理作用 ①抗氧化作用:提取物能提高机体血清、心、脑和肝等组织中SOD活性,降低MDA含量,具有清除体内脂质过氧化物的作用。②抑菌作用:花提取物对金黄色葡萄球菌、枯草芽孢杆菌、大肠杆菌、藤黄八叠球菌和变形杆菌皆有抑制效果。③抗炎作用:花水提物可降低毛细血管通透性,抑制以醋酸和二甲苯刺激耳廓及腹腔引发的炎症。④提高免疫作用:水提物可提高机体胸腺指数和脾脏指数,提高吞噬细胞的功能,促进T淋巴细胞的有丝分裂,具有提高机体细胞免疫功能的作用。⑤镇痛作用:水提物有镇痛、镇定及延长机体睡眠时间的作用。

参考文献
刘建生, 熊丽娇, 江丽霞, 等, 2013. 迎春花提取物对小鼠SOD活性及MDA含量的影响[J]. 中国当代医药, 20(35): 24-25.
罗玉燕, 卢成瑛, 伍钢, 等, 2010. 迎春花抑菌活性物提取工艺[J]. 食品科学, 31(22): 129-133.
王佩珩, 等, 2015. 迎春花的有效化学成分及其生物学活性研究概况[J]. 黑龙江农业科学, 38(6): 152-155.

108 紫丁香

Syringa oblata Lindl., Gard. Chron. 1859: 868. 1859.

自然分布

分布于东北、华北、西北（除新疆）、西南等地；生海拔300~2400m山坡丛林、山沟溪边、山谷路旁及滩地水边。

迁地栽培形态特征

落叶灌木或小乔木。

🟠茎 树皮灰褐色或灰色，小枝疏生皮孔。

🟠叶 单叶；叶片革质或厚纸质，卵圆形至肾形，宽常大于长，先端短凸尖至长渐尖或锐尖，基部心形、截形至近圆形，或宽楔形；叶柄长1~3cm。

🟠花 圆锥花序直立，由侧芽抽生。花萼长约3mm；花冠紫色或白色，花冠管圆柱形，裂片呈直角开展，先端内弯略呈兜状或不内弯；花药位于花冠管喉部以下。

🟠果 倒卵状椭圆形、卵形至长椭圆形，先端长渐尖，光滑。

分类鉴定形态特征

单叶，叶片卵圆形至肾形，通常宽大于长，基部心形、截形、近圆形至宽楔形，全缘，叶背无毛。圆锥花序由侧芽抽生，基部常无叶；花冠紫色或白色，花冠管远比花萼长；花药全部藏于花冠管内。果倒卵状椭圆形、卵形至长椭圆形。

引种信息

北京药用植物园 20世纪60年代从北京引种苗，长势良好。

辽宁省经济作物研究所药用植物园 2007年从辽宁清原引种苗，长势良好。

内蒙古医科大学药用植物园 引种信息不详，引入种苗，生长速度中等，长势良好。

中国药科大学药用植物园 2017年从校内引种苗（引种号cpug2017009），长势良好。

贵阳药用植物园 引种信息不详，生长速度中等，长势良好。

物候

北京药用植物园 3月上旬开始萌芽，4月底展叶盛期，4月开花期，10月上旬开始落叶。

辽宁省经济作物研究所药用植物园 3月末萌动期，4月中旬至下旬展叶期，4月中旬开花始期，4月下旬开花盛期，5月上旬开花末期，5月中旬至7月中旬结果期，9月中旬变色期，9月中旬开始落叶。

内蒙古医科大学药用植物园 4月中旬萌动期，4月中、下旬展叶期，4月下旬至5月中旬开花期，5月下旬至8月下旬结果期，9月中旬至10月中旬变色期，10月上旬至下旬落叶期。

中国药科大学药用植物园 2月下旬至3月上旬进入萌动期，3月下旬展叶期，4~5月开花期，6~10月结果期。

贵阳药用植物园 3月初展叶期，3月下旬展叶盛期，未见花果，11上旬开始落叶。

迁地栽培要点
喜光，稍耐阴，较耐旱，耐寒。繁殖以播种、扦插为主。病虫害少见。

药用部位和主要药用功能
入药部位 树皮和叶。

主要药用功能 树皮：具清热燥湿、止咳定喘的功效。叶：苦，寒；具清热、解毒、止咳、止痢的功效；用于咳嗽痰咳、泄泻痢疾、痄腮、肝炎等症。

化学成分 主要含黄酮类成分，如芒柄花素、芹菜素；另含三萜类、环烯醚萜类、裂环环烯醚萜苷类、木质素等成分。

药理作用 ①抗病毒作用：叶提取物能抑制乙型肝炎E抗原和表面抗原的分泌，具有抗乙型肝炎病毒的作用。②保肝作用：叶对肝损伤所致转氨酶升高有明显的降酶作用，可以治疗和预防机体的肝损伤。③镇咳作用：叶的乙酸乙酯抽提液有惊厥保护和镇咳作用。

参考文献
高士奇, 迟宝荣, 王峰, 等, 2003. 紫丁香叶提取物对HepG2.2.15细胞中HBeAg及HBsAg表达的影响[J]. 吉林大学学报, 29(4): 468-470.
南京中医药大学, 2006. 中药大辞典[M]. 下册. 上海：上海科技出版社：3282.
王峰, 文玉晶, 牛俊奇, 等, 2000. 丁香叶片药理和毒理的实验研究[J]. 临床肝胆病杂志, 16(2): 94-96.
于陶钧, 王立波, 吴立军, 2016, 丁香属植物化学成分及药理作用研究进展[J]. 安徽农业科学, 44(2): 168-170.

树皮　叶

109
车前

Plantago asiatica L., Sp. Pl. 113. 1753.

自然分布

分布于全国各地；生于海拔3200m以下的草地、沟边、河岸湿地、田边、路旁或村边空旷处。朝鲜、俄罗斯、日本、尼泊尔、马来西亚和印度尼西亚也有分布。

迁地栽培形态特征

多年生草本。

🟠根 根茎短，须根多数。

🟠叶 基生呈莲座状；薄纸质或纸质，宽卵形至宽椭圆形，先端钝圆至急尖，边缘波状、全缘或中部以下具齿，基部宽楔形或近圆形，多少下延，两面疏生短柔毛；脉5~7条；叶柄长2~15cm，疏生短柔毛。花序3~10个，直立或弓曲上升。

🌸 花 花序梗长5～30cm，有纵条纹，疏生白色短柔毛；穗状花序细圆柱状，长3～40cm，紧密或稀疏，下部常间断；苞片狭卵状三角形或三角状披针形。花具短梗；花冠白色；雄蕊着生于冠筒内面近基部，与花柱明显外伸。

🍎 果 蒴果纺锤状卵形、卵球形或圆锥状卵形，于基部上方周裂。种子卵状椭圆形或椭圆形，具角，黑褐色至黑色，背腹面微隆起。

分类鉴定特征形状

根为须根系；地上茎不存在；根茎短而直立。叶螺旋状互生，紧缩成莲座状；叶片宽卵形至宽椭圆形，长通常不及宽的2倍，干后绿色至褐绿色；花具短梗；蒴果于基部上方周裂；种子具角，子叶背腹向排列。

引种信息

北京药用植物园　1997年从北京引种子，长势良好。
重庆药用植物园　2014年从重庆南川金佛山引植株（引种号2014015），长势良好。
广西药用植物园　2002年从广西那坡德孚地区引种苗（登录号02159），长势良好。
华东药用植物园　2016年从浙江丽水莲都引种苗，长势良好。
华中药用植物园　1999年从湖北恩施引种子（登录号10804934），长势良好。
黑龙江中医药大学药用植物园　2017年从黑龙江帽儿山引种子，长势良好。
辽宁省经济作物研究所药用植物园　2014年从辽宁辽阳引种子，长势良好。

物候

北京药用植物园　3月中旬进入萌动期，展叶，4月中旬展叶盛期，4月中旬始花，4月底末花，6月中旬果熟，9月上旬开始黄枯。
重庆药用植物园　4月下旬萌芽，5月上旬展叶，5月下旬开花，6月中旬果实成熟，11月中旬倒苗。
广西药用植物园　3月萌动期，3～4月展叶期，4～10月开花期，6～12月结果期，12月至翌年2月黄枯期。
华东药用植物园　3月上旬萌动，3月中旬展叶盛期，4月下旬始花，7月下旬末花，9月下旬果实成熟，11月下旬进入休眠。
华中药用植物园　3月中旬开始萌动展叶，3月下旬展叶盛期，4月下旬始花，5月上旬盛花，5月中旬末花，9月上旬果实成熟。
黑龙江中医药大学药用植物园　4月下旬萌动，5月上旬展叶期，5月下旬始花，6月上旬盛花，7月上旬末花，7月中旬果熟，9月上旬进入休眠期。
辽宁省经济作物研究所药用植物园　4月下旬至5月上旬萌动期，5月中旬至6月初展叶期，6月上旬开花始期，6月中旬开花盛期，7月上旬开花末期，7月上旬至下旬果实发育期，9月中旬至10月上旬黄枯期。

迁地栽培要点

喜阴湿环境。繁殖以播种为主。北京药用植物园保存个体夏季叶片病害严重。

药用部位和主要药用功能

入药部位　种子、全草。
主要药用功能　种子：甘，寒；具清热利尿通淋、渗湿止泻、明目、祛痰的功效；用于水肿胀满、热淋涩痛、暑湿泄泻、目赤肿痛、痰热咳嗽等症。全草：甘，寒；具清热利尿通淋、祛痰、凉血、解毒的功效；用于水肿尿少、热淋涩痛、暑湿泄泻、痰热咳嗽、吐血衄血、痈肿疮毒等症。

化学成分 含有黄酮类、苯乙酰咖啡酰糖酯类、环烯醚萜类、三萜类等成分。

药理作用 ①抗炎作用：三萜类和苯乙酰咖啡酰糖酯类化合物具有抗炎作用，能缓解大鼠炎症模型的炎症。②抗菌作用：水煎液对同心性毛癣菌、羊毛状小芽孢癣菌、星形奴卡菌等具有不同程度的抑制作用，对金黄色葡萄球菌有明显的抑制作用，其中的熊果酸、6-羟基木樨草素、黄芩苷元具有一定的抗菌活性。③降血脂、血压、血糖作用：氧化氮萜类挥发油（PAEO）类成分是车前草降血脂活性的物质基础，其中芳樟醇可降低血浆总胆固醇和甘油三酯；熊果酸可以缓和和抑制肠道吸收葡萄糖，同时刺激胰岛素的分泌。④抗溃疡作用：车前草水溶性部位具有良好的抗溃疡活性，主要活性成分为多糖类化合物。⑤其他作用：车前草还具有抗病毒、抗肿瘤、抗抑郁、镇痛、免疫调节、利尿和祛痰止咳的作用。

参考文献

孔阳, 2010. 车前草提取物抗菌活性的研究[J]. 中国酿造, 29(10): 151–153.
李敏, 程敏, 2005. 中药车前草化学成份与药理研究的新进展[J]. 现代中医药, 25(3): 60–61.
陆萱, 2011. 车前草研究述论[J]. 南阳师范学院学报, 10(6): 58–62.
夏道宗, 刘杰尔, 陈佩佩, 2009. 车前草总黄酮清除自由基及对小鼠氧化损伤的保护作用[J]. 科技通报, 25(6): 792–797.
张雪芹, 曲玮, 梁敬钰, 2013. 车前草化学成分和药理作用研究进展[J]. 海峡药学, 25(11): 1–8.

110 九头狮子草

Peristrophe japonica (Thunb.) Bremek., Boissiera 7: 194. 1943.

自然分布

分布于河南、安徽、江苏、浙江、江西、福建、湖北、湖南、贵州、云南、重庆、四川、陕西、甘肃、广东、广西、海南、台湾等地；生于低海拔路边、草地或林下。日本也有分布。

迁地栽培形态特征

多年生草本。

茎 四棱形，节和节间密被柔毛，节处常稍弯曲，花期后易倒伏。

叶 卵状矩圆形，顶端渐尖或尾尖，基部楔形。

花 花序顶生或腋生于上部叶腋，由2~8聚伞花序组成，每个聚伞花序下具2枚总苞状苞片，一大一小，内有1至少数花。花萼裂片5，钻形；花冠粉红色至微紫色，二唇形，下唇3裂；雄蕊2，花丝伸出，花药2室叠生。

果 蒴果；疏生短柔毛，开裂时胎座不弹起，上部具4粒种子，下部实心。种子有小疣状突起。

分类鉴定形态特征

小枝的节上和节间均密被柔毛；叶卵形或卵状披针形，被毛；聚伞花序腋生或顶生，总苞片比萼裂片长1倍以上，卵形或披针形，长为宽的2倍以上，花冠粉红色至微紫色，长2.5cm以上，花冠和蒴果被毛。

引种信息

北京药用植物园 20世纪70年代从江苏南京引种苗，长势良好。

成都中医药大学药用植物园 2013年从四川峨眉山引种苗。

重庆药用植物园 1972年从重庆南川太平乡引植株（引种号1972005），长势良好。

海军军医大学药用植物园 2007年从上海上房园林引植株（登录号20070113），长势良好。

广西药用植物园 1998年从南京中山植物园引苗（登录号98408），长势良好。

华中药用植物园 1999年从湖北恩施引种子（登录号10804892），长势良好。

中国药科大学药用植物园 2009年从安徽引种子（引种号cpug2009003），长势良好。

物候

北京药用植物园 4月初芽出土，7月上旬展叶盛期，8月初至9月中旬开花期，未见果实，10月上旬开始黄枯。

成都中医药大学药用植物园 2月末展叶始期，3月末展叶盛期，8月初开花始期，9月中旬开花盛期，未见果实，10月中旬开始黄枯。

重庆药用植物园 4月中旬萌芽，4月下旬展叶，8月下旬开花，10月下旬果实成熟，11月下旬倒苗。

海军军医大学药用植物园 5月底进入展叶期，9月初至10月中旬开花期，12月中旬开始变色，12

月上旬至翌年1月上旬落叶期。

广西药用植物园 3月萌动期，3~4月展叶期，7~11月开花期，11月至翌年1月结果期，12~2月黄枯期。

华中药用植物园 3月下旬开始萌动展叶，4月下旬展叶盛期，8月上旬始花，8月中旬盛花，8月下旬末花，9月下旬果实成熟，10月下旬进入休眠。

中国药科大学药用植物园 8~9月开花期。

迁地栽培要点

喜阴，忌阳光全日照射，北京地区可正常越冬。繁殖以分株为主。花末期有轻微虫害，病害未见。

药用部位和主要药用功能

入药部位 全株。

主要药用功能 辛，微苦，寒。具疏风解表、清热解毒、凉肝定惊的功效。用于感冒发热、咽喉肿痛、肺热咳喘、肝火目赤、小儿惊风、痈疖肿毒、虫蛇咬伤、跌打损伤、痔疮等症。

化学成分 主要含有烷烃、甾醇类、黄酮及木脂素类成分。

药理作用 ①保肝作用：正丁醇提取物能抑制肝损伤所引起的转氨酶升高。②镇咳、祛痰作用：可以减轻小鼠的咳嗽次数，延长咳嗽潜伏期。③解热镇痛作用：有明显的解热作用，可降低发热介质cAMP的含量。④抗菌作用：对金黄色葡萄球菌、溶血性链球菌、绿脓杆菌、肺炎克雷伯菌等都有较强的抑制作用。

参考文献

何平, 陈琳, 赵超, 等, 2013. 九头狮子草研究进展[J]. 贵阳中医学院学报, 35(1): 239–241.
梁冰, 李淑芬, 刘追成, 2003. 九头狮子草醇提物的镇咳, 祛痰, 抗炎作用研究[J]. 贵阳医学院学报, 28(4): 311–312.
覃蓉贵, 罗中圣, 2006. 九头狮子草醇提物对发热大鼠体温及下丘脑cAMP含量的影响[J]. 中药材, 29(9): 961–963.
杨希雄, 杨成雄, 王锦军, 等, 2006. 九头狮子草保肝护肝有效部位的筛选[J]. 中国医院药学杂志, 26(12): 1461–1463.

幼苗

中国迁地栽培植物志·药用植物（一）·爵床科

整株

花序

花

果实

306

111 牡荆

Vitex negundo L. var. *cannabifolia* (Sieb. et Zucc.) Hand.-Mazz., Act. Hort. Gotoburg. 9: 67. 1934.

自然分布
分布于华东及河北、湖南、湖北、广东、广西、四川、贵州、云南等地；生于山坡、路边、灌丛中。日本也有分布。

迁地栽培形态特征
落叶灌木或小乔木。

茎 小枝四棱形，具茸毛。

叶 对生，掌状复叶，小叶5，少有3，中间小叶大，两侧小叶依次递小，若为5小叶时，中间3片有柄，外侧2片无柄或近无柄，小叶片披针形或椭圆状披针形，顶端渐尖，基部楔形，边缘有粗锯齿，表面绿色，背面淡绿色，通常被柔毛。

花 聚伞花序排列成圆锥花序式，顶生，长10~20cm，花序梗密生茸毛。花萼钟状，顶端5齿裂，外面具茸毛；花冠淡紫色，顶端5裂，二唇形。

果 核果；近球形。宿萼与果实近等长，黑色。

分类鉴定形态特征
落叶灌木或小乔木。小枝四棱形；掌状复叶小叶5，少有3，小叶片披针形或椭圆状披针形，顶端渐尖，基部楔形，边缘有粗锯齿，通常被柔毛；花序顶生，花序梗、花柄及花萼外面被细柔毛，花冠淡紫色；果实近球形，宿萼与果实近等长，黑色。

引种信息
北京药用植物园 20世纪70年代从北京颐和园引种苗，长势良好。

海军军医大学药用植物园 2008年从浙江建德（登录号20080112）引种，长势良好。

海南兴隆南药园 1995年从海南万宁兴隆区引种苗（引种号1351），长势良好。

中国药科大学药用植物园 2009年从江苏南京燕子矶地区引种苗（引种号cpug2009031），长势良好。

物候
北京药用植物园 3月中旬萌芽期，3月底进入展叶期，4月中旬展叶盛期，5月下旬始花，9月初末花，10月上旬果实成熟，9月中旬开始落叶。

海军军医大学药用植物园 5月底至9月底开花期，7月底至10月中旬结果期，11月中旬开始变色，12月上旬至翌年1月上旬落叶期。

海南兴隆南药园 常绿，全年展叶，6~7月开花期，8~10月结果期。

中国药科大学药用植物园 4月下旬至5月上旬进入萌动期，5月中旬至下旬展叶期，4~6月开花期，7~10月结果期，11月上旬至下旬变色期，11月上旬至12月上旬落叶期。

迁地栽培要点

喜光，耐寒。繁殖以播种、扦插、压条为主。未见病虫危害。

药用部位和主要药用功能

入药部位　叶。

主要药用功能　微苦、辛，平。具祛痰、止咳、平喘的功效。用于咳嗽痰多症。

化学成分　主要含三萜、二萜、黄酮、环烯醚萜苷、木脂素、酚苷及挥发性成分。

药理作用　①镇咳作用：对氨水导致的小鼠咳嗽、猫喉上神经引起的咳嗽具有镇咳作用。②祛痰作用：能促进小鼠支气管酚红排泄和增加大鼠气管段的排痰量。③平喘作用：可抑制豚鼠气管段收缩、延长组织胺引起的豚鼠哮喘潜伏期。

参考文献

李曼曼, 黄正, 霍会霞, 等, 2015. 牡荆叶化学成分研究[J]. 世界科学技术 – 中医药现代化, 17(3): 578–582.

CHEN Y J, LI C M, LING W W, et al, 2012. A rearranged labdane–type diterpenoid and other constituents from *Vitex negundo* var. *cannabifolia*[J]. Biochem Syst Ecol, 40(2): 98–102.

LI M M, SU X Q, SUN J, et al, 2014. Anti-inflammatory ursane- and oleananetype triterpenoids from *Vitex negundo* var. *cannabifolia*[J]. J Nat Prod, 77(10): 2248–2254.

叶　花　果实

309

112 蓝萼毛叶香茶菜

Isodon japonicus var. *glaucocalyx* (Maximowicz) H. W. Li, Journ. Jap. Bot. 47(7): 196. 1972.

自然分布

分布于黑龙江、吉林、辽宁、山东、河北和山西等地；生于海拔1800m以下山坡、路旁、林下及草丛。俄罗斯远东地区、朝鲜和日本也有分布。

迁地栽培形态特征

多年生草本。

根 根茎木质，粗大，向下有细长的侧根。

茎 直立，高可达2m，钝四棱形，下部木质，几无毛，上部被微柔毛及腺点，多分枝，分枝具花序。

叶 茎叶对生，卵形或阔卵形，大小变异较大，长可达13cm，宽可达7cm，先端具卵形或披针形而渐尖的顶齿，基部阔楔形，叶疏被短柔毛及腺点；叶柄长1～3.5cm，上部有狭翅，腹凹背凸，被微柔毛。

花 圆锥花序在茎及枝上顶生，疏松而开展，由具5～7花的聚伞花序组成，聚伞花序总梗被微柔毛及腺点；苞叶卵形，叶状，无柄，短于花序梗，小苞片微小。花萼钟形，常带蓝色，外面密被贴生微柔毛，萼齿5，三角形，长约为花萼长1/3；花冠淡紫、紫蓝至蓝色，上唇具深色斑点，冠筒长约2.5mm，基部上方浅囊状，冠檐二唇形，上唇反折，先端具4圆裂，下唇阔卵圆形，内凹；雄蕊4，伸出；花柱伸出。

果 成熟小坚果卵状三棱形，长1.5mm，黄褐色，无毛，顶端具疣状凸起。

分类鉴定形态特征

叶卵形或阔卵形，两面疏被短柔毛及腺点，顶齿卵形或披针形而渐尖，锯齿较钝。顶生圆锥花序开展多花；花萼常带蓝色，外面密被贴生微柔毛或灰白色茸毛，萼齿短于萼筒；雄蕊及花柱伸出；小坚果顶端具疣状凸起；果萼钟形，长大于宽，具相等的5齿，密被微柔毛及腺点。

引种信息

北京药用植物园 1998年从重庆引种子，长势良好。

辽宁省经济作物研究所药用植物园 2014年从辽宁清原的林缘山坡地引种子，长势良好。

物候

北京药用植物园 4月初开始芽萌动、展叶，5月初展叶盛期，9月初进入花期，10月初末花，11月上旬果熟，10月初开始黄枯。

辽宁省经济作物研究所药用植物园 4月中旬至下旬萌动期，5月上旬至月末展叶期，6月中旬开花始期，6月下旬开花盛期，7月中旬开花末期，7月中旬至8月下旬果实发育期，9月中旬至10月上旬黄枯期。

迁地栽培要点

喜阳,耐寒。繁殖以分株或播种的方式。病虫害少见。

药用部位和主要药用功能

入药部位　全株。

主要药用功能　苦,甘,寒。具清热解毒、活血化瘀的功效。适用于感冒、咽喉肿痛、扁桃体炎、胃炎、肝炎、乳腺炎、癌症(食道癌、贲门癌、肝癌、乳腺癌)初起、闭经、跌打损伤、关节痛、蛇虫咬伤等症。

化学成分　含黄酮类、挥发油类、萜类等成分,尤其富含二萜类化合物。

药理作用　①抗肿瘤作用:提取物成分能够诱导细胞凋亡,抑制肿瘤细胞增殖。②抗凝血作用:总二萜类成分能够延长小鼠毛细管凝血时间和尾尖出血时间,具有抗凝血活性。③抑菌作用:叶和茎提取物对革兰氏阳性菌具有较好的抑菌作用,对革兰氏阴性菌无抑菌作用,对镰刀菌有较强的抑菌效果。④改善心肌缺血作用:总二萜类成分能明显提高正常机体心肌营养性血流量,达到改善心肌缺血作用。⑤抗乙肝病毒作用:部分二萜化合物具有较好的抗乙肝活性。

参考文献

刘洪川, 2014. 蓝萼香茶菜化学成分与结构修饰及抗肿瘤和抗肝炎病毒作用研究[C]. 中国化学会第29届学术年会: 北京: 242.
任茜茜, 等, 2016. 蓝萼香茶菜化学成分及抗肿瘤活性研究[J]. 新乡医学院学报. 33(4): 261–266.
王天义, 2019. 蓝萼香茶菜根中主要化学成分的研究[D]. 西安: 西北大学.
朱晓红, 等, 2013. 蓝萼香茶菜总二萜对小鼠抗凝血作用[J]. 中国公共卫生, 29(1): 86–87.

整株

113 丹参

Salvia miltiorrhiza Bunge, Mem. Acad. Sci. St. Petersb. Sav. Etrang. 2: 124. 1833.

自然分布

分布于河北、山西、陕西、山东、河南、江苏、浙江、安徽、江西及湖南等地；生于海拔120~1300m山坡、林下草丛或溪谷旁。日本也有分布。栽培于河北、山西、陕西、山东、河南等地。

迁地栽培形态特征

多年生草本，高约50cm。

根 肉质肥厚，外皮朱红色，内部白色，疏生支根。

茎 直立，四棱形，具槽，密被长柔毛，多分枝。

叶 常为奇数羽状复叶，密被长柔毛，小叶3~5（7），卵圆形或椭圆状卵圆形或宽披针形，边缘具圆齿，两面被疏柔毛，下面较密。

花 轮伞花序6花或多花，组成具长梗的顶生或腋生总状花序；苞片披针形；花梗、花序轴密被长柔毛。花萼钟形，外面被长柔毛，内面中部被白色长硬毛，二唇形，下唇与上唇近等长，深裂成2齿；花冠紫蓝色，少数白色，外被具腺短柔毛，冠筒外伸，比冠檐短，冠檐二唇形，上唇镰刀状，向上竖立，下唇短于上唇，3裂；能育雄蕊2，伸至上唇片，退化雄蕊线形；花柱远外伸，先端不相等2裂；花盘前方稍膨大。

果 小坚果黑色，椭圆形。

分类鉴定形态特征

多年生草本。根皮朱红色。茎不分枝或少分枝。叶常为奇数羽状复叶，密被长柔毛，小叶3~5（7）；小叶卵圆形或椭圆状卵圆形或宽披针形，两面被疏柔毛。花较大；苞片通常绿色；花萼钟形，上唇全缘顶端具3个小尖头，内面被白色长硬毛毛环；花冠较大，长在1.5cm以上，呈紫色，稀白色或淡黄色，冠筒常外伸及向上弯曲，冠檐比冠筒伸出部分长，上唇镰刀状或盔状，上伸，几与下唇成一直角；药隔多少伸直，不弯成半圆形。

引种信息

北京药用植物园 1998年从北京引种苗，长势良好。

成都中医药大学药用植物园 2013年从四川峨眉山引种苗，长势良好。

重庆药用植物园 2014年从四川中江兴隆镇引植株（引种号2014016），长势良好。

黑龙江中医药大学药用植物园 2016从河北安国购买种子，长势良好。

中国药科大学药用植物园 2015年从组培苗移栽（引种号cpug2015021），长势良好。

物候

北京药用植物园 3月底萌动展叶，4月下旬展叶盛期，4月底始花，7月中旬末花，6月初果熟，

9月底开始黄枯。

成都中医药大学药用植物园　2～4月展叶期，5～9月花盛期，10～11月枯萎期。

重庆药用植物园　3月上旬萌芽，3月下旬展叶，5月中旬开花，7月中旬果实成熟，11月中旬倒苗。

黑龙江中医药大学药用植物园　4月下旬萌动，5月上旬展叶期，5月中旬始花，5月下旬盛花，6月上旬末花，8月下旬果熟，10月下旬进入休眠期。

中国药科大学药用植物园　3月上旬萌动期，3月中旬至下旬展叶期，4~8月开花期，6~9月结果期，6月中旬至8月上旬黄枯期。

迁地栽培要点

喜阳光充足的环境，耐寒，忌连作。繁殖以分根、扦插和播种为主。

药用部位和主要药用功能

入药部位　根、根状茎。

主要药用功能　苦、微寒。具活血祛瘀、通经止痛、清心除烦、凉血消痈的功效。用于胸痹心痛、脘腹胁痛、症瘕积聚、热痹疼痛、心烦不眠、月经不调、痛经经闭、疮疡肿痛等症。

化学成分　含二萜醌类、酚酸类、多糖类、黄酮类、甾体、三萜等成分。

药理作用　①对心血管系统的作用：丹酚酸B具有舒张血管的作用，可改善血液循环；丹参酮ⅡA能够降低引起心律失常的心肌钙离子水平，阻止钙超标，进而使患者心律失常恢复或改善；丹参多酚酸能够稳定心绞痛患者血小板聚集、黏附水平，改善血液循环，进而避免血栓形成；丹参素能够抑制血脂增高；丹参酮可抗动脉粥样硬化。②自由基作用：丹参水溶性成分有清除超氧阴离子、羟自由基的功效，能够抑制或降低脂质过氧化反应，起到防治心脑血管病、肝病、肾脏病的作用。③对消化系统的作用：丹参水溶性成分能够增加胃黏膜血流和电位差，保护黏膜屏障完整，增强黏膜防御能力，起到抗胃溃疡作用。④抗肿瘤作用：丹参酮ⅡA能够抑制肺癌、肝癌、乳腺癌、胃癌等肿瘤细胞株生长，丹参酮能够杀伤、分化肿瘤细胞，二氢丹参酮Ⅰ能够毒杀人体肝癌细胞、肺癌细胞。

参考文献

曹慧敏, 吴瑾, 贾连群, 等, 2017. 丹参酮IIA对心血管系统药理作用的研究进展[J]. 世界中医药, 12(7): 1718–1722.
胡佩芳, 雷玉丹, 谢金凤, 等, 2019. 丹参的化学成分及药理作用研究进展[J]. 临床医学进展, 9(2): 127–132.
姜雪, 史磊, 2017. 丹参活性成分及药理作用研究进展[J]. 药学研究, 36(3): 166–169.
万新焕, 王瑜亮, 周长征, 等, 2020. 丹参化学成分及其药理作用研究进展[J]. 中草药, 51(3): 788–798.

叶

整株

114 活血丹

Glechoma longituba (Nakai) Kupr., Bot. Zhurn. S. S. S. R. 33: 236, pl. l. f. 4. 1948.

自然分布

分布于除青海、甘肃、新疆及西藏外的全国各地；生于海拔50～2000m林缘、疏林下、草地中、溪边等阴湿处。俄罗斯远东地区和朝鲜也有分布。

迁地栽培形态特征

多年生草本。

茎 匍匐茎，上升，逐节生根。四棱形，基部呈淡紫红色，除幼嫩部分被疏长柔毛外几无毛。

叶 草质，茎下部叶较小，叶片心形或近肾形；茎上部叶较大，叶片心形，边缘具圆齿或粗锯齿状圆齿，上、下面均被毛，叶柄长为叶片的1.5倍，被长柔毛。

花 轮伞花序2花；苞片及小苞片线形，被缘毛。花萼管状，被毛，5齿，上唇3齿较长，下唇2齿略短，齿卵状三角形；花冠淡紫色，下唇具深色斑点，冠筒直立，上部渐膨大成钟形，冠檐二唇形，上唇直立，2裂，裂片近肾形，下唇伸长，斜展，3裂，中裂片最大，肾形，先端凹入，两侧裂片长圆形，宽为中裂片之半；雄蕊4，内藏，无毛；子房4裂，无毛，柱细长，无毛，略伸出，先端近相等2裂。

果 成熟小坚果深褐色，长圆状卵形，无毛，果脐不明显。

分类鉴定形态特征

匍匐草本，叶被柔毛。花萼长9mm以上，5齿，萼齿长为花萼全长的1/3或2/5；花冠具外伸的花冠筒及内凹的上唇，长为花萼的1倍或1倍以下；雄蕊4，二强，后对较长；雄蕊及花柱不藏于花冠筒内。

引种信息

北京药用植物园 1998年从浙江杭州引植株，长势良好。

重庆药用植物园 1972年从四川南川金佛山引植株（引种号1972001），长势良好。

广西药用植物园 1999年从广西苍梧引苗（登录号99090），长势良好。

贵阳药用植物园 2009年从贵州榕江引活体植物，生长速度中等，长势良好。

黑龙江中医药大学药用植物园 2006年从园内自然生长草地引植株，长势良好。

华东药用植物园 2014年从浙江丽水莲都引种苗，长势良好。

华中药用植物园 1999年从湖北恩施引种子（登录号10804898），长势良好。

中国药科大学药用植物园 2010年从江苏南京燕子矶引种苗（引种号cpug2010004），长势良好。

物候

北京药用植物园 3月初开始萌动展叶，4上中旬展叶盛期，3月中旬始花，3月下旬盛花，4月中旬末花，果实未见，6月初开始黄枯，8月份再次复绿，9月中旬开始黄枯。

重庆药用植物园 2月中旬萌芽，3月上旬展叶，6月中旬开花，果实未见，10月下旬倒苗。

广西药用植物园 2月萌动期，3月展叶期，3~5月开花期，未见结果，12月至翌年2月黄枯期。

贵阳药用植物园 3月初进入始花期，3月中旬盛花，4月中旬末花，4~5月种子随熟随落，11月休眠期。

黑龙江中医药大学药用植物园 4月上旬萌动，4月中旬展叶期，4月下旬始花，5月上旬盛花，5月中旬末花，6月中旬果熟，9月下旬进入休眠期。

华东药用植物园 3月上旬开始萌动，3月中旬展叶盛期，3月中旬始花，4月中旬末花，6月中旬果实成熟，12月中旬进入休眠。

华中药用植物园 3月中旬开始萌动展叶，3月下旬展叶盛期，4月上旬始花，4月中旬盛花，5月上旬末花，6月下旬果实成熟，9月下旬进入休眠。

中国药科大学药用植物园 2月下旬进入萌动期，3月上旬展叶期，4~5月开花期，5~6月结果期，10月中旬黄枯期。

迁地栽培要点

喜阴湿环境，耐寒。繁殖以分株为主。病虫害少见。

药用部位和主要药用功能

入药部位 地上部分。

主要药用功能 辛，微苦，微寒。具利湿通淋、清热解毒、散瘀消肿的功效。用于热淋、石淋、湿热黄疸、疮痈肿痛、跌打损伤等症。

化学成分 含有挥发油类、萜类、黄酮类、甾体类、有机酸类和生物碱类成分。

药理作用 ①抗血小板凝聚作用：从活血丹分离得到的化合物对血小板聚集有抑制效果，具有一定的抗凝活性。②抗肿瘤作用：提取物能够阻滞多种肿瘤细胞的细胞周期，诱导细胞凋亡。③抑菌作用：提取物对绿脓杆菌有较强的抑制作用，对大肠杆菌和金黄色葡萄球菌有一定的抑菌活性。④舒张血管作用：乙酸乙酯提取物对完整内皮和去内皮的肠系膜动脉血管环均有舒张作用。

参考文献

欧阳熙林, 2019, 瑶药活血丹和扶芳藤化学成分及生物活性研究[D]. 桂林: 广西师范大学.

张前军, 等, 2006, 活血丹属植物的化学成分及药理研究进展[J]. 中草药, 37(6): 950-952.

张彦, 等, 2018, 基于体外抑菌活性的研究探讨活血丹民间用药的合理性[J]. 现代中药研究与实践, 32(1): 31-33.

张彦, 等, 2019, 活血丹提取物舒张血管作用的初步研究[J]. 现代中药研究与实践, 33(6): 14-18.

叶

115
海州常山

Clerodendrum trichotomum Thunb., Fl. Jap. 256. 1784.

自然分布
分布于辽宁、甘肃、陕西、华北、中南、西南等地区；生于海拔2400m以下山坡灌丛。朝鲜、日本和菲律宾也有分布。

迁地栽培形态特征
灌木或小乔木。

- **茎** 老枝灰白色，髓白色，有淡黄色薄片状横隔。
- **叶** 纸质、卵形、卵状椭圆形或三角状卵形，顶端渐尖，基部宽楔形至截形。
- **花** 伞房状聚伞花序；苞片叶状，椭圆形。花萼蕾时绿白色，后紫红色，基部合生，顶端5深裂，裂片三角状披针形或卵形，顶端尖；花冠白色或带粉红色，花冠管细，顶端5裂，裂片长椭圆形；雄蕊4，花丝与花柱同伸出花冠外，花柱较雄蕊短，柱头2裂。
- **果** 核果；近球形，藏于宿萼内，外果皮蓝紫色。

分类鉴定形态特征
灌木或小乔木，植株通常被短柔毛。叶片卵形至宽卵形，对生，长为宽的2倍以下，叶片背面无盾状腺体。伞房状聚伞花序，排列于主轴上，具花10朵以上；花萼大，长可达15mm，花冠管长5cm以下，雄蕊显著伸出花冠外。

引种信息
北京药用植物园 20世纪70年代从浙江引种苗，长势良好。
重庆药用植物园 2015年从重庆南川金佛山引植株（引种号2015004），长势良好。
海军军医大学药用植物园 引种信息不详（登录号XX000188），长势良好。
中国药科大学药用植物园 2014年购买种苗（引种号cpug2014027），长势良好。

物候
北京药用植物园 3月底萌芽期，4月初进入展叶期，5月中旬展叶盛期，6~9月花期，9月初果实成熟，10月上旬叶变色，10月中旬开始落叶，11月中旬进入休眠。
重庆药用植物园 4月上旬萌芽，4月中旬展叶，6月上旬开花，9月下旬果实成熟，11月上旬落叶。
海军军医大学药用植物园 5月底进入展叶期，7月中旬进入开花期，7月底至10月中旬结果期，11月中旬开始变色，12月上旬至翌年1月上旬落叶期。
中国药科大学药用植物园 3月下旬至4月上旬进入萌动期，4月中旬展叶期，6~11月开花期，6~11月结果期，11月下旬变色期，12月下旬落叶期。

迁地栽培要点

喜阳，北京地区可以正常越冬。繁殖以分株为主。

药用部位和主要药用功能

入药部位 根和叶。

主要药用功能 苦，辛，寒。具截疟、劫痰、解毒的功效。用于疟疾症。

化学成分 含挥发油、黄酮类、苯丙素类、生物碱类以及糖苷类等成分。

药理作用 ①抗炎作用：80%甲醇提取物具有明显的抗炎作用，抗炎效果优于吲哚美辛的抗炎效果。②抗氧化作用：所含焦地黄苯乙醇苷D和异洋丁香酚苷可使细胞超氧化物歧化酶、抗氧化酶和过氧化氢酶的活性增强。③抗艾滋病毒作用：所含异洋丁香酚苷和洋丁香酚苷具有抗艾滋病活性。④抗癌作用：从海州常山中分离得到的化合物对5种人癌症细胞有显著的细胞毒性效应。

参考文献

程友斌, 杨成俊, 胡玉涛, 等, 2012. 海州常山的化学成分和药理作用研究[J]. 中国实验方剂学杂志, 18(20): 325–328.
宋婷, 李翔, 张颖, 等, 2016. 海州常山研究进展[J]. 南方农业, 10(10): 55–59.
WANG W X, XIONG J, TANG Y, et al, 2013. Rearranged abietane diterpenoids from the roots of Clerodendrum trichotomum and their cytotoxicities against human tumor cells[J]. Phytochemistry, 53(89): 89–95.

叶　　花蕾　　花　　果实

116 黄芩

Scutellaria baicalensis Georgi, Bemerk. Reise Russ. Reichs 1: 223. 1775.

自然分布

分布于黑龙江、辽宁、内蒙古、河北、河南、甘肃、陕西、山西、山东、四川等地；生于海拔60~2000m的向阳草坡地、休荒地。俄罗斯西伯利亚、蒙古、朝鲜、日本也有分布。栽培于辽宁、内蒙古、河北、河南、甘肃、陕西、山西、江苏等地。

迁地栽培形态特征

多年生草本。

根 根茎肥厚，肉质，径达2cm，伸长而分枝。

茎 基部伏地上升，钝四棱形，具细条纹，近无毛或被上曲至开展的微柔毛，绿色或带紫色。

叶 坚纸质，披针形至线状披针形，顶端钝，基部圆形，全缘，上面暗绿色，下面色较淡，密被下陷的腺点，侧脉4对；叶柄短，长约2mm，腹凹背凸，被微柔毛。

花 花序在茎及枝上顶生，总状，常再于茎顶聚成圆锥花序；花梗与序轴均被微柔毛；苞片下部者似叶，上部者远较小。花萼外面密被微柔毛，萼缘被疏柔毛，内面无毛；花冠紫、紫红至蓝色，外面密被具腺短柔毛，内面在囊状膨大处被短柔毛，冠筒近基部明显膝曲，冠檐2唇形，上唇盔状，下唇中裂片三角状卵圆形，两侧裂片向上唇靠合；雄蕊4，稍露出，前对较长，具半药，退化半药不明显，后对较短，具全药；花柱细长，先端锐尖，微裂；子房褐色，无毛。

果 坚果；卵球形，黑褐色，具瘤，腹面近基部具果脐。

分类鉴定形态特征

通常为高大草本。根茎常肥大增粗。茎近无毛。茎叶近无柄或具短柄，披针形至线状披针形，明显全缘或近全缘，叶下面有凹腺点；花大型，不密集，均对生，组成顶生间有腋生背腹向的总状花序，在茎及分枝上顶生；苞叶小，草质，与茎叶同形；花萼上具盾片。小坚果背腹面不明显分化，具瘤，无毛或被毛。

引种信息

北京药用植物园　20世纪80年代从河北引种苗，长势良好。

成都中医药大学药用植物园　2013年从四川峨眉山引种苗，长势良好。

黑龙江中医药大学药用植物园　2006年购买种子，长势良好。

内蒙古医科大学药用植物园　2013年从内蒙古武川引种子，生长速度中等，长势良好。

中国药科大学药用植物园　2010年从江苏南京燕子矶地区引苗（引种号cpug2010003），长势良好。

物候

北京药用植物园　3月底开始萌动期，展叶由紫变绿，5月上旬展叶盛期，6月初始花，6月盛花，9月上旬末花，10月中旬果熟，9月初开始黄枯。

成都中医药大学药用植物园　3月初开始展叶，5月中旬开花，6月开始结果，7月初果实成熟，9月中旬花末期，11月初植株黄枯。

黑龙江中医药大学药用植物园　4月上旬萌动，5月上旬展叶期，6月上旬始花，6月中旬盛花，7月上旬末花，9月中旬果熟，10月下旬进入休眠期。

内蒙古医科大学药用植物园　4月中旬萌动期，4月下旬至5上旬展叶期，6月上旬至7月中旬开花期，8月下旬至10上旬结果期，10月上旬至11月下旬黄枯期。

中国药科大学药用植物园　3月中旬至下旬进入萌动期，4月上旬展叶期，7~8月开花期，8~9月结果期，10月下旬至11月上旬黄枯期。

迁地栽培要点

喜温暖，耐寒，耐旱怕涝，忌连作。繁殖方式以扦插、分株和播种繁殖为主。病害主要有根腐病；虫害未见。

药用部位和主要药用功能

入药部位　根。

主要药用功能　苦，寒；具清热燥湿、泻火解毒、止血、安胎的功效。用于湿热、暑瘟、胸闷呕逆、湿热痞满、泻痢、黄疸、肺热咳嗽、高热烦渴、血热吐衄、痈肿疮毒、胎动不安等症。

化学成分 含黄芩苷、多糖、黄酮类和挥发油等成分。

药理作用 ①抗肿瘤作用：在肝癌，宫颈癌，肺癌等疾病治疗中有效率高达50%。②抗菌及抗病毒作用：具有广谱抗菌特性，对大肠杆菌，金黄色葡萄球菌，李斯特菌，流感嗜血杆菌等具有一定的抑制作用。黄芩苷具有抗HCV（丙型肝炎病毒），呼吸道合胞病毒，甲型流感病毒，副流感病毒等病毒的活性。③对心脑血管作用：黄芩苷具有扩张血管，降压，保护心肌缺血再灌注损伤，心肌细胞和内皮细胞保护，抗动脉粥样硬化等方面的作用。④抗炎作用：黄芩中的活性成分可通过抑制炎症因子的产生，抑制炎症因子与相应受体结合等方式产生抗炎作用。⑤其他作用：还具有抗过敏，提高免疫力，抗血小板凝集，清除自由基及抗氧化等作用。

参考文献

郭宇, 2019. 中药黄芩的化学成分及药理作用的分析[J]. 临床医药文献电子杂志, 6(63): 137.
果秋婷, 张小飞, 2019. 关于黄芩的化学成分与药理作用研究进展[J]. 科学技术创新, 23(27): 45–46.
洪川, 2017. 中药黄芩的化学成分及药理研究进展[J]. 化工管理, 30(2): 204.
李峰, 王根旺, 钱彬彬, 等, 2015. 黄芩苷对人胃癌SGC-7901细胞增殖抑制作用及其机制研究[J]. 中国药物警戒, 12(5): 257–260.
王洪玉, 苑艺蕾, 陈平平, 等, 2016. 黄芩解热抗炎作用有效组分筛选的研究[J]. 哈尔滨商业大学学报(自然科学版), 32(5): 542–545.
张喜平, 周田美, 董晓勤, 等, 2006. 黄芩苷注射液体外抗菌作用实验研究[J]. 医学研究杂志, 35(8): 39–41.

117 桔梗

Platycodon grandiflorus (Jacq.) A. DC., Monogr. Camp. 125, 1830.

叶　花　花蕾

自然分布

分布于东北、华北、华东、华中、西南及广东、广西、陕西等地；生于海拔2000m以下的阳处草丛、灌丛及林缘。朝鲜、日本、俄罗斯西伯利亚地区也有分布。

迁地栽培形态特征

多年生草本。

🟠**茎** 高约100cm，无毛，除上部外不分枝。

🟠**叶** 轮生，对生或互生，近无柄；叶片卵状披针形，基部宽楔形至圆钝，顶端急尖，上面绿色，下面白绿色，边缘具细锯齿。

🟠**花** 小苗单朵顶生，大苗数朵集成假总状花序或圆锥花序；花萼筒部半圆球状或圆球状倒锥形，上部5裂，裂片三角形；花冠宽漏斗状钟形，蓝紫色或白色。

🟠**果** 蒴果；球状倒锥形，直径约1cm，被白粉。

分类鉴定形态特征

多年生草本，有白色乳汁。根胡萝卜状。茎直立，仅上部有分枝。叶轮生至互生。花萼5裂；花冠宽漏斗状钟形，5裂；雄蕊5枚，离生，花丝基部扩大成片状，且在扩大部分被毛；无花盘；子房半下位，5室，柱头5裂。蒴果在顶端室背5裂，裂片带隔膜。

引种信息

北京药用植物园　20世纪70年代从河北青龙桥引种子，长势良好。

重庆药用植物园　2014年从重庆南川三泉镇引植株（引种号2014018），长势良好。

广西药用植物园　2001年从广西恭城药市引苗（登录号01207），长势良好。

海南兴隆南药园　2005年从北京药用植物园引种子（引种号1229），长势良好。

黑龙江中医药大学药用植物园　2012年从黑龙江省齐齐哈尔购买种子，长势良好。

华中药用植物园　1999年从湖北恩施引种子（登录号10805679），长势良好。

辽宁省经济作物研究所药用植物园　2013年从辽宁清原引种苗，长势良好。

内蒙古医科大学药用植物园　2014年从内蒙古赤峰喀喇沁旗引种子，生长速度中等，长势良好。

中国药科大学药用植物园　2009年从江苏南京燕子矶引根（引种号cpug2009008），长势良好。

物候

北京药用植物园　4月初萌芽期，4月上旬展叶期，6月中旬展叶盛期，6月下旬开花始期，9月下旬开花末期，9月中旬果实全熟期，8月中旬开始黄枯。

重庆药用植物园　4月下旬萌芽，5月初展叶，8月中旬开花，10月下旬果实成熟，11月上旬倒苗。

广西药用植物园　3月萌动期，3~4月展叶期，7~10月开花期，9~11月结果期，12至翌年1月黄枯期。

海南兴隆南药园　常绿，全年展叶期，3~7月开花期，5~9月结果期。

黑龙江中医药大学药用植物园　4月中旬萌动，4月下旬展叶期，6月下旬始花，7月中旬盛花，7月下旬末花，9月上旬果熟，10月中旬进入休眠期。

华中药用植物园　3月中旬开始萌动，4月上旬开始展叶，4月下旬展叶盛期，6月下旬始花，7月上旬盛花，8月中旬末花，10月上旬果实成熟，10月中旬进入休眠。

辽宁省经济作物研究所药用植物园　4月中旬至下旬萌动期，5月初至上旬展叶期，7月初开花始期，7月中旬开花盛期，7月下旬开花末期，7月下旬至9月中旬果实发育期，9月上中旬至月末黄枯期。

内蒙古医科大学药用植物园　4月中旬至下旬萌动期，5月上旬至下旬展叶期，6月中旬至8月中旬开花期，8月下旬至9月下旬果熟期，8月下旬至11月上旬黄枯期。

中国药科大学药用植物园　2月下旬至3月中旬进入萌动期，4月上旬至中旬展叶期，8~9月开花期，10月果熟期，10月上旬至11月中旬黄枯期。

迁地栽培要点

喜阳光充足，怕风害，易倒伏，较耐寒。繁殖以播种为主。

药用部位和主要药用功能

入药部位 根。

主要药用功能 苦，辛，平。具宣肺、利咽、祛痰、排脓的功效。用于咳嗽痰多、胸闷不畅、咽痛音哑、肺痈吐脓等症。

化学成分 主要含三萜皂苷、黄酮类、酚类、聚炔类、脂肪酸类、挥发油等化学成分。

药理作用 ①祛痰镇咳作用：全株各部的乙醇提取物和根的水煎液均有显著祛痰作用，桔梗皂苷D为主要镇咳活性成分。②抗炎作用：总皂苷能改善MP感染大鼠肺部组织的炎症。③血管保护作用：粗皂苷能降低犬后肢血管和冠状动脉的阻力，增加其血流量，使大鼠暂时性血压下降，心率减慢。④保肝作用：总皂苷能降低血糖，血清胆固醇，甘油三酯，低密度脂蛋白的水平，升高血清高密度脂蛋白水平和改善肝功能。⑤抗氧化作用：桔梗多糖具有清除羟基自由基和超氧阴离子自由基的作用，活性与多糖浓度有明显的量效关系。

参考文献

金在久, 2007. 桔梗的化学成分及药理和临床研究进展[J]. 时珍国医国药, 18(2): 506–509.
李盈, 王举涛, 桂双英, 等, 2016. 桔梗的化学成分及药理作用研究进展[J]. 食品与药品, 26(1): 72–75.
栾海艳, 张建华, 赵晓莲, 等, 2013. 桔梗总皂苷2型糖尿病肝病大鼠糖脂代谢影响的研究[J]. 中成药, 36(6): 202–204.
隋美娇, 姚琳, 等, 2015. 桔梗总皂苷对肺炎支原体感染大鼠肺组织SP-A的影响[J]. 中国实验方剂学杂志, 21(9): 156–159.
孙强, 蒙艳丽, 吴秉纯, 等, 2017. 桔梗化学成分及药理作用的研究概况[J]. 黑龙江中医药, 46(4): 64–65.

果实　根

118
党参

Codonopsis pilosula (Franch.) Nannf., Act. Hort. Goth. 5: 29. 1930.

幼株

自然分布

分布于西藏、四川、云南、甘肃、陕西、宁夏、青海、河南、山西、河北、内蒙古及东北等地；生于海拔1560～3100m的山地林缘及灌丛中。朝鲜、蒙古和俄罗斯远东地区也有分布。全国各地都有栽培。

迁地栽培形态特征

多年生草质藤本。

根 具瘤状茎痕，根肥大呈纺锤状，下部有分枝，表面灰黄色，上端具环纹，下部疏生横长皮孔，肉质。

茎 缠绕，长可达2m以上，分枝多数，黄绿色，无毛。

叶 叶在主茎及侧枝上互生，在小枝上近对生，叶柄长约2cm，叶片卵形至狭卵形，顶端钝或微尖，基部近心形，圆形或楔形，边缘具波状钝锯齿，上面绿色，下面灰绿色，两面被贴伏长硬毛或柔毛。

花 花单生于小枝先端，与叶互生或近于对生，有梗。花萼贴生至子房中部，筒部半球状，裂片宽披针形或狭矩圆形；花冠上位，阔钟状，直径约2cm，黄绿色，内面具紫斑，浅裂，裂片正三角形；花丝基部微扩大；柱头有白色刺毛。

果 蒴果；下部半球状，上部短圆锥状。种子多数，卵形，细小，棕黄色。

分类鉴定形态特征

茎缠绕。花萼筒部和蒴果下部半球状，基部圆钝；花冠阔钟状，浅裂；花丝基部扩大成片状；子房半下位。

引种信息

北京药用植物园 2013年从陕西太白山引种子，长势良好。

黑龙江中医药大学药用植物园 2017年从河北安国购买种子，长势良好。

物候

北京药用植物园 4月初萌芽期，4月中旬进入展叶期，6月下旬展叶盛期，6月初开花始期，9月底开花末期，11月果实全熟期，10月中旬开始黄枯。

黑龙江中医药大学药用植物园 4月上旬萌动，4月下旬展叶期，6月上旬始花，6月下旬盛花，7月初末花，9月中旬果熟，10月中旬进入休眠期。

迁地栽培要点

喜阴凉，耐寒，不耐热。以播种进行繁殖。

药用部位和主要药用功能

入药部位 根。

主要药用功能 甘，平。具健脾益肺、养血生津的功效。用于脾肺气虚、食少倦怠、咳嗽虚喘、气血不足、面色萎黄、心悸气短、津伤口渴、内热消渴等症。

化学成分 主要含果糖、菊糖等糖类、苷类、甾醇类、生物碱类、萜类等成分。

药理作用 ①对血液系统的作用：具有增加血红蛋白，改善机体微循环的作用，可明显改善机体血液流变学，降低红细胞的硬化指数，并对体外试验性血栓的形成有明显的抑制作用。②对中枢神经系统的作用：能显著减少小鼠的自主活动次数，明显延长因药物所致小鼠出现惊厥、死亡的时间，减少惊厥和死亡数；脂溶性和水溶性提取物及皂苷部分均对中枢神经有抑制作用；可提高学习记忆能力，并能同时提高人左右脑的记忆能力。③对消化系统的作用：水提醇沉溶液能抗大鼠的试验性胃溃疡，具有显著的预防，治疗和保护作用。④对内分泌系统的作用：水煎液能显著升高小鼠血浆皮质酮水平。⑤其他作用：党参还具有抗炎、抗应激、抗缺氧、增强机体免疫力、抗衰老等作用。

参考文献

郭自强，鲁伟星，1992. 党参加丹参对冠心病心绞痛患者血小板功能以及血[J]. 北京中医学院学报，15(1): 36–38.
李晓峰，2014. 党参的化学成分及药理作用研究概况[J]. 中国乡村医药，21(21): 83–84.
孙政华，邵晶，郭玫，等，2015. 党参化学成分及药理作用研究进展[J]. 安徽农业科学，43(33): 174–176.

119 半边莲

Lobelia chinensis Lour., Fl. Cochinch. 2: 514. 1790.

自然分布

分布于长江中下游及以南各地；生于水田边、沟边及潮湿草地上。印度以东的亚洲其他地区也有分布。

迁地栽培形态特征

多年生草本。

茎 细弱，匍匐，节上生根，分枝直立，无毛。

叶 互生，无柄或近无柄，椭圆状披针形至条形，先端急尖，基部圆形至阔楔形，无毛。

花 花通常1朵，生分枝的上部叶腋，花梗细。基部有或无小苞片；花萼筒倒长锥状，裂片披针形，约与萼筒等长，全缘或下部有1对小齿；花冠粉红色或白色，背面裂至基部，喉部以下生白色柔毛，裂片全部平展于下方，呈一个平面，2侧裂片披针形，较长，中间3枚裂片椭圆状披针形，较短；花丝中部以上连合，花丝筒无毛，未连合部分的花丝侧面生柔毛。

果 蒴果；倒锥状。种子椭圆状，稍扁压。

分类鉴定形态特征

匍匐草本，所有花冠裂片平展在下方，呈一个平面。

引种信息

北京药用植物园 2014年从四川引种苗，长势良好。

成都中医药大学药用植物园 2013年从四川峨眉山引种苗，长势良好。

广西药用植物园 2009年从广西龙州彬桥乡绕秀村引苗（登录号090115），长势好。

海南兴隆南药园 1995年从海南万宁兴隆区引种苗（引种号1231），长势良好。

中国药科大学药用植物园 2013年购买种子（引种号cpug2013003），长势良好。

物候

北京药用植物园 4月上旬萌芽期，5月上旬展叶盛期，5月上旬开花始期，10月中旬开花末期，未见果实，8月中旬开始黄枯。

成都中医药大学药用植物园 4月中旬展叶盛期，4月中下旬开花始期，5月下旬开花盛期，10月中旬开花末期，未见果实。

广西药用植物园 2~3月萌动期，3~4月展叶期，5~10月开花期，未见结果，12至翌年2月黄枯期。

海南兴隆南药园 常绿，全年展叶期，5~11月开花期，7~12月结果期。

中国药科大学药用植物园 2月下旬进入萌动期，3月上旬至中旬展叶期，4~5月开花期，11月中旬至12月上旬黄枯期。

迁地栽培要点

喜温暖湿润环境，怕旱，耐寒，北京地区可正常越冬，植株稀疏时易因杂草遮阴而死亡。繁殖以分株和扦插为主。

药用部位和主要药用功能

入药部位 全草。

主要药用功能 辛，平。具清热解毒、利尿消肿的功效。用于痈肿疔疮、蛇虫咬伤、臌胀水肿、湿热黄疸、湿疹湿疮等症。

化学成分 主要含生物碱，黄酮，多炔和氨基酸等类成分。

药理作用 ①抗癌作用：所含木犀草素可显著增加抗癌药物Bexarotene对人宫颈癌细胞（Hela）的敏感性。煎液对小鼠H22型肝癌有明显抑制作用，其机制可能与肿瘤细胞内C-erbB，p53蛋白表达有关。②对肾性高血压的作用：半边莲生物碱能抑制内皮素基因的转录，蛋白质合成及翻译，对防治肾性高血压所致的血管病变有一定作用。③其他作用：半边莲还具有明显的镇痛、抗炎、抗氧化、抑菌及抑制α-葡萄糖苷酶的作用。

参考文献

黄礼德,郭立强,潘廷猷,等,2012. 半边莲不同提取物镇痛抗炎作用[J]. 医药导报, 31(8): 982-985.
邵金华,张红,2010. 半边莲煎剂对小鼠H22肝癌荷瘤细胞系C-erbB-2和P53表达的影响[J]. 中国临床药学杂志, 19(6): 372-375.
王洪燕,全康,蒋燕灵,等,2010. 木犀草素抗肿瘤细胞增殖及增敏抗肿瘤药物作用研究[J]. 浙江大学学报：医学版, 39(1): 30-36.
周斌,崔小弟,程丹,等,2013. 半边莲的化学成分和药理作用研究进展[J]. 中药材, 36(4): 175-177.

叶

花

120 野菊

Chrysanthemum indicum Linnaeus, Sp. Pl. 2: 889. 1753.

自然分布

分布于东北、华北、华中、华南及西南等地区；生于山坡草地、灌丛、河边湿地、滨海盐渍地、田边及路旁。印度、日本、朝鲜和俄罗斯也有分布。

迁地栽培形态特征

多年生草本。

茎 地下匍匐茎长或短；茎直立或铺散，分枝；茎枝被毛。

叶 基生叶和下部叶花期脱落。中部茎叶长卵形，羽状半裂，浅裂或边缘有浅锯齿，基部截形、稍心形或宽楔形，两面同色，有稀疏的短柔毛；叶柄长约1cm。

花 头状花序直径约1.5cm，在茎枝顶端排成疏松的伞房圆锥花序。总苞片约5层，草质，边缘宽膜质，顶端钝或圆。舌状花黄色，舌片顶端具2~3齿。

果 瘦果。

分类鉴定形态特征

多年生草本。叶一回羽状浅裂，半裂或叶缘具齿；裂片顶端尖。头状花直径约1.5cm；全部总苞片草质，不分裂，边缘膜质；舌状花黄色；舌片长10mm以上。

引种信息

北京药用植物园 2016年从江西引种苗，长势良好。

海军军医大学药用植物园 引种信息不详（登录号XX000631），长势良好。

广西药用植物园 1998年从南京中山植物园引苗（登录号98478），长势好。

华中药用植物园 1999年从湖北恩施引种子（登录号10804865），长势良好。

物候

北京药用植物园 3月下旬开始萌动期，6月底展叶盛期，9月中旬至11月下旬开花期，11月底开始黄枯。

海军军医大学药用植物园 5月底开始展叶，10月中旬至12月中旬开花期，1月上旬进入黄枯期。

广西药用植物园 3~4月萌动期，4~5月展叶期，5~11月开花期，7~12月结果期，11月至翌年2月黄枯期。

华中药用植物园 3月下旬开始萌动展叶，6月下旬展叶盛期，10月上旬始花，10月中旬盛花，10月下旬末花，11月下旬果实成熟，翌年1月下旬进入休眠。

迁地栽培要点

喜光照充足并凉爽的环境，耐寒。繁殖以播种和分株为主。除蚜虫外病虫害少见。

药用部位和主要药用功能

入药部位　头状花序。

主要药用功能　苦，辛，微寒。具清热解毒、泻火平肝的功效。用于疔疮痈肿、目赤肿痛、头痛眩晕等症。

化学成分　主要含萜类，黄酮类和挥发油等成分。

药理作用　①抗微生物作用：花序提取物体外能抑制金黄色葡萄球菌、大肠埃希菌、铜绿假单胞菌、人型结核杆菌等多种细菌的生长，还能抑制流感病毒、呼吸道合胞病毒的增殖。②抗炎和免疫调节作用：花序水提液能减轻炎症动物模型的炎症，增强小鼠巨噬细胞的吞噬功能。③抗肿瘤作用：野菊花注射液可抑制人前列腺癌PC3细胞株和髓原细胞白血病HL60细胞株的增殖。④保护心血管作用：花序提取液能明显增加犬心脏的冠状动脉血流量，降低血压，对进行结扎冠状动脉形成的心肌梗死有明显的保护作用。

参考文献

方静, 王德, 周学琴, 2007. 野菊花两种提取方式对5种常见细菌的抑菌效果的比较[J]. 数理医药学杂志, 20(3): 368–369.
任爱农, 王志刚, 卢振初. 等, 1999. 野菊花提取物抑菌和抗病毒作用实验研究[J]. 药学生物技术, 6(4): 241–224.
王志东, 梁容端, 李宗芳, 2009. 中药野菊花的药理作用研究进展[J]. 医学综述, 15(6): 906–909.
张鑫, 2014. 野菊花化学成分的初步分析[J]. 中国科技投资, 13(6): 563.

121 白术

Atractylodes macrocephala Koidz., Fl. Symb. Or-Asiat. 5, 1930.

整株

自然分布

分布于江西、湖南、浙江、四川等地；生于山坡草地及林下。江苏、浙江、福建、江西、安徽、四川、湖北及湖南等地有栽培。

迁地栽培形态特征

多年生草本，高20~60cm。

根 根状茎结节状。

茎 直立，光滑无毛，于中下部分枝。

叶 中部茎叶具长柄；叶片通常3~5羽状全裂，侧裂片倒披针形或椭圆形，顶生裂片较侧裂片大，卵形或椭圆形；自中部茎叶向上及向下，叶渐小，与中部茎叶等样分裂，花序下部的叶不裂，椭圆形或长椭圆形，无柄；叶片纸质，两面绿色，无毛，边缘或裂片边缘有长或短针刺状缘毛或细刺齿。

花 头状花序单生茎枝顶端；苞叶绿色，针刺状羽状全裂；总苞大，宽钟状，9~10层覆瓦状排列，外层及中外层长卵形或三角形，中层披针形或椭圆状披针形，最内层宽线形，顶端紫红色，全部苞片顶端钝，边缘有白色蛛丝毛；小花紫红色，全为管状花，两性，5深裂。

果 瘦果；倒圆锥状，被稠密白色长直毛；冠毛刚毛羽毛状，污白色，基部结合成环状。

分类鉴定特征形状

多年生草本，高20~60cm。叶3~5羽状全裂，边缘或裂片边缘有长或短针刺状缘毛或细刺齿。头状花序大；总苞直径3~4cm；小花紫红色，两性。

引种信息

北京药用植物园 2016年从安徽亳州引种苗，生长速度快，长势良好。

成都中医药大学药用植物园 2013年从四川峨眉山引种苗，长势良好。

重庆药用植物园 2014年从重庆酉阳茅坝乡引植株（引种号2014055），长势良好。

华中药用植物园 1999年从湖北恩施引种苗（登录号10805573），长势良好。

物候

北京药用植物园 4月初开始萌动期，6月中旬展叶盛期，9月开花期，10月底果实始熟期，10月上旬开始黄枯。

成都中医药大学药用植物园 3月初开始萌动期，3月底展叶始期，4月上旬展叶盛期，8月下旬始花，9月初盛花，9月下旬末花，10月中旬果实始熟，11月底果实全熟，12月果实脱落期，10月上旬开始黄枯，11月中旬普遍黄枯，12月中旬全部黄枯。

重庆药用植物园 4月下旬萌芽，5月上旬展叶，7月中旬开花，11月上旬果实成熟，12月上旬倒苗。

华中药用植物园 3月下旬开始萌动展叶，4月上旬展叶盛期，9月中旬始花，9月下旬盛花，10月上旬末花，9月下旬进入休眠。

迁地栽培要点

喜阴凉，忌高温、多湿环境；较耐寒，北京地区越冬需覆盖。繁殖以播种为主。常见蚜虫危害，未见病害。

药用部位和主要药用功能

入药部位 根茎。

主要药用功能　苦，甘，温。具健脾益气、燥湿利水、止汗、安胎的功效。用于脾虚食少、腹胀泄泻、痰饮眩悸、水肿、自汗、胎动不安等症。

化学成分　主要含有挥发性成分、内酯类成分、苷类、多糖类成分以及氨基酸等。

药理作用　①抗癌：挥发油可使肿瘤细胞DNA明显受损，引起细胞凋亡的发生。②修复胃黏膜：提取物可通过促进多胺介导的上皮细胞迁移发挥修复胃肠黏膜损伤作用。③抗炎镇痛：白术内酯Ⅰ，Ⅲ够使促进炎性巨噬细胞细胞因子表达发生显著变化，具有抗炎活性。④保肝：白术多糖具有明显的防治非酒精性脂肪性肝炎的作用，改善肝损伤效果明显。⑤改善记忆力：可显著改善脑老化小鼠的学习记忆能力。⑥降血糖：白术多糖能够有效降低2型糖尿病小鼠的空腹血糖，降低血浆胰岛素水平，增加胰岛素敏感性指数，改善糖耐量。⑦抗血小板聚集：白术内酯Ⅱ对胶原诱导的小鼠和人血小板聚集能产生显著抑制作用，对人血小板的铺展也有抑制作用。⑧抑菌：白术挥发油对多种细菌具有较好的抑菌活性。⑨对肠道的作用：白术多糖对肠上皮细胞的微绒毛、线粒体、内质网等具有保护作用，可促进细胞较快恢复正常代谢。

参考文献

车财妍, 李红山, 应豪, 等, 2017. 白术多糖对非酒精性脂肪性肝炎的防治作用研究[J]. 中华中医药学刊, 35(7): 1801–1803.

陈琴华, 余飞, 王红梅, 等, 2017. 白术内酯Ⅰ, Ⅱ, Ⅲ对炎性巨噬细胞细胞因子表达的影响[J]. 中国药师, 20(12): 2112–2116.

宋厚盼, 李茹柳, 王一寓, 等, 2016. 白术甲醇提取物对小肠上皮细胞增殖、迁移及磷脂酶C-γ1表达的影响[J]. 中国中西医结合杂志, 36(7): 861–866.

张晓娟, 左冬冬, 2018. 白术化学成分及药理作用研究新进展[J]. 中医药信息, 35(6): 101–106.

张雪青, 邵邻相, 吴文才, 等, 2016. 白术挥发油抑菌及抗肿瘤作用研究[J]. 浙江师范大学学报(自然科学版), 39(4): 436–442.

122 苍术

Atractylodes lancea (Thunb.) DC., Prodr. 7: 48. 1838.

自然分布

分布于黑龙江、辽宁、吉林、内蒙古、河北、山西、陕西、甘肃、宁夏、河南、江苏、浙江、江西、安徽、湖南、湖北、四川、重庆、贵州、云南等地。生于山坡草地、林下、灌丛及岩石缝隙中。朝鲜和俄罗斯远东地区也有分布。

迁地栽培形态特征

多年生草本。

根 根状茎平卧或斜升，呈疙瘩状，不定根多数。

茎 直立，高约50cm，成簇生长，被稀疏的蛛丝状毛或无毛。

叶 基部叶花期脱落；茎叶羽裂或不裂，基部楔形或宽楔形，具短柄；顶裂片与侧裂片多不等形；叶片硬纸质，两面绿色，无毛，边缘或裂片边缘有针刺状缘毛或刺齿。

花 头状花序单生茎枝顶端；总苞钟状，直径1～1.5cm；苞叶针刺状羽状分裂；总苞片5～7层，覆瓦状排列，全部苞片顶端钝或圆形，边缘有稀疏蛛丝毛，中内层或内层苞片上部有时变红紫色。小花白色。

果 瘦果；倒卵圆形，被稠密的顺向贴伏的白色长直毛；冠毛刚毛褐色或污白色，羽毛状，基部连合成环。

分类鉴定形态特征

叶分裂或不分裂；叶不分裂者，倒卵形、长倒卵形、倒披针形或长倒披针形；叶分裂者，大头羽状深裂或半裂，侧裂片椭圆形、长椭圆形或倒卵状长椭圆形；叶硬纸质。头状花序全部为管状花，总苞片多层，覆瓦状排列；小花白色，冠毛刚毛1层，羽毛状，基部连合成环。瘦果基底着生面平，顶端无果缘，被稠密顺向贴伏长直毛。

引种信息

北京药用植物园　1984年从江苏南京、句容，河北赤城、安国引种苗，长势良好。

华中药用植物园　1999年从湖北恩施引种苗（登录号10805539），长势良好。

辽宁省经济作物研究所药用植物园　2013年从辽宁清原引种苗，长势良好。

物候

北京药用植物园　4月初开始萌动期，6月上旬展叶盛期，8月中旬至9月上旬开花期，10月上旬果实始熟期，8月中旬开始黄枯。

华中药用植物园　3月中旬开始萌动；3月下旬开始展叶，4月上旬展叶盛期；9月上旬始花，9月中旬盛花，9月下旬末花，10月中旬进入休眠。

辽宁省经济作物研究所药用植物园　4月下旬萌动期，5月上旬展叶期，6月中旬开花始期，6月下旬开花盛期，7月中旬开花末期，7月中旬至9月中旬果实发育期，9月上旬至月末枯黄期。

迁地栽培要点

喜凉爽气候，不耐阳光直射，否则易枯叶。繁殖以分株为主。常见蚜虫危害，未见病害。

药用部位和主要药用功能

入药部位　根茎。

主要药用功能　辛，苦，温。具燥湿健脾、祛风散寒、明目的功效。用于湿阻中焦、脘腹胀满、泄泻、水肿、脚气痿躄、风湿痹痛、风寒感冒、夜盲、眼目昏涩等症。

化学成分　主要含有倍半萜及其苷类、烯炔及其苷类、三萜和甾体类、芳香苷类、单帖苷类、氨基酸、蛇床子素、呋喃甲醛、香豆素衍生物等成分。

药理作用　①降血糖作用：苍术提取液可抑制小肠蔗糖酶对蔗糖的水解，可用于减少糖尿病患者对葡萄糖的吸收。②抗炎作用：挥发油具有明显的抗炎作用，其机制与抑制组织中的前列腺素E2生成有关；苍术具有的抗腹泻作用也与其抗炎活性相关。③对心血管系统作用：有机溶剂萃取后的苍术残渣对血管紧张素转换酶有明显的抑制作用，进而起到降血压的作用。④保肝作用：水提液和挥发油均具有保肝作用，水提液中的多糖部位可能是发挥保肝作用的主要部位。⑤对神经系统作用：挥发油对中枢神经系统有镇静作用。⑥抗肿瘤活性：醇提物对患胆管癌的仓鼠具有肿瘤抑制作用。

参考文献

邓爱平, 李颖, 吴志涛, 等, 2016. 苍术化学成分和药理的研究进展[J]. 中国中药杂志, 41(21): 3904-3913.

李宇馨, 李瑞海, 2013. 苍术挥发油抗炎活性研究[J]. 辽宁中医药大学学报, 15(2): 71-72.

张明发, 沈雅琴, 朱自平, 等, 2000. 苍术抗腹泻和抗炎作用研究[J]. 中国药房, 11(3): 109-110.

KITAJIMA J, KAMOSHITA A, ISHIKAWA T, 2003. Glycosides of *Atractylodes ovata*[J]. Chem Pharm Bull, 51(9): 1106.

PLENGSURIYAKARN T, MATSUDA N, KARBWANG J, et al, 2015. Anticancer activity of *Atractylodes lancea*(Thunb.)DC in a hamster model and application of PET-CT for early detection and monitoring progression of cholangiocarcinoma[J]. Asian Pac J Cancer P, 16(15): 6279-6281.

RESCH M, STEIGE A, CHEN Z L, 1998. 5-Lipoxygenase and cyclooxygenase-1 inhibitory active compounds from *Atractylodes lancea*[J]. J Nat Prod, 61(3): 347.

123 蒲公英

Taraxacum mongolicum Hand.-Mazz., Monogr. Tarax. 67. t. 2, f. 13. 1907.

幼苗

自然分布

分布于黑龙江、吉林、辽宁、内蒙古、河北、山西、陕西、甘肃、青海、山东、江苏、安徽、浙江、福建、台湾、河南、湖北、湖南、广东、广西、四川、重庆、贵州、云南等地；生于中低海拔地区的山坡草地、路边、田野和河滩。朝鲜、蒙古和俄罗斯也有分布。

迁地栽培形态特征

多年生草本。

根 圆柱状，黑褐色，粗壮。

叶 倒卵状披针形，倒披针形或长圆状披针形，叶缘形状多变，可为波状齿，羽状深裂，倒向羽状深裂或大头羽状深裂，顶端裂片较大，三角形或三角状戟形，每侧裂片3~5片，裂片三角形或三角状披针形，基部渐狭成叶柄，叶柄及主脉常带红紫色。

🌸 **花** 花莛1至数个，与叶等长或稍长，密被蛛丝状白色长柔毛。总苞钟状，长12～14mm，淡绿色；总苞片2～3层，外层总苞片边缘宽膜质，基部淡绿色，上部紫红色，先端增厚或具角状突起；内层总苞片先端紫红色，具小角状突起；舌状花黄色，边缘花舌片背面具紫红色条纹，花药和柱头暗绿色。

🍒 **果** 瘦果倒卵状披针形，暗褐色，上部具小刺，下部具成行排列的小瘤，顶端具喙；冠毛白色。

分类鉴定形态特征

多年生植物。叶无紫色斑点。头状花序花后仍直立，花序托无托片；外层总苞片淡绿色，卵状披针形至卵圆形，上部紫红色，先端增厚或有小角；舌状花舌片黄色。瘦果褐色，上部具小刺，下部具成行排列的小瘤，顶端具长于果体的喙；冠毛白色。

引种信息

北京药用植物园　20世纪50年代从北京引种子，长势良好。

成都中医药大学药用植物园　2013年从四川峨眉山引种苗，长势良好。

贵阳药用植物园　引种信息不详，生长速度中等，长势一般。

华中药用植物园　1999年从湖北恩施引种苗（登录号10805953），长势良好。

辽宁省经济作物研究所药用植物园　2014年从辽宁辽阳引种子，长势良好。

内蒙古医科大学药用植物园　2010年引种子，引种信息不详，生长速度中等，长势良好。

中国药科大学药用植物园　2006年从江苏南京引种子（引种号cpug2006001），长势良好。

物候

北京药用植物园　3月初开始萌动，4月初展叶盛期，4月初至中旬开花，4月底果实全熟期，11月上旬黄枯。

成都中医药大学药用植物园　3月初展叶盛期，3月中旬开花，3～9月花期，3月底果实始熟，4月初种子散布，4～10月果期，12月初叶变色期，植株枯萎。

贵阳药用植物园　2月下旬始花，3～4月盛花期，5～12月少量开花结果，3月中下旬开始种子随熟随落。

辽宁省经济作物研究所药用植物园　3月下旬至4月上旬萌动期，4月中旬至下旬展叶期，4月下旬开花始期，5月上旬开花盛期，5月中旬开花末期，5月中旬至月末果实发育期，8月中旬至9月中旬枯黄期。

内蒙古医科大学药用植物园　4月中旬至5月上旬展叶期，5月中旬至6月上旬开花期，6月上旬至8月中旬结果期，8月中旬至9月中旬枯黄期。

中国药科大学药用植物园　2月上旬进入萌动期，2月中旬展叶期，3～6月开花期，4月结果期，5月下旬至6月下旬枯黄期。

迁地栽培要点

喜阳光，适应性强，对土壤要求不严。以播种进行繁殖。虫害少见，雨季叶片有霉菌危害。

药用部位和主要药用功能

入药部位　全草。

主要药用功能　甘，苦，寒。具清热解毒、消肿散结、利尿通淋的功效。用于疮肿毒、乳痈、目赤、咽痛、肺痈、肠痈、湿热黄疸、热淋、涩痛等症。

化学成分　含有黄酮类、倍半萜内酯类、香豆素类、三萜类、植物甾醇类、酚酸类、胡萝卜素、多糖等成分。

药理作用 ①抗炎作用：叶提取物可抑制诱导型一氧化氮合酶（iNOS）及环氧化酶-2（COX-2）蛋白的表达，具有较好的抗炎活性。②抑菌作用：具有广谱抑菌作用，对革兰氏阳性菌，革兰氏阴性菌，真菌，螺旋体等多种病原微生物具有不同程度的抑制作用。③利胆保肝作用：蒲公英多糖对四氯化碳急性肝损伤小鼠具保护作用。④抗氧化作用：黄酮类成分具有较强的清除活性氧（ROS）的活性。⑤抗肿瘤作用：多糖可诱导肿瘤细胞凋亡，抑制肿瘤细胞增殖。⑥胃肠保护作用：水煎液对大鼠胃黏膜损伤有不同程度的保护作用。⑦对免疫系统的作用：可促进脾脏和胸腺的生长发育，提高抗体生成水平和巨噬细胞的吞噬率，从而增强和调节机体免疫功能。

参考文献

黄昌杰，林晓丹，李娟，等，2006. 蒲公英化学成分研究进展[J]. 中国现代中药，8(5): 32–35.
林云，2011，江林，蒋健，等. 蒲公英的药理作用研究进展[J]. 中国现代中药，13(8): 42–47.
屠国昌，2012. 蒲公英化学成分、药理作用和临床应用[J]. 海峡药学，24(5): 33–35.
谢沈阳，杨晓源，丁章贵，等，2012. 蒲公英的化学成分及其药理作用[J]. 天然产物研究与开发，24(S1): 141–151.
于立恒，2012. 蒲公英药理作用研究进展[J]. 实用中医药杂志，28(7): 617–620.

整株

花序　　果实

124 款冬

Tussilago farfara L. Sp. Pl. 2: 865. 1753.

自然分布

分布于东北、华北、华东、西北和湖北、湖南、江西、贵州、云南、西藏等地。生于山谷湿地或林下。印度、伊朗、巴基斯坦、俄罗斯、西欧和北非也有分布。

迁地栽培形态特征

多年生葶状草本，先花后叶。

茎 根状茎横生地下，褐色。

叶 基生叶卵形，三角状心形，阔心形，具长柄，叶片大小差异较大，边缘波状，具顶端增厚的疏齿，掌状网脉，下面密被白色茸毛。

花 早春抽出数个花葶，密被白色茸毛，有鳞片状互生苞叶，苞叶淡绿色。头状花序单生顶端，初时直立，花后下垂；总苞钟状，总苞片1～2层，线形，被白色柔毛；花序边缘为雌花，花冠舌状，黄色，子房下位，柱头2裂；中央为两性花，花冠管状，顶端5裂，柱头头状，通常不结实。

果 瘦果；圆柱形，冠毛白色。

分类鉴定形态特征

多年生葶状草本，根状茎横生地下。叶前开花。花葶数个，每葶具1头状花序，总苞片1～2层，小花黄色；边缘小花舌状，雌性，结实；中央小花两性，不发育，少数，花冠管状，顶端5裂；花药基部全缘或近有小耳；柱头头状。瘦果狭圆柱形，具5～10条肋；冠毛雪白色，糙毛状。

引种信息

北京药用植物园 2017年从陕西太白引种苗，生长速度快，长势良好。

华中药用植物园 1999年从湖北恩施引种苗（登录号10804954），长势良好。

物候

北京药用植物园 2月底开始花芽萌动期，3月下旬展叶，5月中旬展叶盛期，3月上旬至中旬开花期，4月初果实全熟期，7月上旬开始黄枯。

华中药用植物园 1月下旬开始萌动，4月上旬开始展叶，3月上旬始花，3月下旬盛花，4月上旬末花，4月中旬果实成熟，11月上旬进入休眠。

迁地栽培要点

喜凉爽、湿润气候，较耐阴，耐寒，怕热，怕旱，怕涝。繁殖以根茎，扦插和播种为主。除蚜虫外病虫害少见。

药用部位和主要药用功能

入药部位 花蕾。

主要药用功能 辛,微苦,温。具润肺下气、止咳化痰的功效。用于新久咳嗽、喘咳痰多、劳嗽咳血等症。

化学成分 主要含黄酮类、倍半萜类、三萜类、酚酸类、甾醇类、生物碱类、多糖类、挥发油等成分。

药理作用 ①抗氧化作用:多糖类成分具有一定的抗氧化活性,对羟基自由基、超氧自由基有较强的清除能力。②止咳化痰平喘作用:款冬花中的生物碱,黄酮,萜,皂苷类成分具有镇咳作用,是款冬花的药效成分。③抗肿瘤作用:款冬花多糖可干扰肿瘤细胞的有丝分裂过程,提高机体免疫力,是抗肿瘤和白血病的有效药物。④心血管作用:款冬酮可促进儿茶酚胺类递质释,直接收缩血管平滑肌,从而具有升压作用。⑤抗炎作用:款冬酮通过抑制一氧化氮和前列腺素E2的过量分泌表现出治疗神经炎性疾病的潜力。⑥抗血小板活化因子作用:款冬花酮和新款冬花内酯均具有较强的抑制血小板因子活性的作用。⑦毒性作用:款冬花中含有肝毒性生物碱,有明显的肝脏毒性。

参考文献

韩毅丽, 武伟伟, 贺润丽, 等, 2016. 生品款冬花不同化学成分的镇咳祛痰作用[J]. 时珍国医国药, 27(6): 1347–1349.

侯阿娇, 郭新月, 满文静, 等, 2019. 款冬花的化学成分及药理作用研究进展[J]. 中医药信息, 36(1): 107–112.

郑开颜, 韦杰, 王乾, 等, 2018. 款冬花化学成分及药理作用研究进展[J]. 亚太传统医药, 14(7): 89–92.

HWANGBO C, LEE H S, PARK J, et al, 2009. The anti-inflammatory effect of tussilagone, from *Tussilago farfara*, is mediated by the induction of heme oxygenase-1 in murine macrophages. [J]. International Immunopharmacology, 9(13): 1578–1584.

TAO Y U, SONG X, ZHAO P, et al, 2014. Effect of *Tussilago farfara* L. polysaccharide on tumor-inhibition rate and survival-extending rate in tumor or leukemia bearing mice[J]. Central South Pharmacy, 12(2): 125–128.

125 千里光

Senecio scandens Buch. -Ham. ex D. Don, Prodr. Fl. Nepal. 178. 1825.

自然分布

分布于西藏、陕西、湖北、四川、贵州、云南、安徽、浙江、江西、福建、湖南、广东、广西、台湾等地；生于海拔50~3200m的森林，灌丛中，攀缘于灌木、岩石上。印度、尼泊尔、不丹、缅甸、泰国、中南半岛、菲律宾和日本也有分布。

迁地栽培形态特征

多年生攀缘草本。

茎 茎曲伸，长可达5m，多分枝，老时木质。

叶 叶片卵状披针形至长三角形，顶端渐尖，基部宽楔形、截形、戟形或稀心形，通常具浅或深齿，有时基部具细裂或羽状浅裂；叶柄长约1cm；上部叶变小，披针形或线状披针形。

花 头状花序在茎枝端排列成顶生复聚伞圆锥花序。总苞圆柱状钟形，具外层苞片约8片，线状钻形，总苞片12~13，线状披针形。舌状花8~10，舌片黄色，长圆形，具3细齿；管状花多数，花冠黄色，檐部漏斗状，裂片卵状长圆形。

果 瘦果；圆柱形，被柔毛，冠毛白色。

分类鉴定形态特征

多年生植物。茎攀缘，茎生叶明显发育，头状花序辐射状，边缘雌花舌片明显，瘦果被柔毛。

引种信息

北京药用植物园 1998年从重庆引种，长势良好。

成都中医药大学药用植物园 2013年从四川峨眉山引种苗，长势良好。

广西药用植物园 1997年从广西南宁引枝条（登录号97133），长势好。

贵阳药用植物园 2015年从贵州都匀斗篷山引种苗，长势良好。

物候

北京药用植物园 3月底开始萌动期，4月下旬展叶盛期，10月初开花始期，10月中旬盛花期，11月上旬末花期，12月初果实全熟期，11月中旬开始黄枯。

成都中医药大学药用植物园 4月中旬展叶始期，5月下旬展叶盛期，10月下旬开花始期，10月底花盛，11月下旬花末，12月下旬果实成熟。

广西药用植物园 2~3月萌动期，3~4月展叶期，8月至翌年2月开花期，10月至翌年3月结果期，12月至翌年2月枯黄期。

贵阳药用植物园 3月上旬开始展叶，3月中旬展叶盛期，10月中旬开花，10月下旬花盛期，12月上旬花末期，12月中旬果实始熟，12月下旬果实全熟，开始脱落并散布。

迁地栽培要点

喜阳，适应性强，耐潮湿，耐干旱，北京地区越冬需覆盖。繁殖以扦插和压条为主。除蚜虫外病虫害少见。

药用部位和主要药用功能

入药部位 地上部分。

主要药用功能 苦，寒。具清热解毒、明目、利湿的功效。用于痈肿疮毒、感冒发热、目赤肿痛、泄泻痢疾、皮肤湿疹等症。

化学成分 含生物碱类、酚酸类、黄酮类、萜类和挥发油等成分。

药理作用 ①抗菌作用：具有广谱抗菌性，对肺炎链球菌，金黄色葡萄球菌，大肠埃希菌和铜绿假单胞菌等均有一定的抑制作用。②抗炎作用：总黄酮可抑制炎症因子前列腺素E2的产生和释放，对多种炎症模型有明显的对抗作用。③抗病毒作用：水煎剂对副流感病毒，呼吸道合胞病毒和艾滋病病毒1型（HIV-1）有抑制作用。④抗肿瘤作用：总黄酮在体外有明显的抗肿瘤活性，总生物碱可抑制小鼠黑色素瘤细胞的增殖。⑤抗氧化及清除自由基作用：提取液具有较强的清除超氧自由基和羟自由基的作用。

参考文献

陈录新, 马鸿雁, 张勉, 等, 2006. 千里光化学成分研究[J]. 中国中药杂志, 52(22): 1872-1875.
冯群, 李晓宇, 孙蓉, 2014. 千里光药理作用和毒性研究新进展[J]. 中国药物警戒, 11(3): 151-153+157.
孟凡君, 张雪君, 谢卫东, 2010. 中草药千里光研究进展[J]. 东北农业大学学报, 41(9): 156-160.
史辑, 张芳, 马鸿雁, 等, 2007. 千里光化学成分研究[J]. 中国中药杂志, 53(15): 1600-1602.
徐定平, 周鑫堂, 邰红利, 等, 2014. 千里光化学成分和药理作用研究进展[J]. 中国药师, 17(9): 1562-1565.

叶

果序

整株

花序

126 兔儿伞

Syneilesis aconitifolia (Bunge) Maxim., Prim. Fl. Amur. 165. tab. 8, fig. 8-18. 1859.

自然分布

分布于东北、华北、华中和陕西、甘肃、贵州等地；生于海拔500~1800m山坡、荒地、林缘或路旁。俄罗斯远东地区、朝鲜和日本也有分布。

迁地栽培形态特征

多年生草本。

根 根状茎短，横走，具多数须根。

茎 直立，紫褐色，无毛，不分枝。

叶 下部叶通常2枚，疏生，初时反折呈闭伞状，被密蛛丝状茸毛，后开展成伞状，变无毛，叶片盾状圆形，掌状深裂，裂片7~9，每裂片再次2~3浅裂，小裂片线状披针形，叶柄长可达16cm，无翅，无毛；中部叶较小，通常4~5掌裂，叶柄最长6cm；其余叶苞片状，披针形，向上渐小，无柄或具短柄。

花 头状花序多数，在茎端密集成复伞房状；花序梗长5~16mm，具数枚线形小苞片；总苞筒状，基部有3~4小苞片，总苞片1层，5数，长圆形，边缘膜质。小花管状，两性，8~10朵，花冠淡粉白色，长约10mm，管部窄，檐部窄钟状，5裂。

果 瘦果；圆柱形，无毛，具肋；冠毛污白色或变红色，糙毛状，较果体长。

分类鉴定形态特征

子叶1枚，基生叶叶片幼时伞状下垂，叶柄基部无叶鞘；头状花序盘状，总苞片1层，草质；具同形两性花；瘦果无喙。

引种信息

北京药用植物园 20世纪60年代从辽宁千山引种苗，长势良好。

辽宁省经济作物研究所药用植物园 2016年从辽宁宽甸引种苗，长势良好。

物候

北京药用植物园 4月上旬开始萌动期，5月中旬展叶盛期，6月初开花始期，6月底末花期，7月中旬果实全熟期，并开始黄枯。

辽宁省经济作物研究所药用植物园 4月下旬至5月初萌动期，5月上旬展叶期，6月中旬开花始期，6月下旬开花盛期，7月上旬开花末期，7月中旬至下旬果实发育期，9月上旬至下旬枯黄期。

迁地栽培要点

喜半荫，耐寒。繁殖以播种为主。

药用部位和主要药用功能

入药部位 根和全草。

主要药用功能 辛，苦，微温；有毒。具祛风湿、舒筋活血、止痛的功效。用于腰腿酸痛、跌打损伤等症。

化学成分 主要含三萜类、甾体类、黄酮类成分。

药理作用 ①抗炎作用：对多种小鼠的炎症模型都有显著的抗炎作用，所含总黄酮具有较强的抗炎作用，机制可能与其降低血管通透性，抑制前列腺素E2的生物合成或释放有关。②抗肿瘤作用：兔儿伞醇提物具有一定的体内抗肿瘤活性，能明显增加胸腺指数，对S180荷瘤小鼠的肿瘤有抑制作用。

参考文献

刘丽华, 陈文清, 李加林, 2013. 兔儿伞总黄酮抗炎作用[J]. 中国实验方剂学杂志, 19(13): 291–294.

潘国良, 张志梅, 2002. 兔儿伞镇痛抗炎作用的研究[J]. 现代中西医结合杂志, 11(20): 1985.

吴素珍, 李加林, 朱秀志, 2011. 兔儿伞醇提取物的抗肿瘤实验[J]. 中国医院药学杂志, 31(2): 102–104.

127 紫菀

Aster tataricus L. f., Suppl. Pl. 373, 1782.

自然分布

分布于黑龙江、吉林、辽宁、内蒙古、山西、河北、河南、陕西及甘肃等地；生于海拔400~2000m低山阴坡湿地、山顶和低山草地及沼泽地。朝鲜、日本及俄罗斯西伯利亚也有分布。

迁地栽培形态特征

多年生草本。

🟠 **茎** 根状茎斜升；茎直立，基部有纤维状枯叶残片，有棱及沟，被疏粗毛。

🟠 **叶** 基部叶在花期枯落，长圆状或椭圆状匙形，下半部渐狭成长柄，顶端尖或渐尖，边缘具齿；下部叶匙状长圆形，下部变狭成具宽翅的柄，渐尖，边缘有密锯齿；中部叶长圆形或长圆披针形，无柄，全缘或有浅齿；上部叶狭小，全部叶厚纸质，两面被毛。

🟠 **花** 头状花序多数，在茎和枝端排列成复伞房状；花序梗长，有线形苞叶。总苞半球形；总苞片3层，线形或线状披针形，顶端尖或圆形，草质，被密短毛，边缘宽膜质。舌状花约20余个，舌片蓝紫色；管状花黄色。

🟠 **果** 瘦果；倒卵状长圆形，紫褐色，上部被疏粗毛。冠毛污白色或带红色，有多数不等长的糙毛。

分类鉴定形态特征

多年生草本；茎基部有纤维状枯叶残片；叶有6~10对羽状脉。头状花序多数，在茎和枝端排列成复伞房状；总苞径10~25mm，总苞片顶端尖或圆形，草质，边缘膜质；舌状花舌片蓝紫色；管状花黄色。

引种信息

北京药用植物园 1995年从北京引种苗，长势良好。

成都中医药大学药用植物园 2013年从四川峨眉山引种苗，长势良好，结实率低。

重庆药用植物园 1972年从吉林长白山引植株（引种号1972002），长势良好。

黑龙江中医药大学药用植物园 2006年从黑龙江帽儿山林下引植株，长势良好。

辽宁省经济作物研究所药用植物园 2014年从辽宁清原引根茎，长势良好。

物候

北京药用植物园 3月底芽出土，6月中旬展叶盛期，6月中旬至7月中旬开花期，8月中旬果实全熟期，并开始黄枯。

成都中医药大学药用植物园 3月初地下芽出土期，3月下旬地上芽变绿期，同时伴有展叶现象，6月中下旬开花始期，6月末开花末期，8月初果实始熟期，9月中旬开始黄枯，11月初普遍黄枯。

重庆药用植物园 4月上旬萌芽，4月中旬展叶，7月中旬开花，8月下旬果实成熟，12月中旬倒苗。

黑龙江中医药大学药用植物园　4月下旬萌动，5月下旬展叶期，8月中旬始花，8月下旬盛花，9月上旬末花，9月中旬果熟，10月上旬进入休眠期。

辽宁省经济作物研究所药用植物园　4月中旬萌动期，5月上旬至6月中旬展叶期，6月中旬开花始期，6月下旬开花盛期，7月初开花末期，7月中旬至9月中旬果实发育期，8月中旬至9月中旬黄枯期。

迁地栽培要点

喜温暖、湿润环境，耐涝，怕旱，耐寒。繁殖以根茎为主。

药用部位和主要药用功能

入药部位　根和根茎。

主要药用功能　辛，苦，温。具润肺下气、消痰止咳的功效。用于痰多喘咳、新久咳嗽、劳嗽咳血等症。

化学成分　主要含萜类、黄酮类、蒽醌类、香豆素类、甾醇、肽类及有机酸类等成分。

药理作用　①镇咳、祛痰作用：水煎剂对咳嗽动物模型有一定的镇咳作用，从水煎剂中分离的紫菀酮及表木栓醇具祛痰作用。②抗肿瘤作用：肽类具抗肿瘤活性，蜜炙紫菀水煎剂对乳腺癌MCF-7细胞的增殖具有抑制作用。③抗菌作用：萜类对枯草杆菌，大肠杆菌和金黄色葡萄球菌具抑菌活性。④抗氧化、抗缺氧作用：花和茎提取物具有抗氧化活性。

参考文献

范玲, 王鑫, 朱晓静, 等, 2019. 紫菀化学成分及药理作用研究进展[J]. 吉林中医药, 39(2): 269–273.
刘晓丽, 梁羽茜, 胡秀华, 2017. 体外实验探讨蜜炙紫菀水煎剂对人乳腺癌MCF-7细胞的影响[J]. 世界中西医结合杂志, 12(4): 496–500
赵晓杰, 郭兰青, 2010. 长毛三脉紫菀萜类成分的提取及抑菌活性[J]. 新乡医学院学报, 27(2): 140–142.

幼苗

整株

花序

果序

128 艾

Artemisia argyi Lévl. et Van., Fedde, Rep. Sp. Nov. 8: 138. 1910.

自然分布

分布于除极干旱与高寒地区外的全国各地；生于低海拔至中海拔地区的荒地、路旁河边、山坡、林地及草原。蒙古、朝鲜、俄罗斯远东地区也有分布。

迁地栽培形态特征

多年生草本。

根 主根粗长，侧根多；具地下根茎及营养枝。

茎 单生，高达180cm，有明显纵棱，基部稍木质化，黄褐色，上部草质，有少数短分枝，绿色；茎、枝均被灰色蛛丝状柔毛。

叶 厚纸质，上面被灰白色短柔毛，并有白色腺点与小凹点，背面密被灰白色蛛丝状密茸毛；基生叶具长柄，花期萎谢；茎下部叶近圆形或宽卵形，羽状深裂，每侧具裂片2~3枚，每裂片有2~3枚小裂齿；中部叶卵形、三角状卵形或近菱形，一（至二）回羽状深裂至半裂，每侧裂片2~3枚，叶基部宽楔形渐狭成短柄；上部叶与苞片叶形状多变，分裂或不分裂。

花 头状花序椭圆形，无梗或近无梗，多枚在分枝上排成小型穗状花序或复穗状花序，在茎顶端组成圆锥花序，花后头状花序下倾；总苞片3~4层，覆瓦状排列，外层总苞片小，草质，被毛；花序托小；雌花花冠狭管状，檐部具2裂齿，紫色，花柱细长，伸出花冠外甚长，先端2叉；两性花花冠管状或高脚杯状，檐部紫色，花药狭线形，花柱与花冠近等长或略长于花冠，先端2叉，花后向外弯曲。

果 瘦果；长卵形或长圆形。

分类鉴定形态特征

茎无明显的腺毛或黏毛，上部具短分枝。茎中部叶第一回为羽状半裂，裂口仅及叶缘至中轴的一半，每侧有裂片2~3枚。头状花序椭圆形，花序托无托毛；雌花花冠狭管状，檐部2齿裂；中央花为两性花，结实，花柱与花冠近等长，先端2叉，子房明显。

引种信息

北京药用植物园 20世纪70年代从北京引种苗，长势良好。

重庆药用植物园 2014年从重庆南川引植株（引种号2014009），长势良好。

海军军医大学药用植物园 引种信息不详（登录号XX000296），长势良好。

广西药用植物园 1995年从广西南宁喜阳引苗（登录号95336），长势良好。

华中药用植物园 1999年从湖北恩施引种苗（登录号10805209），长势良好。

物候

北京药用植物园 3月上旬开始萌芽，6月中旬展叶盛期，9月中旬至10月上旬开花期，10月底果实全熟期，9月底开始黄枯。

重庆药用植物园 3月上旬萌芽，3月中旬展叶，7月中旬开花，10月下旬果实成熟，11月下旬倒苗。

海军军医大学药用植物园 5月底进入展叶期，11月下旬开始变色，12月上旬至翌年1月上旬落叶期。

广西药用植物园 2~3月萌动期，3~4月展叶期，5~11月开花期，6~11月结果期，12至翌年2月黄枯期。

华中药用植物园 3月上旬开始萌动展叶，3月下旬展叶盛期，8月下旬始花，9月中旬盛花，10月中旬末花，11月下旬进入休眠。

迁地栽培要点

喜阳，耐寒，耐旱。繁殖以根状茎为主，无性繁殖能力强，易危害周边植物。蚜虫危害严重，病害少见。

药用部位和主要药用功能

入药部位 叶。

主要药用功能 苦，辛，温。具温经止血、散寒止痛、祛湿止痒的功效。用于吐血、崩漏、月经过多、胎漏下血、少腹冷痛、经寒不调、宫冷不孕等症；外治皮肤瘙痒症。

化学成分 主要含有樟脑、桉油精、松油醇、龙脑、侧柏酮、石竹烯等挥发性成分。

药理作用 ①抗病毒和抑菌作用：艾叶挥发油对鸭肝组织中的乙肝病毒，金黄色葡萄球菌，沙门氏菌，大肠杆菌均有抑制作用，艾叶提取物长期作为有效治疗炎症疾病的有效药物使用。②平喘作用：艾叶挥发油具有舒张支气管平滑肌的作用，能明显舒缓氯化钡引起的离体豚鼠气管平滑肌痉挛。③对药物透皮吸收的促渗作用：艾叶所含烯萜类化合物能够改变角质层细胞内的角蛋白构象，形成微孔通道，增加药物的渗透性。

参考文献

赵秀玲, 党亚丽, 2019. 艾叶挥发油化学成分和药理作用研究进展[J]. 天然产物研究与开发, 31(12): 2182-2188.

FENG S Y, 2017. The research for the preparation of nanostructured lipid carrier system of the volatile oil from Folium *Artemisia argyi* and its anti–HBV activity[D]. Zhengzhou: Zhengzhou University.

GAN C S, et al, 2015. Effects of the extraction of essential oil from Folium *Atremisiae argyi* on the activity components of the related water extraction and the comparison of their antibacterial activity[J]. J Food Sci Biotechnol, 66(34): 1327–1331.

TIAN L, 2017. Research on chemical constituents and anti inflammatory effects of *Artemisia argyi*[D]. Guangzhou: Jinan University.

整株　　花序　　叶

129 土木香

Inula helenium L., Sp. Pl. 881. 1753.

整株

自然分布

分布于新疆。欧洲（中部，北部，南部）、亚洲（西部，中部）、俄罗斯西伯利亚西部至蒙古北部和北美也有分布。我国许多地区常有栽培。

迁地栽培形态特征

多年生草本。

茎 根状茎块状。茎直立，高约200cm，粗壮，不分枝或上部有分枝，被开展的长毛。

叶 基生和茎下部叶基部渐狭成具翅的柄，叶片椭圆状披针形，边缘有不规则的齿或重齿，上面被基部疣状的糙毛，下面被黄绿色密茸毛，长可达60cm；茎中部叶卵圆状披针形或长圆形，基部心形，半抱茎，长约为基生叶的一半；茎上部叶较小，披针形。

花 头状花序径6~8cm，排列成伞房状花序。花序梗长约10cm；总苞5~6层，外层草质，宽卵圆形，顶端常反折，内层长圆形，顶端扩大成卵圆三角形，干膜质，较外层长达3倍，最内层线形，顶端稍扩大或狭尖；舌状花黄色，舌片线形，顶端3~4浅裂；管状花裂片披针形。冠毛污白色，有极多数具细齿的毛。

果 瘦果；四或五面形，有棱和细沟，无毛。

分类鉴定特征形状

多年生高大草本。茎常不分枝。叶大，下面被白色厚茸毛。头状花序排列成疏伞房花序，花序梗长于6cm，花序直径大于5cm，总苞径大于2.5cm，总苞片外层宽大，卵圆形，草质。瘦果无毛，四或五面形。

引种信息

北京药用植物园 20世纪60年代从江苏南京引种苗，长势良好。

辽宁省经济作物研究所药用植物园 2013年从辽宁宽甸引种苗，长势良好。

物候

北京药用植物园 4月上旬开始萌动期，5月中旬展叶盛期，6月初开花始期，6月底末花期，8月中旬果实全熟期，8月初开始黄枯。

辽宁省经济作物研究所药用植物园 4月下旬至月末萌动期，5月初至上旬展叶期，6月下旬开花始期，7月上旬开花盛期，7月中旬开花末期，7月中旬至8月上旬果实发育期，8月中旬至9月中旬黄枯期。

迁地栽培要点

喜阳，北京地区可以正常越冬。繁殖以根状茎为主。除蚜虫外病虫害少见。

药用部位和主要药用功能

入药部位 根。

主要药用功能 辛，苦，温。具健脾和胃、行气止痛、安胎的功效。用于胸胁胀痛、呕吐泻痢、胸胁挫伤、岔气作痛、胎动不安等症。

化学成分 主要含倍半萜内酯类成分，另还含少量的黄酮、氨基酸、三萜、生物碱、植物甾醇等类成分。

药理作用 ①抗菌作用：倍半萜内酯能破坏细菌的细胞膜，从而起到抑菌作用。②抗肿瘤作用：提取物对人乳腺癌细胞株（MCF-7），人大肠癌细胞株（HT-29）具有高选择性细胞毒作用；倍半萜内酯可抑制人胃腺癌细胞（MK-1），人子宫癌细胞（Hela）和鼠黑素瘤细胞（B16F10）的增殖。③驱虫作用：水提物具有抗华支睾吸虫和蛔虫幼虫的作用。④降血糖作用：提取物对胰岛素有增敏作用，能降低血糖。

参考文献

白丽明, 王剑, 付美玲, 等, 2018. 土木香化学成分研究[J]. 中草药, 49(11): 2512-2518.
李雪莲, 朴惠善, 2007. 土木香的化学成分及药理作用研究进展[J]. 中国现代中药, 9(6): 28-29, 50.
张乐, 方羽, 陆国红, 2015. 土木香化学成分及药理研究概况[J]. 中成药, 37(6): 1313-1316.
赵永明, 张嫚丽, 霍长虹, 等, 2009. 土木香化学成分的研究[J]. 天然产物研究与开发, 21(4): 616-618.

130 佩兰

Eupatorium fortunei Turcz., Bull. Soc. Imp. Naturalistes Moscou. 24 (1): 170, 1851.

自然分布

分布于山东、江苏、浙江、江西、湖北、湖南、云南、四川、贵州、广西、广东和陕西等地；生于路边灌丛及山沟路旁。野生或栽培，野生者罕见。

迁地栽培形态特征

多年生草本，高可达130cm。

根 根茎横走，淡红褐色。

茎 直立，绿色或红紫色，分枝少或仅在茎顶有伞房状花序分枝。

叶 中部茎叶较大，三全裂或三深裂，具叶柄，中裂片较大，长椭圆形或长椭圆状披针形或倒披针形，顶端渐尖，侧生裂片与中裂片同形但较小；上部的茎叶常不分裂；中部以下茎叶渐小；基部叶花期枯萎。全部茎叶两面光滑，无毛无腺点，羽状脉，边缘有粗齿或不规则的细齿。

花 头状花序多数在茎顶及枝端排成复伞房花序。总苞钟状；总苞片2～3层，覆瓦状排列，外层短，卵状披针形，中内层苞片渐长，长椭圆形；全部苞片无毛无腺点。花白色或带微红色，外面无腺点。

果 瘦果；长椭圆形，5棱，无毛无腺点；冠毛白色。

分类鉴定形态特征

多年生草本，少分枝。叶通常三裂，裂片长椭圆形，长椭圆状披针形或倒披针形，羽状脉；叶两面无毛无腺点，平滑，或下面有极稀疏的短柔毛。头状花序，花托平，总苞钟状，总苞片2～3层，顶端钝或稍钝，覆瓦状排列。瘦果无毛，无腺点。

引种信息

北京药用植物园　　2009年从湖北武汉植物园引种苗，长势良好。

广西药用植物园　　1998年从南京中山植物园引苗（登录号98407），长势良好。

华中药用植物园　　1999年从湖北恩施引种苗（登录号10805686），长势良好。

重庆药用植物园　　2006年从重庆南川三泉镇引植株（引种号2006008），长势良好。

物候

北京药用植物园　　3月底开始萌动期，4月下旬展叶盛期，8月中旬开花始期，8月底盛花期，10月底末花期，11月初果实全熟期，10月中旬开始黄枯。

广西药用植物园　　2～3月萌动期，3月展叶期，7～11月开花期，未见有种子，11～1月黄枯期。

华中药用植物园　　3月下旬开始萌动，4月上旬展叶盛期，9月中旬始花，9月下旬盛花，10月下旬末花；11月上旬进入休眠。

重庆药用植物园　3月下旬萌芽，4月上旬展叶，8月上旬开花，9月下旬果实成熟。

迁地栽培要点

喜阳。北京地区越冬需覆盖。繁殖以根茎为主。病虫害少见。

药用部位和主要药用功能

入药部位　地上部分。

主要药用功能　辛，平。具芳香化湿、醒脾开胃、发表解暑的功效。用于湿浊中阻、脘痞呕恶、口中甜腻、口臭、多涎、暑湿表证、湿温初起、发热倦怠、胸闷不舒等症。

化学成分　含有挥发油、脂肪酸类、黄酮类、生物碱类等成分。

药理作用　①抗炎作用：挥发油能够治疗由巴豆油引起的小鼠耳廓肿胀。②祛痰作用：挥发油具有显著的祛痰作用。③抗肿瘤作用：黄酮类及倍半萜内酯成分具有一定的抗肿瘤活性。④抑菌作用：挥发油和黄酮类成分对细菌、霉菌、酵母菌均有一定的抑菌作用。⑤增强免疫力作用：佩兰可诱使转移因子选择性激发和增强机体细胞免疫反应，从而增强免疫力。

参考文献

吴文理, 王秋玲, 2019. 佩兰的应用及研究进展[J]. 海峡药学, 31(6): 28–30.
吕文纲, 王鹏程, 2015. 佩兰化学成分、药理作用及临床应用研究进展[J]. 中国中医药科技, 22(3): 349–350.
魏道智, 宁书菊, 林文雄, 2007. 佩兰的研究进展[J]. 时珍国医国药, 18(7): 1782–1783.
杨锦强, 杨念云, 吴啟南, 2017. 佩兰的化学成分[J]. 中国药业, 26(21): 4–6.

幼苗　花序　叶　果实

131 接骨草

Sambucus javanica Blume, Bijdr. Fl. Ned. Ind. 13: 657. 1825.

自然分布

分布于陕西、甘肃、江苏、安徽、浙江、江西、福建、台湾、河南、湖北、湖南、广东、广西、四川、贵州、云南、西藏等地；生于海拔300~2600m的山坡、林下、沟边和草丛。日本也有分布。

迁地栽培形态特征

高大草本或半灌木。

茎 有棱条，髓部白色。

叶 羽状复叶；小叶互生或对生，狭卵形，先端长渐尖，基部钝圆，两侧不等，边缘具细锯齿；顶生小叶卵形或倒卵形，基部楔形，有时与第一对小叶相连，基部一对小叶有时有短柄。

花 复伞形花序顶生，大而疏散，总花梗基部托以叶状总苞片，分枝3~5，被黄色疏柔毛；杯形不孕花不脱落。萼筒杯状，萼齿三角形；花冠白色，仅基部联合，花药黄色或紫色；子房3室，花柱极短或几无，柱头3裂。

果 红色或黑色，近圆形；核2~3粒，卵形，表面有小疣状突起。

分类鉴定形态特征

多年生高大草本。根非红色。嫩枝具棱条。小叶在叶轴上不具退化的托叶，侧生小叶中部以下和基部有1~2对腺齿。聚伞花序平散，伞形，具杯形不孕花。

引种信息

北京药用植物园 1999年从重庆引种苗，长势良好。

成都中医药大学药用植物园 2013年从四川峨眉山引种苗，长势良好。

海军军医大学药用植物园 引种信息不详，引种苗（登录号XX000265），长势良好。

华中药用植物园 1999年从湖北恩施引种子（登录号10804921），长势良好。

广西药用植物园 1997年从武汉植物园引种子（登录号97063），长势良好。

贵州药用植物园 引种信息不详，生长速度快，长势良好。

中国药科大学药用植物园 2013年从山东引种苗（引种号cpug2013012），长势良好。

物候

北京药用植物园 2月下旬开始萌芽，3月初展叶，6月中旬展叶盛期，7月初始花期，9月中旬末花期，8月上旬果始熟期，11月初开始黄枯。

成都中医药大学药用植物园 2~4月期展叶，5~6月花盛期，7~10结果期，11~1月枯萎期。

海军军医大学药用植物园 5月上旬展叶期，6月开花期，7月底至11月结果期。

华中药用植物园 3月中旬开始萌动展叶，3月下旬展叶盛期，7月上旬始花，7月中旬盛花，8月上旬末花，8月中旬果实成熟，9月下旬进入休眠。

广西药用植物园　11～12月萌动期，12月至翌年1月展叶期，6～9月开花期，8～10月结果期，10～11月黄枯期。

贵阳药用植物园　2月中旬进入萌动期，3月中旬展叶期，4月初展叶盛期，6～10月花期，8～10月果期，12月上旬开始黄枯。

中国药科大学药用植物园　3月上旬进入萌动期，3月上旬至下旬展叶期，4～5月开花期，8～9月结果期，10月中旬至12月上旬黄枯期。

迁地栽培要点

喜阳，北京地区越冬需覆盖。繁殖以播种和根状茎为主。

药用部位和主要药用功能

入药部位　根、茎和叶。

主要药用功能　甘，微苦，平。根：具祛风活络、散瘀消肿的功效；用于跌打损伤、扭伤肿痛、骨折疼痛、风湿关节痛等症。茎和叶：具利尿消肿、活血止痛的功效；内服用于肾炎、水肿、腰膝酸痛；外用于跌打肿痛的治疗。

化学成分　含黄酮、三萜、甾体、酚酸、挥发油和苯丙素类等成分。

药理作用　①镇痛作用：水提物及醇提物均具有明显的镇痛作用。②抗炎作用：水提物及醇提物均能抑制二甲苯致机体耳廓肿胀。③促进成骨细胞增殖作用：所含绿原酸具有调控成骨细胞增殖和分化的能力，可促进成骨细胞的增殖。④改善记忆作用：接骨木果油对机体莨菪碱所致记忆获得性障碍、氯霉素所致记忆巩固障碍及乙醇所致记忆障碍均有明显的改善作用，表明其能提高学习记忆力。⑤降血脂作用：接骨木果油可明显降低高脂血症模型小鼠的血清总胆固醇、低密度脂蛋白及动脉硬化指数。

参考文献

刘铮, 吴静生, 1995. 接骨木油的降血脂和抗衰老作用研究[J]. 沈阳药科大学学报, 12(2): 127–129.
沈刚哲, 胡荣, 2000. 接骨木油对小鼠学习记忆的影响[J]. 中国中医药科技, 7(2): 103.
王朝元, 易继凌, 宋超, 等, 2013. 绿原酸对体外培养成骨细胞活性的影响[J]. 中南民族大学学报(自然科学版), 32(2): 46–50.
王文静, 王军, 饶高雄, 2011. 接骨草的两种提取物对小鼠的抗炎镇痛作用[J]. 华西药学杂志, 26(3): 247–249.
姚元枝, 伍贤进, 黎晓英, 等, 2015. 接骨草的化学成分与药理活性研究进展[J]. 中成药, 37(12): 2726–2732.

叶

整株

花

果实

132
忍冬

Lonicera japonica Thunb., Murray Syst. Veg, ed. 14. 216. 1784.

果实

自然分布

分布于除黑龙江、内蒙古、宁夏、青海、新疆、海南和西藏外的各地；生于海拔1500m以下山坡灌丛、疏林及路旁。日本和朝鲜也有分布。

迁地栽培形态特征

半常绿藤本。

🟠茎 幼枝暗红褐色，密被黄褐色糙毛、腺毛和短柔毛。

🟠叶 纸质，卵形至矩圆状卵形，顶端尖或渐尖，基部圆或近心形，有糙缘毛，小枝上部叶两面密被短糙毛，下部叶平滑无毛；叶柄密被短柔毛。

🟠花 花双生于总花梗之顶；苞片叶状，卵形至椭圆形，长达3cm；小苞片长为萼筒的1/2~4/5。萼筒无毛，萼齿卵状三角形或长三角形，被毛；花冠白色，后变黄色，唇形，筒稍长于唇瓣，外被糙毛和长腺毛，上唇裂片顶端钝形，下唇带状反曲；雄蕊和花柱均高出花冠。

果 圆形，熟时蓝黑色。种子卵圆形或椭圆形，褐色，脊凸起，两侧具横沟纹。

分类鉴定形态特征

缠绕藤本，幼枝暗红褐色，植株被毛，但无刚毛和毡毛。叶状苞片卵形，长达3cm；总花梗明显，花双生于总花梗之顶；相邻两萼筒分离，萼筒无毛；花冠白色，后变黄白色，花冠筒无距，唇瓣长至少为花冠筒的2/5。果实黑色。

引种信息

北京药用植物园 20世纪60年代从陕西太白山引种苗，长势良好。

成都中医药大学药用植物园 2013年从四川峨眉山引种苗，长势良好。

海军军医大学药用植物园 引种信息不详，（登录号20050070），长势良好。

广西药用植物园 1998年从辽宁沈阳引种子（登录号98327），长势良好。

华东药用植物园 2012年从浙江丽水莲都引种苗，长势良好。

华中药用植物园 1999年从湖北恩施引种子（登录号10805557），长势良好。

云南西双版纳南药园 引种信息不详，长势良好。

中国药科大学药用植物园 2014年从山东引种苗（引种号cpug2014096），长势良好。

物候

北京药用植物园 3月初开始萌芽，3月上旬展叶，4月中旬展叶盛期，5月上旬始花期，9月初末花期，11月中旬果始熟期。

成都中医药大学药用植物园 3月中旬萌芽期，3月下旬进入展叶期，4月上旬展叶盛期，5月下旬开花始期，6月中旬花盛，9月初花末，10月中旬叶开始黄枯，10月中旬幼果初现，11月底果实成熟，12月上旬果实脱落期，11月上旬进入落叶期。

海军军医大学药用植物园 6月中旬进入展叶期，4月底至5月下旬开花期，10月中旬至翌年1月上旬结果期。

广西药用植物园 12月至翌年1月萌动期，1~2月展叶期，3~8月开花期，9~10月结果期，10~11月黄枯期。

华东药用植物园 2月底开始萌动，3月上旬展叶盛期，4月上旬始花，5月中旬末花，10月下旬果实成熟，11月上旬落叶。

华中药用植物园 3月上旬开始萌动展叶，3月下旬展叶盛期，6月上旬始花，6月中旬盛花，6月下旬末花，8月下旬果实成熟，10月下旬进入休眠。

中国药科大学药用植物园 2月中旬进入萌动期，2月下旬至3月上旬展叶期，4~6月开花期，10~11月结果期。

迁地栽培要点

喜阳。繁殖以扦插为主。病害主要有褐斑病；虫害主要有圆尾蚜、咖啡虎天牛等。

药用部位和主要药用功能

入药部位 茎和花。

主要药用功能 茎：甘，寒；具清热解毒、疏通经络的功效；用于温病发热、热毒血痢、痈肿疮疡、风湿热痹、关节红肿热痛等症。花蕾：甘，寒；具清热解毒、疏散风热的功效；用于痈肿疔疮、喉痹、丹毒、风热感冒、温病发热等症。

化学成分 含挥发油、三萜皂苷、黄酮、有机酸、无机元素等类成分。

药理作用 ①抗血小板凝聚作用：所含有机酸类物质对ADP诱导的血小板激活有抑制作用，对血小板聚集起到良好的抑制效果。②增强免疫作用：煎液可促进小鼠腹腔巨噬细胞的吞噬功能和炎性细胞的吞噬功能，提高T细胞转化率、脾细胞溶血空斑数目。③抗炎作用：提取物对角叉菜胶性足肿胀具有抑制作用，可抑制大鼠巴豆油性气囊肿。④抑菌作用：提取物中的黄酮类、绿原酸类成分对巴氏杆菌、猪链球菌有明显的抑菌效果。⑤抗氧化作用：提取物能提高机体血清总抗氧化能力（T-AOC），谷胱甘肽过氧化物酶（GSH-Px）和超氧化物歧化酶（SOD）活性。

参考文献

崔晓燕, 2011. 金银花提取物的抗炎免疫作用研究[J]. 中国药业, 23(20): 8-9.

戴江瑞, 2017. 中药金银花的药用成分及临床药理分析[J]. 临床医药文献杂志, 58(4): 11352-11353.

符运斌, 黄涛, 瞿明仁, 等, 2016. 金银花提取物对热应激肉牛血清激素及抗氧化指标的影响[J]. 动物营养学报, 28(3): 926-931.

孟晓丹, 2016. 分析中药金银花的药用成分与药理作用[J]. 中国现代药物应用, 10(13): 276-277.

阮武营, 张俊婷, 黄宗梅, 等, 2016. 金银花提取物的体外抑菌试验[J]. 河南畜牧兽医, 37(7): 12-13.

133 蜘蛛香

Valeriana jatamansi Jones, As. Res. 2: 405, 416. 1790.

自然分布

分布于河南、陕西、湖南、湖北、四川、贵州、云南和西藏等地；生于海拔2500m以下山顶草地、林中或溪边。印度也有分布。

迁地栽培形态特征

多年生草本，株高20～70cm。

茎 根茎粗厚，块柱状，节密，有浓烈香味；茎单一或数株丛生。

叶 基生叶心状圆形至卵状心形，边缘具疏浅波齿，被短毛；茎生叶每茎2对，有时3对，下部叶片心状圆形，近无柄，上部叶片常羽裂，无柄。

花 顶生聚伞花序，苞片和小苞片长钻形，最上部的小苞片常与果实等长；花白色或微红色，杂性；雌花小，雌蕊伸出花冠之外，柱头深3裂；两性花较大，雌、雄蕊与花冠等长。

果 瘦果长卵形；两面被毛。

分类鉴定形态特征

根茎块柱状。顶生聚伞花序，花白色或微红色。

引种信息

北京药用植物园 2014年从四川引入种苗，生长速度慢，长势一般。

贵阳药用植物园 2008年从贵州乌当下坝地区引种苗，长势良好。

华中药用植物园 1999年从湖北恩施引种苗（登录号10805718），长势良好。

物候

北京药用植物园 2月中旬进入萌动期，3月中旬开始展叶，4月初展叶盛期，4月初始花，4月中旬盛花，4月底末花，5月中旬果熟，9月上旬开始黄枯。

贵阳药用植物园 1月开始陆续开花，2月为开花盛期，3月下旬进入结果期，常绿植物，叶片陆续更替。

华中药用植物园 2月中旬开始萌动，3月上旬开始展叶，3月下旬展叶盛期；4月上旬始花，4月下旬盛花，5月中旬末花；5月中旬果实成熟；10月下旬黄枯并进入休眠。

迁地栽培要点

喜阴，北京地区越冬需覆盖。繁殖以分株为主。除蚜虫外病虫害少见。

药用部位和主要药用功能

入药部位　根状茎，根，全草。

主要药用功能　辛，微苦，温。具消食健胃、理气止痛、祛风解毒的功效。用于胃痛腹胀、消化不良、小儿疳积、泄泻、风湿关节痛、腰膝酸软等症。

化学成分　主要含有生物碱类、黄酮类、倍半萜以及环烯醚萜类化学成分。

药理作用　①中枢抑制作用：具抗惊厥，抗焦虑，抗抑郁，镇静，催眠和镇痛作用。②降压，抗心律失常作用：蜘蛛香提取物对犬，猫，兔，小白鼠有降压作用，能缩短强心苷对离体蛙心的收缩期，抑制由氯仿引起的心率失常。③细胞毒和抗肿瘤作用：蜘蛛香中的缬草素、二氢缬草素及缬草醚醛可抑制肿瘤细胞中DNA和蛋白质的合成，对肿瘤有良好的治疗效果。

参考文献

陈畅，李韶菁，唐仕欢，等，2012. 蜘蛛香药理研究进展[J]. 中国中药杂志, 37(14): 2174–2177.

李元旦，李蓉涛，李海舟，2011. 蜘蛛香的化学成分研究[J]. 云南中医中药杂志, 32(6): 80–81+4.

毛成栋，宋会珠，杨波，等，2015. 蜘蛛香化学成分研究[J]. 中药材, 38(8): 1665–1667.

裴秋燕，李璇，朱军旋，2010. 蜘蛛香的药理作用及其机理研究进展[J]. 中华中医药学刊, 28(9): 1864–1865.

王茹静，陈银，黄青，等，2017. 蜘蛛香化学成分及其神经保护活性[J]. 中成药, 39(4): 756–760.

134 缬草

Valeriana officinalis L., Sp Pl. 1: 31. 1753.

自然分布

分布于我国东北至西南的广大地区；生于海拔2500m以下山坡草地、林下、沟边。欧洲和亚洲西部也有分布。

迁地栽培形态特征

多年生草本，高可达80~150cm。

茎 根状茎粗短呈头状，须根簇生；茎中空，有纵棱，被粗毛。

叶 基部叶在花期凋萎。茎生叶卵形至宽卵形，羽状深裂，裂片7~11；裂片披针形或条形，顶端渐窄，基部下延，全缘或有疏锯齿，两面及柄轴多少被毛。

花 花序顶生，伞房状三出聚伞圆锥花序；小苞片中央纸质，两侧膜质，先端具芒状突尖。花冠淡紫红色或白色，花冠裂片椭圆形，雌、雄蕊约与花冠等长。

果 瘦果长卵形，基部近平截，光秃或两面被毛。

分类鉴定形态特征

高大草本，常高达80cm以上；根茎粗短呈头状，带状须根簇生；茎被粗毛，但不具腺毛；叶羽状分裂，裂片形状、大小变异极大。花序花后向四周疏展。

引种信息

北京药用植物园 2014年从河北秦皇岛青龙县都山引入种苗，长势良好。

华中药用植物园 1999年从湖北恩施引种苗（登录号10805677），长势良好。

物候

北京药用植物园 3月底进入萌动期，4月初开始展叶，4月底展叶盛期，5月初始花，5月中旬盛花，5月底末花，9月初果熟，10月上旬全部黄枯。

华中药用植物园 3月上旬萌动，3月中旬开始展叶，3月下旬展叶盛期，5月上旬始花，5月中旬盛花，6月上旬末花，6月下旬果实成熟，8月下旬进入休眠。

迁地栽培要点

喜凉爽、湿润的环境，土壤需疏松肥沃、排水良好。繁殖以播种和分株为主。

药用部位和主要药用功能

入药部位 根和根茎。

主要药用功能 辛、甘，温。具安神、理气、止痛的功效。用于神经衰弱、失眠、癔症、癫痫、胃腹胀痛、腰腿痛、跌打损伤等症。

化学成分　含挥发油、环烯醚萜、有机酸、生物碱、黄酮、可溶性多糖、树脂、皂苷等成分。

药理作用　①镇静催眠作用：缬草水提取物可抑制小鼠的自主活动，延长小鼠睡眠时间，具有较显著的镇静和催眠作用。②抗焦虑及抑郁作用：可促进神经干细胞的增殖，减少Caspase-3阳性神经元的产生，使抑郁大鼠恢复正常；缬草烯酸和缬草烯醇能加强γ-氨基丁酸（GABA）受体的反应，起到抗焦虑作用。③抗惊厥及癫痫作用：可抑制GABA受体反应或抑制腺苷A1的受体反应从而达到抗惊厥作用。④抗肿瘤作用：缬草环烯醚萜类成分具有明显的细胞毒和抗肿瘤活性。⑤抗菌及抗病毒作用：提取物中的总生物碱具有较好的抗菌作用，对于革兰氏阳性细菌的效果更好；缬草素类物质具有抗轮状病毒的作用。

参考文献

李文杰, 李美阳, 2019. 药用植物缬草的研究进展[J]. 北方园艺, 43(12): 139-145.
吴迪, 张楠淇, 李平亚, 2014. 缬草化学成分及生物活性研究进展[J]. 中国中医药信息杂志, 21(9): 129-133.
张丹, 周立新, 林能明, 2014. 缬草的药理作用研究进展[J]. 中国临床药学杂志, 23(6): 397-402.
左月明, 张忠立, 曾金祥, 等, 2012. 缬草的化学成分研究[J]. 中草药, 43(7): 1293-1295.

135 北柴胡

Bupleurum chinense DC., Prodr. 4: 128. 1930.

叶

自然分布

分布于我国东北、华北、西北、华东和华中等地；生于向阳山坡、路边、岸旁或草丛中。

迁地栽培形态特征

多年生草本。

根 主根粗壮，棕褐色，质坚硬。

茎 表面有细纵槽纹，上部多回分枝，微作"之"字形曲折。

叶 基生叶倒披针形或狭椭圆形，顶端渐尖，基部收缩成柄，早枯落；茎中部叶倒披针形或广线状披针形，较基生叶大，顶端渐尖或急尖，有短芒尖头，基部收缩成叶鞘抱茎，脉7~9，叶表面鲜绿色，背面淡绿色，常有白霜；茎顶部叶同形，但更小。

花 复伞形花序多数，呈疏散圆锥状；总苞片2~3，或无，甚小，狭披针形；伞辐3~8，不等长；小总苞片5，披针形，顶端尖锐，3脉；小伞直径4~6mm，花5~10。花瓣鲜黄色，上部向内折，中肋隆起，小舌片矩圆形，顶端2浅裂；花柱基深黄色，宽于子房。

果 椭圆形，两侧略扁，棱狭翼状，每棱槽油管3，很少4，合生面4条。

分类鉴定形态特征

高通常在20cm以上，单生或丛生。根通常有分枝，表面棕褐色。茎上部分枝多呈"之"字形。叶长短不一，倒披针形或长圆状椭圆形，无白色软骨质边缘；茎中部叶倒披针形或广线状披针形，基部收缩成叶鞘抱茎，无红棕色斑点。小伞形花序多而小，小总苞片5，披针形，顶端尖锐，3脉，绿色，边缘不透明，超过花柄或与花柄等长；果实每棱槽油管3，很少4，合生面4条。

引种信息

北京药用植物园 1996年从北京引种子，长势良好。

内蒙古医科大学药用植物园 2014年引入种子，引种信息不详，生长速度慢，长势差。

物候

北京药用植物园 3月初开始萌芽、展叶，5月底展叶盛期，6月初始花期，7月上旬末花期，8月上旬果始熟期，开始黄枯。

内蒙古医科大学药用植物园 6月底至8月中旬开花期，8月下旬至9月中旬结果期，9月底至10月中旬黄枯期。

迁地栽培要点

喜温暖、喜光，耐寒，忌高温。繁殖以播种为主。病害未见；虫害主要有蚜虫。

药用部位和主要药用功能

入药部位 根。

主要药用功能 苦，辛，微寒。具疏散退热、疏肝解郁、升举阳气的功效。用于感冒发热、寒热往来、胸胁胀痛、月经不调、子宫脱垂、脱肛等症。

化学成分 含挥发油、皂苷、黄酮、多糖、香豆素、豆甾醇、槲桐甾醇、岩芹酸、木脂素等成分。

药理作用 ①解热、抗炎作用：柴胡的挥发油、皂苷、皂苷元都有解热作用；柴胡皂苷对多种原因引起的鼠足部肿胀有明显的抑制作用。②对神经系统的作用：柴胡皂苷对癫痫大鼠脑电图及痫性发作有明显改善作用；柴胡注射液在一定时间内具有提高小鼠学习记忆能力的功效，该作用可能与伴随的脑组织抗氧化能力提高和NO含量改变有关。③对消化系统的作用：柴胡对四氯化碳所致大鼠的肝损伤有保护作用；对大鼠水浸应激性胃溃疡有预防作用；柴胡皂苷d对大鼠实验性肝癌形成具有一定的防治作用。④抗肿瘤作用：柴胡皂苷对肿瘤细胞的生长、凋亡和分化，肿瘤血管生长，肿瘤转移等都有抑制作用，还可以调控肿瘤细胞自噬机制发挥抗肿瘤的作用。⑤其他作用：柴胡多糖有一定的抗辐射作用。柴胡粗皂苷对全血胆碱酯酶活性有显著抑制。

参考文献

刘丹, 王佳贺, 2018. 柴胡皂苷抗肿瘤作用机制的研究进展[J]. 现代药物与临床, 33(1): 203–208.
刘振国, 陈红, 程延安, 等, 2007. 柴胡皂苷d对大鼠实验性肝癌形成的预防作用[J]. 西安交通大学学报(医学版), 28(6): 645
肖培根, 2007. 新编中药志. 第五卷[M]. 北京: 化学工业出版社.
辛国, 赵昕彤, 黄晓巍, 2018. 柴胡化学成分及药理作用研究进展[J]. 吉林中医药, 38(10): 1196–1198.
张如意, 贾琦, 乔梁, 1998. 狭叶柴胡中皂苷成分的研究[J]. 北京医科大学学报, 21(2): 143–145

花序　花　果实

136
辽藁本

Ligusticum jeholense (Nakai et Kitag.) Nakai et Kitag., Rep. Exped. Manchoukuo 4: 36. 1936.

自然分布

分布于吉林、辽宁、河北、山西、山东等地；生于海拔1250~2500m的林下、草甸及沟边等阴湿处。

迁地栽培形态特征

多年生草本。

根 根圆锥形，分叉，表面深褐色。根茎较短。

茎 直立，圆柱形，中空，具纵条纹，上部分枝。

叶 具柄，基生叶柄长可达19cm，向上渐短；叶片轮廓宽卵形，二至三回三出式羽状全裂，羽片4~5对，轮廓卵形；小羽片3~4对，卵形，基部心形至楔形，边缘常3~5浅裂；裂片具齿，齿端有小尖头。

花 复伞形花序顶生或侧生；总苞片2，线形，早落；伞辐8~10；小总苞片8~10，钻形，被糙毛；小伞形花序具花15~20。萼齿不明显；花瓣白色，长圆状倒卵形，具内折小舌片；花柱基隆起，半球形，花柱长，果期向下反曲。

果 分生果背腹扁压，椭圆形，背棱突起，侧棱具狭翅；每棱槽内油管1（~2），合生面油管2~4；胚乳腹面平直。

分类鉴定形态特征

茎直立，不呈"之"字形弯曲。叶片无紫晕；基生叶及茎下部叶为二至三回三出式羽状复叶；末回裂片较宽，卵形；小羽片先端钝或略尖，不呈尾状。总苞片边缘膜质；伞辐8~10，近于等长；小总苞片全缘，钻形。

引种信息

北京药用植物园 20世纪70年代从辽宁引种苗，长势良好。

辽宁省经济作物研究所药用植物园 2015年从辽宁清原引种苗，长势良好。

物候

北京药用植物园 3月中旬开始萌芽、展叶，6月初展叶盛期，8月中旬至9月中旬开花期，10月上旬果始熟期，9月上旬开始黄枯。

辽宁省经济作物研究所药用植物园 4月上旬至中旬萌动期，4月中旬至6月中旬展叶期，8月中旬开花始期，8月下旬开花盛期，9月中旬开花末期，9月上旬至下旬果实发育期，9月上旬至月末黄枯期。

迁地栽培要点

喜凉爽气候，耐寒。繁殖以根茎为主。病虫害少见。

药用部位和主要药用功能

入药部位 根状茎和根。

主要药用功能 辛，温。具祛风、除湿、散寒、止痛的功效。内服用于风寒感冒、巅顶疼痛、风湿痹痛等症；外用于疥癣、神经性皮炎等症。

化学成分 含萜类、香豆素类、苯酞类、烯丙基苯等成分。

药理作用 ①抗炎作用：所含丁基苯酞可抑制炎症区域花生四烯酸释放，中性粒细胞浸润，具有抗炎作用。②解热镇痛作用：所含藁本内酯具有解热镇痛活性。③中枢抑制作用：乙醇提取物可缩短小鼠进入睡眠状态的时间。④对心脑血管的作用：丁基苯酞具有抗血栓形成活性，丁基苯酞、丁烯基苯酞具有扩张血管、改善脑部微循环、抗心肌缺血缺氧活性。⑤胃肠道作用：乙醇提取物可对抗小鼠实验性胃溃疡的形成。

参考文献

卢星原，孙启时，查美娜，等，2010. 辽藁本化学成分的分离与鉴定[J]. 沈阳药科大学学报, 27(6): 434–439.
唐忠，2011. 藁本化学成分及药理研究[J]. 中国医药指南, 9(30): 34–35.
张博，2009. 辽藁本化学成分的研究[D]. 长春：长春中医药大学.
张博，孙佳明，常仁龙，等，2009. 辽藁本化学成分研究[J]. 中药材, 32(5): 710–712.

整株　叶　花序　果实

137 前胡

Peucedanum praeruptorum Dunn, Journ. Linn. Soc. Bot. 35. 497. 1903.

自然分布

分布于甘肃、河南、贵州、广西、四川、湖北、湖南、江西、安徽、江苏、浙江、福建等地；生于海拔250~2000m的山坡林缘、路旁或半阴性的山坡草丛。

迁地栽培形态特征

多年生草本。

根 根茎粗壮，灰褐色，存留多数越年枯鞘纤维；根圆锥形，末端细瘦，常分叉。

茎 圆柱形，下部无毛，上部分枝多有短毛，髓部充实。

叶 基生叶具长柄，叶柄长5~15cm，基部有卵状披针形叶鞘；叶片轮廓宽卵形或三角状卵形，二至三回三出分裂，第一回羽片具柄，末回裂片菱状倒卵形，无柄或具短柄，边缘具不整齐的3~4粗或圆锯齿，长1.5~6cm，宽1.2~4cm；茎上部叶无柄，叶鞘稍宽，边缘膜质，叶片三出分裂，裂片狭窄，基部楔形，中间1枚基部下延。

花 复伞形花序多数，顶生或侧生；总苞片无或1至数片，线形；伞辐6~15；小总苞片8~12，卵状披针形，宽度和大小常有差异；小伞形花序有花15~20。萼齿不显著；花瓣卵形，小舌片内曲，白色；花柱短，弯曲，花柱基圆锥形。

果 卵圆形，背部扁压，长3~4mm，宽2~3mm，背棱线形稍突起，侧棱呈翅状；棱槽内油管3~5，合生面油管6~10；胚乳腹面平直。

分类鉴定形态特征

茎髓部充实。基生叶具长柄，叶柄长5~15cm；叶片轮廓宽卵形或三角状卵形，二至三回三出分裂，末回裂片菱状倒卵形，边缘具不整齐的3~4粗或圆锯齿，顶端不呈刺尖状，长1.5~6cm，宽1.2~4cm。总苞片无或1至数片，线形；小总苞片8~12，卵状披针形，先端不呈尾尖状或3裂，比花柄稍长，与果柄近等长。果实较小，长3~4mm，宽2~3mm，棱槽内油管3~5，合生面油管6~10，油管较小。

引种信息

北京药用植物园 20世纪70年代从贵州引种苗，长势良好。

贵阳药用植物园 2014年从贵州龙里大谷引种苗，长势良好。

中国药科大学药用植物园 2015年从福建引根（引种号cpug2015013），长势良好。

物候

北京药用植物园 3月初开始萌芽、展叶，5月初展叶盛期，5月中旬始花期，6月中旬末花期，7月上旬果始熟期，7月初开始黄枯。

贵阳药用植物园 2月下旬萌动期，5月展叶期，6月底始花期，7~8月盛花期，8月中下旬结果始

期，9月下旬进入黄枯期

中国药科大学药用植物园 2月下旬至3月中旬萌动期，3月中旬展叶期，8～9月开花期，10～11月结果期，10月中旬至下旬黄枯期。

迁地栽培要点

喜温暖、湿润、凉爽环境，耐寒、耐旱、怕涝，北京地区可以正常越冬。繁殖以播种为主。病害主要有根腐病，虫害主要有前胡蚜、胡萝卜微管蚜等。

药用部位和主要药用功能

入药部位 根。

主要药用功能 苦，辛，微寒。具降气化痰、散风清热的功效。用于痰热喘满、咯痰黄稠、风热咳嗽、痰多等症。

化学成分 含呋喃香豆素、吡喃香豆素、甾醇、有机酸等成分。

药理作用 ①祛痰平喘作用：所含白花前胡丙素能增加支气管分泌液，具有祛痰作用。②抗心脑缺血作用：所含香豆素类化合物具有舒张肺动脉的作用；白花前胡丙素能降低脑、肾血压，减轻高血压刺激导致的血管痉挛、血流量下降、细胞有氧代谢障碍；提取物可降低大脑动脉梗塞大鼠血清中炎性细胞因子水平，阻止缺血性损伤向炎症性损伤转变，降低脑梗死范围。③抗心衰作用：提取液能够抑制肥大心肌细胞凋亡，改善腹主动脉缩窄所致心衰；所含香豆素可增加冠脉流量和心输出量，改善心脏舒张功能。④抗癌作用：含有多种抗癌成分，白花前胡丙素可诱导肿瘤细胞凋亡，逆转肿瘤细胞的多药耐药性；β–榄香烯和没食子酸具有抗肿瘤功效。

参考文献

姜明燕, 常天辉, 徐亚杰, 2004. 中药白花前胡对麻醉猫急性心肌梗死的保护作用[J]. 中国医科大学学报, 33(1): 22–23.
李肖玲, 崔岚, 祝德秋, 2004. 没食子酸生物学作用的研究进展[J]. 中国药师, 7(10): 767–769.
刘元, 李星宇, 宋志钊, 等, 2009. 白花前胡丙素和紫花前胡苷祛痰作用研究[J]. 时珍国医国药, 20(5): 1049–1049.
涂欣, 王晋明, 周晓莉, 等, 2004. 白花前胡提取物对大脑中动脉梗塞大鼠IL–6及IL–8的影响[J]. 中国药师, 7(3): 163–165.
汪康, 聂竹霞, 孙云鹏, 等, 2018. 白花前胡化学成分研究[J]. 安徽中医药大学学报, 37(5): 85–87.

叶

茎

花序

果实

138 防风

Saposhnikovia divaricata (Turcz.) Schischk., Komarov, Fl. URSS. 17: 54. 1951.

自然分布

分布于黑龙江、吉林、辽宁、内蒙古、河北、宁夏、甘肃、陕西、山西、山东等地；生于草原、丘陵和多砾石山坡。

迁地栽培形态特征

多年生草本。

根 粗壮，细长圆柱形，有分歧，淡黄棕色，颈处有纤维状叶残基及明显的环纹。

茎 单生，多分枝，有细棱。

叶 基生叶丛生，叶柄扁长，基部有宽鞘，叶片卵形或长圆形，二回或近于三回羽状分裂，末回裂片狭楔形；茎生叶与基生叶相似，但较小，顶生叶简化，有宽叶鞘。

花 复伞形花序多数，顶生或腋生；伞辐5~7；小伞形花序有花4~10；无总苞片；小总苞片4~6，线形或披针形。萼齿短三角形；花瓣倒卵形，白色，先端微凹，具内折小舌片。

果 双悬果；狭圆形或椭圆形，幼时有疣状突起；每棱槽内通常有油管1，合生面油管2。

分类鉴定形态特征

多年生草本。基生叶丛生，二回或近于三回羽状分裂，末回裂片狭楔形；茎生叶与基生叶相似，但较小。复伞形花序。双悬果狭椭圆形或椭圆形，分果有明显隆起的尖背棱，侧棱成狭翅状，在主棱下及在棱槽内各有油管1，合生面有油管2，内果皮为薄壁细胞组织。

引种信息

北京药用植物园 1997年从河北引种子，长势良好。

黑龙江中医药大学药用植物园 2006年从内蒙古牙克石购买种子，长势良好。

辽宁省经济作物研究所药用植物园 2015年从辽宁清原引种苗，长势良好。

内蒙古医科大学药用植物园 2013年引入种子，生长速度中等，长势良好。

物候

北京药用植物园 3月中旬开始萌芽、展叶，6月上旬展叶盛期，6月中旬始花期，7月上旬末花期，8月底果始熟期，8月初开始黄枯。

黑龙江中医药大学药用植物园 4月下旬萌动，5月上旬展叶期，7月下旬始花，8月上旬盛花，8月中旬末花，9月上旬果熟，10月中旬进入休眠期。

辽宁省经济作物研究所药用植物园 3月下旬至月末萌动期，4月下旬至5月上旬展叶期，7月上旬开花始期，7月中旬开花盛期，8月初开花末期，8月初至9月上旬果实发育期，8月中旬至9月中旬黄枯期。

内蒙古医科大学药用植物园 4月上旬至中旬萌动期,4月中旬至5月上旬展叶期,7月中旬至8月中旬开花期,8月下旬至10月上旬结果期,8月底至10月中旬黄枯期。

迁地栽培要点

喜光照充足,凉爽气候,耐寒、耐干旱,忌过湿和雨涝。繁殖以播种为主。病害主要有白粉病、斑枯病、立枯病、根腐病等;虫害主要有蚜虫、黄凤蝶、黄翅茴香螟等。

药用部位和主要药用功能

入药部位 根。

主要药用功能 辛,甘,微温。具祛风解表、胜湿止痛的功效。用于感冒头疼、风湿痹痛、风疹瘙痒、破伤风等症。

化学成分 含色原酮、香豆素、酸性多糖、挥发油等成分。

药理作用 ①解热、镇痛作用:对热板法镇痛试验小鼠、2,4-二硝基苯酚致热大鼠和腹腔注射乙酸大鼠有解热及镇痛作用。②抗炎作用:所含升麻素苷具有抗炎作用,醇提物能够降低蛋白酶激活受体-2(PAR-2)及相关细胞因子的表达。③抗肿瘤作用:集落形成法和MTT法检测发现,防风多糖USPS对肿瘤细胞的生长有抑制作用。④对免疫系统的作用:可增加体外培养巨噬细胞释放白介素-1(IL-1)和白介素-8(IL-8)。

参考文献

陈娜, 2014. 升麻素苷抗炎及抗小鼠肺损伤作用的研究[D]. 长春: 吉林大学.
孟祥才, 孙晖, 孙小兰, 等, 2009. 防风根和根茎药理作用比较[J]. 时珍国医国药, 30(7): 67-69.
吴贤波, 金沈锐, 李世明, 等, 2016. 防风醇提物对肥大细胞PAR-2及相关细胞因子的影响[J]. 中国实验方剂学杂志, 22(5): 131-134.
张小平, 2014. 三种中草药多糖化学修饰前后对K562细胞的生长抑制作用研究[D]. 西安: 陕西师范大学.
周岩, 2017. 玉屏风散防治肿瘤作用研究[J]. 世界临床药物, 38(1): 60-63.

叶

花

果实

139 杭白芷

Angelica dahurica Benth. et Hook. f. ex Franch. et Sav. 'Hangbaizhi', Hata et Yen in Journ. Jap. Bot. 35 (7): 211. 1960.

自然分布

属栽培类型，主要分布于四川、浙江、湖南、湖北、江西、江苏、安徽等地。

迁地栽培形态特征

2~3年生高大草本，开花结果后植株死亡。

根 长圆锥形，表面灰棕色，有多数皮孔样横向突起，排列成数纵行，质硬，断面白色，粉性大。

茎 通常黄绿色，中空，有纵长沟纹。

叶 基生叶二至三回三出羽状分裂，有长柄，叶柄下部有管状、膜质边缘抱茎的叶鞘；茎上部叶二至三回羽裂，叶片轮廓为卵形至三角形，叶柄下部为囊状膨大的膜质叶鞘，黄绿色；末回裂片长圆形，卵形或线状披针形，多无柄，急尖，边缘有不规则白色软骨质粗锯齿，具短尖头；花序下方的叶简化成膨大的囊状叶鞘，无叶片。

花 复伞形花序顶生或侧生，花序梗、伞辐和花柄均有短糙毛；伞辐18~40；总苞片常为1~2个膨大的叶鞘；小总苞片5~10，线状披针形，膜质。花白色或黄绿色，无萼齿；花瓣倒卵形；子房无毛或有短毛；花柱比短圆锥状的花柱基长2倍。

果 长圆形至卵圆形，无毛，背棱扁、厚而钝圆，近海绵质，远较棱槽宽，侧棱翅状，较果体狭；棱槽中有油管1，合生面油管2。

分类鉴定形态特征

高大草本，茎高可达2m余。根长圆锥形，表面灰棕色，有多数皮孔样横向突起排列成纵行，断面白色，粉性。茎黄绿色，基部粗3~5cm。基生叶二至三回三出式羽状分裂，茎上部叶鞘囊状，黄绿色。花序有总苞片；小总苞片线状披针形；花白色或黄绿色，无萼齿；花瓣无毛。分生果棱槽中油管1，合生面油管2；侧棱非木栓质。

引种信息

北京药用植物园 1997年从重庆引种子，长势良好。

中国药科大学药用植物园 2010年从安徽丫山引种子（引种号cpug2010006），长势良好。

物候

北京药用植物园 3月初开始萌芽、展叶，5月底展叶盛期，6月开花期，7月中旬果始熟期，7月初开始黄枯，9月第二次生长。

中国药科大学药用植物园 5~7月开花期，7~8月结果期，7月下旬至10月下旬黄枯期。

迁地栽培要点

喜阳、耐寒，北京地区可以正常越冬。繁殖以播种为主。病害主要有紫纹羽病、斑枯病、根结线虫病等。虫害主要有黄凤蝶和蚜虫。

药用部位和主要药用功能

入药部位 根。

主要药用功能 辛，温。具解表散寒、祛风止痛、宣通鼻窍、燥湿止带、消肿排脓的功效。用于感冒头痛、眉棱骨痛、鼻塞流涕、鼻衄、鼻渊、牙痛、带下、疮疡肿痛等症。

化学成分 含挥发油、香豆素、黄酮、生物碱、多糖、氨基酸等类成分。

药理作用 ①抗菌作用：对大肠埃希菌、痢疾杆菌、伤寒杆菌、铜绿假单胞菌、革兰阳性菌以及人型结核杆菌等细菌有抑制作用。②抗肿瘤作用：所含欧前胡素、异欧前胡素对MDA-MB-231乳腺癌细胞增殖有抑制作用。③抑制药物代谢：白芷中的佛手内酯、氧化前胡内酯等成分对直链型呋喃香豆素类药物的代谢会产生抑制，影响药物代谢和用药效果。④皮肤美白作用：挥发油可抑制酪氨酸酶的活性，具有一定的美白活性。⑤对中枢神经系统的作用：总挥发油能显著升高5-羟色胺含量，降低去甲肾上腺素含量，从而产生镇痛作用。

参考文献

李蜀眉, 王丽荣, 刘玉玲, 等, 2018. 白芷黄酮类化合物的提取及抗氧化性研究[J]. 食品科技, 43(7): 221–224.

倪红霞, 王春梅, 2018. 白芷总香豆素联合白芷挥发油对大鼠偏头痛的预防作用及其机制[J]. 吉林大学学报(医学版), 44(3): 487–492.

王蕊, 刘军, 杨大宇, 等, 2020. 白芷化学成分与药理作用研究进展[J]. 中医药信息, 37(2): 123–128.

LEE H J, LEE H, KIM M H, et al, 2017. *Angelica dahurica* ameliorates the inflammation of gingival tissue via regulation of pro-inflammatory mediators in experimental model for periodontitis[J]. Journal of Ethnopharmacology, 39(205): 16–21.

PARK EUN-YOUNG, KIM EUNG-HWI, KIM CHUL-YOUNG, et al, 2016. *Angelica dahurica* Extracts Improve Glucose Tolerance through the Activation of GPR119. [J]. PloS one, 11(7): 110.

ZHENG Y M, LU A X, SHEN J Z, et al, 2016. Imperatorin exhibits anticancer activities in human colon cancer cells via the caspase cascade[J]. Oncology Reports, 35(4): 1995–2002.

140 紫花前胡

Angelica decursiva (Miq.) Franch. et Sav., Enum. Pl. Jap. 1: 187. 1875.

叶　整株

自然分布

分布于辽宁、河北、陕西、河南、四川、湖北、安徽、江苏、浙江、江西、广西、广东、台湾等地；生于山坡、林缘、溪边或灌丛。日本、朝鲜和俄罗斯远东地区也有分布。

迁地栽培形态特征

多年生草本。

根　圆锥状，外表棕黄色至棕褐色，有强烈气味。

茎　直立，单一，中空，光滑，常为紫色或绿色。

叶　基生叶和茎生叶有长柄，基部膨大成圆形抱茎叶鞘；叶片三角形至卵圆形，坚纸质，一回三全裂或一至二回羽状分裂；末回裂片卵形或长圆状披针形，顶端锐尖，边缘有白色软骨质锯齿，齿端有尖头；茎上部叶简化成囊状膨大的叶鞘。

花　复伞形花序顶生和侧生；伞辐10~22；总苞片1~3，卵圆形，阔鞘状，宿存，反折，紫色或绿色；小总苞片3~8，线形至披针形，绿色或紫色。花深紫色或白色，萼齿明显，花瓣倒卵形或椭圆状披针形，顶端通常不内折成凹头状，花药暗紫色或白色。

果 长圆形至卵状圆形，背棱线形隆起，尖锐，侧棱有较厚的狭翅，与果体近等宽，棱槽内有油管1~3，合生面油管4~6，胚乳腹面稍凹入。

分类鉴定形态特征

茎单一，直立，紫色或绿色。基生叶一回三全裂或一至二回羽状分裂，茎上部叶简化成囊状膨大的叶鞘。花序具总苞片；花深紫色或白色，无毛；萼齿明显。分生果侧棱有较厚的狭翅，非木栓质；棱槽中有油管1~3，合生面油管4~6。

引种信息

北京药用植物园 2002年从江苏南京引种子，长势良好。

海军军医大学药用植物园 2015年从浙江天目山引种（登录号20150010），长势良好。

华东药用植物园 2016年从浙江丽水莲都引种苗，长势良好。

华中药用植物园 1999年从湖北恩施引种苗（登录号10805685），长势良好。

中国药科大学药用植物园 2014年从安徽丫山引根（引种号cpug2014085），长势良好。

物候

北京药用植物园 3月中旬开始萌芽、展叶，5月底展叶盛期，8月中旬至9月初花期，10月中旬果始熟期，9月中旬开始黄枯。

海军军医大学药用植物园 5月底进入展叶期，8月中旬至9月初花期，9月底至10月中旬结果期，11月中旬开始变色，12月上旬至翌年1月上旬落叶期。

华东药用植物园 2月底开始萌动，3月上旬展叶盛期，9月上旬始花，10月上旬末花，10月下旬果实成熟，12月中旬枯萎。

华中药用植物园 3月中旬开始萌动展叶，3月下旬展叶盛期，10月中旬黄枯并进入休眠。

中国药科大学药用植物园 8~9月开花期，9~11月结果期。

迁地栽培要点

喜温暖，喜阴，耐寒、耐旱，怕涝，北京地区可正常越冬。繁殖以播种为主。病害主要有白粉病；虫害主要有蚜虫。

药用部位和主要药用功能

入药部位 根。

主要药用功能 苦，辛，微寒。具散风清热、降气化痰的功效。用于风热咳嗽痰多、痰热喘满、咯痰黄稠等症。

化学成分 含呋喃香豆素、紫花前胡素、欧前胡素、石防风素、东莨菪内酯、挥发油等成分。

药理作用 ①心肌保护作用：提取液能调节心肌细胞凋亡相关基因的表达，对心衰起到治疗作用。②保肝作用：紫花前胡素对四氯化碳导致的小鼠急性肝损伤具有一定的保护作用。③抗癌作用：紫花前胡素能降低氧化应激产物水平，抑制癌细胞的增殖及侵袭。④细胞周期调节作用：异紫花前胡内酯可调节细胞周期相关蛋白表达。⑤血管保护作用：异紫花前胡内酯可使妊娠糖尿病大鼠主动脉血管舒张，对血管内皮具有一定的保护作用。

参考文献

柯昌康，刘毓英，张志培，等，2018. 紫花前胡素通过JAK2/STAT3抑制EC109细胞的机制[J]. 中华胸心血管外科杂志，34(4): 230-235.
李宝红，李尽文，欧阳贵锦，等，2019. 紫花前胡素对CCl_4致小鼠肝损伤的保护作用[J]. 山东化工，48(12): 95-96+98.
李翠琼，李健春，樊均明，等，2017. 紫花前胡素能降低大鼠肾小管上皮细胞活性氧并抑制顺铂诱导的细胞凋亡[J]. 细胞与分子免疫学杂志，33(10): 1328-1334.
廖志超，姜鑫，田文静，等，2017. 紫花前胡中化学成分的研究[J]. 中国中药杂志，42(15): 2999-3003.
王慧，邵义熊，阮自琴，等，2019. 紫花前胡素经Nox1/Akt信号通路对口腔鳞癌细胞增殖及侵袭的抑制作用[J]. 中国药业，28(22): 10-13.
吴霞，毕赢，王一涛，2010. 前胡化学成分及药理作用的研究进展[J]. 食品与药品，12(11): 442-445.
张芬，王颖楠，2019. 异紫花前胡内酯对妊娠糖尿病大鼠主动脉血管收缩及AT1R、AT2R、COX-1、COX-2表达的影响[J]. 中国药师，22(4): 649-655.
KIM J H, KIM J K, AHN E K, et al, 2015. Marmesin is a novel angiogenesis inhibitor: Regulatory effect and molecular mechanism on endothelial cell fate and angiogenesis[J]. Cancer Lett, 369(2): 323-330

花序

花序

附录1　各药用植物园保存本书植物名录

中文名	拉丁学名	北京药园	华中药园	中国药科大	贵阳药园	广西药园	重庆药园	辽宁省经作所	成都中药大	黑龙江中药大	内蒙古中药大	海军军医大	海南药园	华东药园	云南药园	新疆药园
草麻黄	*Ephedra sinica* Stapf	√							√							
侧柏	*Platycladus orientalis* (Linn.) Franco	√								√	√	√				
东北红豆杉	*Taxus cuspidata* Sieb. et Zucc.	√						√								
五味子	*Schisandra chinensis* (Turcz.) Baill.	√														
蕺菜	*Houttuynia cordata* Thunb.	√	√	√	√	√								√	√	
三白草	*Saururus chinensis* (Lour.) Baill.	√	√	√		√	√						√			
玉兰	*Yulania denudata* (Desr.) D. L. Fu	√					√		√					√		
蜡梅	*Chimonanthus praecox* (Linn.) Link	√	√									√				
百部	*Stemona japonica* (Bl.) Miq.	√	√													
藜芦	*Veratrum nigrum* Linn.	√	√													
百合	*Lilium brownii* var. *viridulum* Baker	√							√							
湖北贝母	*Fritillaria hupehensis* Hsiao et K. C. Hsia	√	√													
卷丹	*Lilium tigrinum* Ker Gawler.	√					√		√							
浙贝母	*Fritillaria thunbergii* Miq.	√	√													
平贝母	*Fritillaria ussuriensis* Maxim.	√								√						
白及	*Bletilla striata* (Thunb. ex A. Murray) Rchb. f	√	√	√	√	√	√							√		
萱草	*Hemerocallis fulva* (Linn.) Linn.	√	√		√	√			√			√				
薤白	*Allium macrostemon* Bunge	√		√			√									
韭	*Allium tuberosum* Rottler ex Sprengle	√			√	√										
知母	*Anemarrhena asphodeloides* Bunge	√		√			√			√	√					√
玉簪	*Hosta plantaginea* (Lam.) Aschers.	√	√		√											
紫萼	*Hosta ventricosa* (Salisb.) Stearn	√	√													
山麦冬	*Liriope spicata* (Thunb.) Lour.	√	√			√										
麦冬	*Ophiopogon japonicus* Linn.	√			√	√	√									
铃兰	*Convallaria majalis* Linn.	√								√						
吉祥草	*Reineckea carnea* (Andrews) Kunth	√	√		√	√									√	
万年青	*Rohdea japonica* (Thunb.) Roth	√	√		√	√							√			
多花黄精	*Polygonatum cyrtonema* Hua	√	√											√	√	
玉竹	*Polygonatum odoratum* (Mill.) Druce	√	√						√		√					
黄精	*Polygonatum sibiricum* Delar. ex Redoute	√				√			√	√						
黑三棱	*Sparganium stoloniferum* (Graebn.) Buch.-Ham. ex Juz.	√	√													
野灯心草	*Juncus setchuensis* Buchenau ex Diels	√	√													

（续）

中文名	拉丁学名	北京药园	华中药园	中国药科大	贵阳药园	广西药园	重庆药园	辽宁省经作所	成都中药大	黑龙江中药大	内蒙古中药大	海军军医大	海南药园	华东药园	云南药园	新疆药园
芦苇	*Phragmites australis* (Cav.) Trin. ex Steud.	√			√											
白茅	*Imperata cylindrica* (L.) Raeusch.	√			√											
三叶木通	*Akebia trifoliata* (Thunb.) Koidz.	√		√	√				√							
蝙蝠葛	*Menispermum dauricum* DC.	√		√						√						
北乌头	*Aconitum kusnezoffii* Reichb.	√								√						
棉团铁线莲	*Clematis hexapetala* Pall.	√								√						
白头翁	*Pulsatilla chinensis* (Bunge) Regel	√						√								
莲	*Nelumbo nucifera* Gaertn.	√				√										
落新妇	*Astilbe chinensis* (Maxim.) Franch. et Savat.	√	√			√										
垂盆草	*Sedum sarmentosum* Bunge	√	√										√			
葡萄	*Vitis vinifera* Linn.	√				√	√									
乌蔹莓	*Cayratia japonica* (Thunb.) Gagnep.	√	√	√	√				√					√		
皂荚	*Gleditsia sinensis* Lam.	√	√							√						
合欢	*Albizia julibrissin* Durazz.	√	√	√					√							
苦参	*Sophora flavescens* Ait.	√	√	√		√	√	√	√	√			√			
槐	*Styphnoloblum japonicum* (L.) Schott	√			√			√		√						
胡枝子	*Lespedeza bicolor* Turcz.	√								√						
洋甘草	*Glycyrrhiza glabra* L.	√														√
甘草	*Glycyrrhiza uralensis* Fisch.	√						√		√						
紫藤	*Wisteria sinensis* (Sims) Sweet	√			√	√										
龙芽草	*Agrimonia pilosa* Ldb.	√	√			√	√		√					√		
地榆	*Sanguisorba officinalis* Linn.	√			√		√									
长叶地榆	*Sanguisorba officinalis* var. *longifolia* (Bertol.) Yü et Li	√					√									
玫瑰	*Rosa rugosa* Thunb.	√	√	√				√		√						
月季	*Rosa chinensis* Jacq.	√				√			√	√			√			
三叶委陵菜	*Potentilla freyniana* Bornm.	√	√													
蛇莓	*Duchesnea indica* (Andr.) Focke	√			√	√			√							
欧李	*Cerasus humilis* Bunge. Sok.	√						√								
李	*Prunus salicina* Lindl.	√	√		√			√	√							
山桃	*Amygdalus davidiana* (Carrière) de Vos ex Henry	√								√						
桃	*Amygdalus persica* Linn.	√	√	√	√	√	√	√	√							
山杏	*Armeniaca sibirica* (Linn.) Lam.	√						√		√						
杏	*Armeniaca vulgaris* Lam.	√														
榆叶梅	*Amygdalus triloba* (Lindl.) Ricker	√		√						√						

（续）

附录1　各药用植物园保存本书植物名录

（续）

中文名	拉丁学名	北京药园	华中药园	中国药科大	贵阳药园	广西药园	重庆药园	辽宁省经作所	成都中药大	黑龙江中药大	内蒙古中药大	海军军医大	海南药园	华东药园	云南药园	新疆药园
珍珠梅	*Sorbaria sorbifolia* (Linn.) A. Br.	√						√		√						
山楂	*Crataegus pinnatifida* Bunge var. *pinnatifida*	√			√		√			√						
山里红	*Crataegus pinnatifida* var. *major* N. E. Br.	√	√						√							
沙棘	*Hippophae rhamnoides* Linn.	√														
胡颓子	*Elaeagnus pungens* Thunb.				√			√			√					
桑	*Morus alba* Linn.	√			√			√	√		√					
构树	*Broussonetia papyrifera* (Linn.) L' Hér. ex Vent.	√	√		√		√		√					√		
胡桃	*Juglans regia* Linn.	√	√		√				√							
栝楼	*Trichosanthes kirilowii* Maxim.	√			√	√						√				
乌桕	*Triadica sebifera* (Linnaeus) Small	√			√	√						√				
狼毒大戟	*Euphorbia fischeriana* Steud.	√						√								
大戟	*Euphorbia pekinensis* Rupr.	√	√													
算盘子	*Glochidion puberum* (Linn.) Hutch.	√				√						√				
老鹳草	*Geranium wilfordii* Maxim.	√	√			√			√							
千屈菜	*Lythrum salicaria* Linn.	√			√											
石榴	*Punica granatum* Linn.	√				√	√		√							√
七叶树	*Aesculus chinensis* Bunge	√		√												
臭椿	*Ailanthus altissima* (Mill.) Swingle	√					√									
木槿	*Hibiscus syriacus* Linn.	√			√				√							
柽柳	*Tamarix chinensis* Lour.	√		√	√			√								
金荞麦	*Fagopyrum dibotrys* (D. Don) Hara	√	√		√	√			√						√	
羊蹄	*Rumex japonicus* Houtt.	√								√						
何首乌	*Fallopia multiflora* (Thunb.) Harald.	√			√		√						√			
虎杖	*Reynoutria japonica* Houtt.	√	√		√	√	√		√						√	√
拳参	*Polygonum bistorta* Linn.	√	√			√										
火炭母	*Polygonum chinense* Linn.	√	√		√	√	√		√				√			
商陆	*Phytolacca acinosa* Roxb.	√	√													
垂序商陆	*Phytolacca americana* Linn.	√			√									√		
山茱萸	*Cornus officinalis* Sieb. et Zucc.	√	√		√				√		√					
中华猕猴桃	*Actinidia chinensis* Planch.	√	√						√							
杜仲	*Eucommia ulmoides* Oliver.				√	√	√		√							
鸡矢藤	*Paederia scandens* L.	√	√			√							√			
罗布麻	*Apocynum venetum* Linn.	√			√					√	√					√
络石	*Trachelospermum jasminoides* (Lindl.) Lem.	√														

（续）

中文名	拉丁学名	北京药园	华中药园	中国药科大	贵阳药园	广西药园	重庆药园	辽宁省经作所	成都中药大	黑龙江中药大	内蒙古中药大	海军军医大	海南药园	华东药园	云南药园	新疆药园
合掌消	*Cynanchum amplexicaule* (Sieb. et Zucc.) Hemsl.	√							√							
徐长卿	*Cynanchum paniculatum* (Bunge) Kitaga	√							√							
枸杞	*Lycium chinense* Mill.	√			√	√	√	√	√							
挂金灯	*Physalis alkekengi* var. *francheti* (Mast.) Makino	√									√	√				
金钟花	*Forsythia viridissima* Lindl.	√	√	√												
连翘	*Forsythia suspensa* (Thunb.) Vahl	√	√						√							
迎春花	*Jasminum nudiflorum* Lindl.	√			√											
紫丁香	*Syringa oblata* Lindl.	√		√	√				√		√					
车前	*Plantago asiatica* Linn.	√	√				√	√			√			√		
九头狮子草	*Peristrophe japonica* (Thunb.) Bremek.	√	√			√	√		√			√				
牡荆	*Vitex negundo* var. *cannabifolia* (Sieb. et Zucc.) Hand.-Mazz.	√	√									√	√			
蓝萼毛叶香茶菜	*Isodon japonicus* (Burm. f.) Hara var. *glaucocalyx* (Maxim.) Hara	√							√							
丹参	*Salvia miltiorrhiza* Bunge	√	√					√		√						
活血丹	*Glechoma longituba* (Nakai) Kupr.	√	√	√		√	√							√		
海州常山	*Clerodendrum trichotomum* Thunb.	√				√					√					
黄芩	*Scutellaria baicalensis* Georgi	√	√							√	√	√				
桔梗	*Platycodon grandiflorus* (Jacq.) A. DC.	√							√	√		√				
党参	*Codonopsis pilosula* (Franch.) Nannf.	√							√							
半边莲	*Lobelia chinensis* Lour.	√		√			√		√				√			
野菊	*Chrysanthemum indicum* Linn.	√	√								√					
白术	*Atractylodes macrocephala* Koidz.	√	√					√	√							
苍术	*Atractylodes lancea* (Thunb.) DC.	√	√					√								
蒲公英	*Taraxacum mongolicum* Hand.-Mazz.	√						√			√					
款冬	*Tussilago farfara* Linn.	√	√													
千里光	*Senecio scandens* Buch.-Ham. ex D. Don	√				√	√		√							
兔儿伞	*Syneilesis aconitifolia* (Bunge) Maxim.	√														
紫菀	*Aster tataricus* Linn. f.	√						√	√	√						
艾	*Artemisia argyi* Lévl. et Vant.	√	√			√	√						√			
土木香	*Inula helenium* Linn.	√							√							
佩兰	*Eupatorium fortunei* Turcz.	√	√			√	√									
接骨草	*Sambucus javanica* Blume	√	√	√		√	√						√			
忍冬	*Lonicera japonica* Thunb.	√	√	√	√	√	√						√			√

（续）

中文名	拉丁学名	北京药园	华中药园	中国药科大	贵阳药园	广西药园	重庆药园	辽宁省经作所	成都中药大	黑龙江中药大	内蒙古中药大	海军军医大	海南药园	华东药园	云南药园	新疆药园
蜘蛛香	*Valeriana jatamansi* Jones	√	√		√											
缬草	*Valeriana officinalis* Linn.	√	√													
北柴胡	*Bupleurum chinense* DC.	√								√						
辽藁本	*Ligusticum jeholense* (Nakai et Kitagawa) Nakai et Kitagawa	√							√							
白花前胡	*Peucedanum praeruptorum* Dunn	√		√	√											
防风	*Saposhnikovia divaricata* (Turcz.) Schischk.	√						√		√	√					
杭白芷	*Angelica dahurica* Benth. et Hook. f. ex Franch. et Sav. 'Hangbaizhi'	√	√													
紫花前胡	*Angelica decursiva* (Miq.) Franch. et Sav.	√	√	√										√	√	

注：表中"北京药园""华中药园""中国药科大""贵阳药园""广西药园""重庆药园""辽宁省经作所""成都中药大""黑龙江中药大""内蒙古中药大""海军军医大""海南药园""华东药园""云南药园""新疆药园"分别为"中国医学科学院药用植物研究所北京药用植物园""中国医学科学院药用植物研究所湖北分所/湖北省农业科学院中药材研究所""中国药科大学药用植物园""中国医学科学院药用植物研究所贵州分所/贵阳药用植物园""中国医学科学院药用植物研究所广西分所/广西药用植物园""中国医学科学院药用植物研究所重庆分所/重庆市药物种植研究所""中国医学科学院药用植物研究所辽阳研究中心/辽宁省经济作物研究所""成都中医药大学药用植物园""黑龙江中医药大学药用植物园""内蒙古医科大学药用植物园""中国人民解放军海军军医大学药用植物园""中国医学科学院药用植物研究所海南分所海南兴隆南药园""中国医学科学院药用植物研究所丽水研究中心/华东药用植物园""中国医学科学院药用植物研究所云南分所云南版纳南药园""中国医学科学院药用植物研究所新疆分所/新疆维吾尔自治区中药民族药研究所"的简称。

附录2 药用植物园地理环境

北京药用植物园

位于北京市海淀区，北京位于东经115.7°～117.4°，北纬39.4°～41.6°，平均海拔43.5m左右。属于典型的北温带半湿润大陆性季风气候，地带性植被为温带落叶阔叶林，夏季高温多雨，冬季寒冷干燥，春、秋短促。全年无霜期180～200天，西部山区较短。降水季节分配很不均匀，全年降水的80%集中在夏季6、7、8三个月，7、8月有大雨。太阳辐射量全年平均为112～136kcal。年平均日照时数在2000～2800小时之间。夏季正当雨季，日照时数减少，月日照在230小时左右；秋季日照时数虽没有春季多，但比夏季要多，月日照230～245小时；冬季是一年中日照时数最少季节，月日照不足200小时，一般在170～190小时。土壤呈碱性，pH均值为7.64。

海南兴隆南药园

位于海南岛东南部，东经110°00′～110°34′，北纬18°35′～19°06′，海拔50m以下。地带性植被为热带季雨林型的常绿季雨林，属热带季风气候，气候温和、温差小、积温高。年平均气温24℃，最冷月平均气温18.7℃，最热月平均气温28.5℃；全年无霜冻，雨量充沛，年平均降雨量2400mm左右；年日照时数平均在1800小时以上，土壤有机质平均含量为22.38g/kg，全氮平均含量为1.1g/kg，全磷平均含量为0.3g/kg，全钾平均含量为9.9g/kg。

云南版纳南药园

位于云南省西双版纳傣族自治州景洪市，景洪市地处东经100°25′～101°31′，北纬21°27′～22°36′，海拔553m左右。属于北热带和南亚热带湿润季风气候，长夏无冬，干湿季分明，兼有大陆性气候和海洋性气候的优点而无其缺点，日温差大，年温差小，静风少寒，基本无霜。年平均气温18.6～21.9℃。全年年平均降水量1200～1700mm，年平时日照1800～2300小时，太阳辐射总量120～136kcal/年，年平均相对湿度80%～86%。土壤以赤红壤、砖红壤为主，土层深厚，自然肥力高，总体偏酸性，有机质含量总体较高，有效磷含量总体在中偏下水平，速效钾含量总体在中等水平。

广西药用植物园

位于广西壮族自治区南宁市厢竹大道，东经108°19′，北纬22°51′，海拔72～113m，地带性植被是亚热带常绿阔叶林，属亚热带季风气候，阳光充足，气候温和，雨量充沛，干湿季节分明，年均气温21.7℃，极端最高气温40.4℃，极端最低气温-2.4℃。冬季最冷的1月平均12.8℃，夏季最热的7、8月平均28.2℃。年均降雨量达1304.2mm，平均相对湿度为79%，年均日照数1827小时，土地肥沃且土壤类型多样，土壤类型为红壤、黄壤，以砂质壤土及壤土为主。

贵阳药用植物园

位于云贵高原东部，贵州省中部偏北，亚热带湿润温和型气候，东经106°07′～107°17′，北纬26°11′～26°55′，平均海拔1070～1232m，年平均气温为15.3℃，年极端最高温度为35.1℃，年极端最低温度为-7.3℃，贵阳夏无酷暑，夏季平均温度为23.2℃，最高温度平均25～28℃，在最热的7月下旬，平均气温也仅为23.7℃，贵阳冬无严寒，最冷为1月上旬，平均气温是4.6℃。年平均相对湿度为77%，年平均总降水量为1129.5mm，年平均日照时数为1148.3小时，年降雪日数少，平均仅为11.3天。红壤、黄壤、黄棕壤为地带性土壤，呈酸性。

湖北省农业科学院中药材研究所华中药用植物园

位于湖北省西南部，武陵山北部，东经109°4′48″~109°58′42″，北纬29°50′33″~30°39′30″，海拔1500m左右，地带性植被为常绿、落叶阔叶混交林，属亚热带季风和季风性湿润气候，特点是冬少严寒，夏无酷暑，雾多寡照，终年润湿，降水充沛，雨热同期，年平均气温16.3℃，年降水量1100~1300mm，土壤硒最高178.8mg/kg，平均19.11mg/kg。

重庆市药物种植研究所

位于重庆市金佛山北麓，东经105°11′~110°11′，北纬28°10′~32°13′，气候温和，属亚热带季风性湿润气候，年平均气温在18℃左右，冬季最低气温平均在6~8℃，夏季炎热，7月每日最高气温均在35℃以上。极端气温最高43℃，最低-2℃，日照总时数1000~1200小时，冬暖夏热，无霜期长、雨量充沛、常年降水量1000~1450mm，春夏之交夜雨尤甚。土壤是在亚热带湿润季风气候条件下形成的黄壤、红壤。

新疆维吾尔自治区中药民族药研究所

位于新疆巴音郭楞蒙古自治州，新疆维吾尔自治区东南部，东经82°38′~93°45′，北纬35°38′~43°36′，海拔2460m左右，地带性植被为常绿针叶林，属于典型的大陆性气候，四季分明，昼夜温差大，春季升温快而不稳，秋季短暂而降温迅速，多晴少雨，光照充足，空气干燥，风沙较多。冬夏和昼夜温差大，空气干燥，≥10℃积温3400℃以上。

辽宁省农业科学院经济作物研究所药用植物园

位于辽宁省辽阳市，东经122°35′~123°40′，北纬40°42′~41°3，海拔77m。属温带湿润性季风气候，层状地貌典型，地貌分区规整。气候特征是降水较多，多暴雨、大雨，年平均降水量在800~900mm，大部分集中在夏季，全年日照时数少，冬季时间较长，气温较低，年平均气温6~8℃，无霜期140~160天，年平均正积温3000~3400℃。耕地耕层土壤肥力属于中上等，其中有机质含量1.87%，全氮0.1%，有效磷7.1mg/kg，有效钾86.63mg/kg。

华东药用植物园

位于浙江省西南浙闽两省结合部，东经119°32′~120°08′，北纬28°06′~28°44′，平均海拔在61.8m左右，地带性植被为中亚热带常绿阔叶林，属中亚热带季风气候区，气候温和，冬暖春早，无霜期长，雨量丰沛。年平均气温为17.8℃，1月平均气温为6.7℃，7月平均气温28.3℃。极端最高气温43.2℃，极端最低气温-10.7℃，年平均降水量1568.4mm。土地容重为1.19g/cm³，有机质含量为23.05g/kg，呈酸性。

中国药科大学药用植物园

位于南京市北郊燕子矶地区，东经118°91′，北纬31°90′、海拔10~30m；地带性植被为落叶阔叶林混交林，气候属于北亚热带气候，四季分明，无霜期237天。每年6月下旬到7月上旬为梅雨季节。年平均温度15.4℃，年极端气温最高39.7℃，最低-13.1℃，年降水量1038.6mm，相对湿度76%。土壤全磷平均含量为1.11~1.24g/kg，土壤偏碱性。

成都中医药大学药用植物园

位于四川省成都市，东经102°54′~104°53′，北纬30°05′~31°26′，海拔511.3~647.4m，地带性植被是亚热带常绿阔叶林带，亚热带湿润季风气候，冬湿冷、春早、无霜期较长，四季分明，热量丰富。

年平均气温在16℃左右，≥10℃的年平均活动积温为4700～5300℃，全年无霜期为278天，初霜期一般出现在11月底，终霜期一般在2月下旬，冬季最冷月（1月）平均气温为5℃左右，最低气温在0℃以下的天气集中出现在12月中下旬和1月上旬，少部分出现在1月中下旬，冬春雨少，夏秋多雨，雨量充沛，年平均降水量为900～1300mm，年平均日照时数为1042～1412小时。土壤为石灰性紫色土，土质疏松，碳酸钙含量大于6%，土壤有机质在10g/kg左右。

中国人民解放军海军军医大学药用植物园

位于上海市杨浦区，位于中国华东地区，东经120°52′～122°12′，北纬30°40′～31°53′，平均海拔2.19m左右，属亚热带季风性气候，四季分明，日照充分，雨量充沛。气候温和湿润，春秋较短，冬夏较长。平均气温17.6℃，日照1885.9小时，降水量1173.4mm。全年60%以上的雨量集中在5～9月的汛期。土壤多为中偏碱性，绝大部分地域的土壤pH值约在7.0～8.5。

黑龙江中医药大学药用植物园

位于黑龙江省中南部，位于东经125°42′～130°10′、北纬44°04′～46°40′之间，海拔145～175m，地带性植被为温带针叶阔叶林，属中温带大陆性季风气候，冬长夏短，全年平均降水量569.1mm，降水主要集中在6～9月，夏季占全年降水量的60%，集中降雪期为每年11月至翌年1月。四季分明，冬季1月平均气温约-19℃；夏季7月的平均气温约23℃。土壤为黑土，有机质含量高，多为50～100g/kg土，且有机质层深厚，20～30cm。

内蒙古医科大学药用植物园

隶属于内蒙古医科大学药学院，位于呼和浩特市内蒙古医科大学校园内。东经110°46′～112°10′，北纬40°51′～41°8′，地带性植被为干草原植被，属典型的蒙古高原大陆性气候，四季气候变化明显，年温差大，日温差也大。其特点：春季干燥多风，冷暖变化剧烈；夏季短暂、炎热、少雨；秋季降温迅速，常有霜冻；冬季漫长、严寒、少雪。最冷月气温-12.7～-16.1℃；最热月平均气温17～22.9℃。平均年较差为34.4～35.7℃，平均日较差为13.5～13.7℃。极端最高气温38.5℃，最低-41.5℃。日照时长：年均1600小时。降水量：年均为335.2～534.6mm，且主要集中在7～8月。土壤为森林土壤、淋溶森林土壤、灰褐土、粗骨土及过渡类型的栗褐土，偏酸性。

中文名索引

A

艾 ································· 353

B

白及 ································ 66
白茅 ······························· 110
白术 ······························· 334
白头翁 ···························· 122
百部 ································ 50
百合 ································ 55
半边莲 ···························· 330
北柴胡 ···························· 370
北乌头 ···························· 118
蝙蝠葛 ···························· 116

C

苍术 ······························· 337
草麻黄 ····························· 26
侧柏 ································ 29
长叶地榆 ························· 163
车前 ······························· 301
柽柳 ······························· 243
臭椿 ······························· 237
垂盆草 ···························· 128
垂序商陆 ························· 264

D

大戟 ······························· 221
丹参 ······························· 313
党参 ······························· 327
地榆 ······························· 160
东北红豆杉 ······················· 32
杜仲 ······························· 271
多花黄精 ·························· 95

F

防风 ······························· 378

G

甘草 ······························· 152
枸杞 ······························· 286
构树 ······························· 208
栝楼 ······························· 213
挂金灯 ···························· 289

H

海州常山 ························· 319
杭白芷 ···························· 380
合欢 ······························· 139
合掌消 ···························· 281
何首乌 ···························· 251
黑三棱 ···························· 104
胡桃 ······························· 211
胡颓子 ···························· 203
胡枝子 ···························· 148
湖北贝母 ·························· 57
虎杖 ······························· 254
槐 ································· 145
黄精 ······························· 101
黄芩 ······························· 321
活血丹 ···························· 316
火炭母 ···························· 260

J

鸡矢藤 ···························· 274
吉祥草 ····························· 89
蕺菜 ································ 38
接骨草 ···························· 360
桔梗 ······························· 324
金荞麦 ···························· 246

393

金钟花	291	**Q**	
九头狮子草	304	七叶树	234
韭	74	千里光	345
卷丹	59	千屈菜	229
		前胡	375
K		拳参	257
苦参	142		
款冬	343	**R**	
		忍冬	363
L			
蜡梅	46	**S**	
蓝萼毛叶香茶菜	310	三白草	40
狼毒大戟	218	三叶木通	114
老鹳草	227	三叶委陵菜	171
藜芦	52	桑	205
李	178	沙棘	201
连翘	293	山里红	201
莲	124	山麦冬	83
辽藁本	373	山桃	180
铃兰	87	山杏	185
龙芽草	157	山楂	196
芦苇	108	山茱萸	266
罗布麻	276	商陆	262
络石	279	蛇莓	173
落新妇	126	石榴	231
		算盘子	224
M			
麦冬	85	**T**	
玫瑰	165	桃	182
棉团铁线莲	120	土木香	355
牡荆	307	兔儿伞	348
木槿	240		
		W	
O		万年青	92
欧李	176	乌桕	216
		乌蔹莓	133
P		五味子	36
佩兰	358		
平贝母	64	**X**	
葡萄	130	缬草	368
蒲公英	340	薤白	72
		杏	188
		徐长卿	283

萱草 69

Y

羊蹄 249
洋甘草 150
野灯心草 106
野菊 332
迎春花 296
榆叶梅 191
玉兰 43
玉簪 79
玉竹 98
月季 168

Z

皂荚 136
浙贝母 61
珍珠梅 193
知母 76
蜘蛛香 366
中华猕猴桃 269
紫丁香 298
紫萼 81
紫花前胡 382
紫藤 155
紫菀 350

拉丁名索引

A

Aconitum kusnezoffii ················· 118
Actinidia chinensis var. *chinensis* ············· 269
Aesculus chinensis ················· 234
Agrimonia pilosa ················· 157
Ailanthus altissima ················· 237
Akebia trifoliata ················· 114
Albizia julibrissin ················· 139
Allium macrostemon ················· 72
Allium tuberosum ················· 74
Amygdalus davidiana ················· 180
Amygdalus persica ················· 182
Amygdalus triloba ················· 191
Anemarrhena asphodeloides ················· 76
Angelica dahurica 'Hangbaizhi' ············· 380
Angelica decursiva ················· 382
Apocynum venetum ················· 276
Armeniaca sibirica ················· 185
Armeniaca vulgaris ················· 188
Artemisia argyi ················· 353
Aster tataricus ················· 350
Astilbe chinensis ················· 126
Atractylodes lancea ················· 337
Atractylodes macrocephala ················· 334

B

Bletilla striata ················· 66
Broussonetia papyifera ················· 208
Bupleurum chinense ················· 370

C

Cayratia japonica ················· 133
Cerasus humilis ················· 176
Chimonanthus praecox ················· 46
Chrysanthemum indicum ················· 332

Clematis hexapetala ················· 120
Clerodendrum trichotomum ················· 319
Codonopsis pilosula ················· 327
Convallaria majalis ················· 87
Cornus officinalis ················· 266
Crataegus pinnatifida var. *major* ············· 199
Crataegus pinnatifida var. *pinnatifida* ············· 196
Cynanchum amplexicaule var. *castaneum* ············· 281
Cynanchum paniculatum ················· 283

D

Duchesnea indica ················· 173

E

Elaeagnus pungens ················· 203
Ephedra sinica ················· 26
Eucommia ulmoides ················· 271
Eupatorium fortunei ················· 358
Euphorbia fischeriana ················· 218
Euphorbia pekinensis ················· 221

F

Fagopyrum dibotrys ················· 246
Fallopia multiflora ················· 251
Forsythia suspensa ················· 293
Forsythia viridissima ················· 291
Fritillaria hupehensis ················· 57
Fritillaria thunbergii ················· 61
Fritillaria ussuriensis ················· 64

G

Geranium wilfordii ················· 227
Glechoma longituba ················· 316
Gleditsia sinensis ················· 136
Glochidion puberum ················· 224

Glycyrrhiza glabra ·· 150
Glycyrrhiza uralensis ·· 152

H
Hemerocallis fulva ·· 69
Hibiscus syriacus ·· 240
Hippophae rhamnoides subsp. *sinensis* ················ 201
Hosta plantaginea ·· 79
Hosta ventricosa ·· 81
Houttuynia cordata ·· 38

I
Imperata cylindrica ·· 110
Inula helenium ·· 355
Isodon japonicus var. *glaucocalyx* ······················ 310

J
Jasminum nudiflorum ·· 296
Juglans regia ··· 211
Juncus setchuensis ·· 106

L
Lespedeza bicolor ·· 148
Ligusticum jeholense ··· 373
Lilium brownii var. *viridulum* ································· 55
Lilium tigrinum ··· 59
Liriope spicata ·· 83
Lobelia chinensis ··· 330
Lonicera japonica ·· 363
Lycium chinense ·· 286
Lythrum salicaria ··· 229

M
Menispermum dauricum ·· 116
Morus alba ··· 205
Nelumbo nucifera ·· 124

O
Ophiopogon japonicus ·· 85

P
Paederia foetida ··· 274
Peristrophe japonica ··· 304

Peucedanum praeruptorum ·································· 375
Phragmites australis ··· 108
Physalis alkekengi var. *francheti* ······················ 289
Phytolacca acinosa ··· 262
Phytolacca americana ·· 264
Plantago asiatica ··· 301
Platycladus orientalis ·· 29
Platycodon grandiflorum ·· 324
Polygonatum cyrtonema ·· 95
Polygonatum odoratum ·· 98
Polygonatum sibiricum ·· 101
Polygonum bistorta ··· 257
Polygonum chinense ·· 260
Potentilla freyniana ··· 171
Prunus salicina ··· 178
Pulsatilla chinensis ··· 122
Punica granatum ··· 231

R
Reineckea carnea ·· 89
Reynoutria japonica ·· 254
Rohdea japonica ·· 92
Rosa chinensis ··· 168
Rosa rugosa ··· 165
Rumex japonicus ·· 249

S
Salvia miltiorrhiza ·· 313
Sambucus javanica ·· 360
Sanguisorba officinalis var. *longifolia* ··············· 163
Sanguisorba officinalis var. *officinalis* ·············· 160
Saposhnikovia divaricata ······································· 378
Saururus chinensis ·· 40
Schisandra chinensis ··· 36
Scutellaria baicalensis ·· 321
Sedum sarmentosum ·· 128
Senecio scandens ·· 345
Sophora flavescens ··· 142
Sorbaria sorbifolia ··· 193
Sparganium stoloniferum ······································· 104
Stemona japonica ·· 50
Styphnoloblum japonicum ····································· 145
Syneilesis aconitifolia ··· 348

Syringa oblata ·· 298

T

Tamarix chinensis ·· 243
Taraxacum mongolicum ·································· 340
Taxus cuspidata ·· 32
Trachelospermum jasminoides ························· 279
Triadica sebifera ·· 216
Trichosanthes kirilowii ···································· 213
Tussilago farfara ·· 343

V

Valeriana jatamansi ·· 366

Valeriana officinalis ·· 368
Veratrum nigrum ·· 52
Vitex negundo var. *cannabifolia* ······················ 307
Vitis vinifera ··· 130

W

Wisteria sinensis ··· 155

Y

Yulania denudata ·· 43

致谢

本书的出版承蒙以下单位及专家的大力支持：

主持单位：

中国医学科学院药用植物研究所北京药用植物园

参加单位：

中国医学科学院药用植物研究所北京药用植物园
中国医学科学院药用植物研究所云南分所云南版纳南药园
中国医学科学院药用植物研究所海南分所海南兴隆南药园
中国医学科学院药用植物研究所广西分所/广西药用植物园
中国医学科学院药用植物研究所重庆分所/重庆市药物种植研究所
中国医学科学院药用植物研究所贵州分所/贵阳药用植物园
中国医学科学院药用植物研究所湖北分所/湖北省农业科学院中药材研究所华中药用植物园
中国医学科学院药用植物研究所新疆分所/新疆维吾尔自治区中药民族药研究所
中国医学科学院药用植物研究所丽水研究中心/华东药用植物园
中国医学科学院药用植物研究所辽阳研究中心/辽宁省经济作物研究所
中国药科大学药用植物园
中国人民解放军海军军医大学药用植物园
成都中医药大学药用植物园
黑龙江中医药大学药用植物园
内蒙古医科大学药用植物园

为本书提供支持和帮助的单位及个人：

中国医学科学院药用植物研究所北京药用植物园：赵鑫磊、王秋玲、王苗苗
中国医学科学院药用植物研究所云南分所云南版纳南药园：俞家元、李瑶、王武
中国医学科学院药用植物研究所海南分所海南兴隆南药园：杨海建、李榕涛、曾劲、邓开丽
中国医学科学院药用植物研究所广西分所/广西药用植物园：农东新、谢月英
中国医学科学院药用植物研究所重庆分所/重庆市药物种植研究所：李品明、杨毅、李巧玲、
　安杰、杨小玉、曹然、邹洪、廖贵权
中国医学科学院药用植物研究所贵州分所/贵阳药用植物园：侯小琪、王明川、李利霞、
　张久磊、龙祥友、张英、李婷婷、刘雪兰、段敏、孙长生、贾彧、侯莲英、伍琼斌
中国医学科学院药用植物研究所湖北分所/湖北省农业科学院中药材研究所：
　刘海华、周武先
中国医学科学院药用植物研究所新疆分所/新疆维吾尔自治区中药民族药研究所：张际昭、
　赵亚琴、王果平、樊丛照、邱远金

中国医学科学院药用植物研究所丽水研究中心/华东药用植物园：刘跃均

中国医学科学院药用植物研究所辽阳研究中心/辽宁省经济作物研究所：刘丹、刘亚男、赛丹、杨正书、高嵩、温健、于春雷、张天静、刘莹、李旭、刘坤、李玲、沈宝宇

中国药科大学药用植物园：陆耕宇、田梅、张子仿、高峰、刘怀胜

中国人民解放军海军军医大学药用植物园：韩婷、冯坤苗

成都中医药大学药用植物园：吴清华、董帅、文正莹、陈翠平、杜明胜、邓莉娟、刘人凤

黑龙江中医药大学药用植物园：郭盛磊、杨居东、殷少义、姚振琦

内蒙古医科大学药用植物园：刘德旺、青梅、向昌林、张婷婷、汝舒逸、王冬波

特别感谢各园为植物的日常养护辛勤付出的工人师傅们！

在此，谨对所有支持、帮助本书撰写的同志和单位一并表示衷心感谢！